职业教育与技能训练一体化教程

U0210226

机械制图与 AutoCAD绘图

冯振忠 主编　　周晓丽　贺巧云　副主编

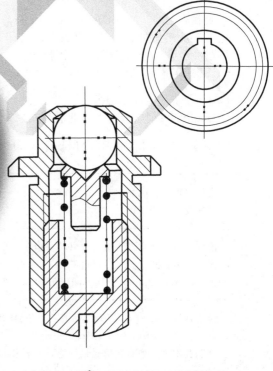

化学工业出版社
·北京·

本书将机械制图和 AutoCAD 两部分知识和技能点有机融合，以 AutoCAD 作为绘图工具实现机械图样的绘制。

书中共设有 10 个项目，内容按照由易到难、由点到面、由基础知识到综合应用的原则进行编排，从平面视图到三维视图，从外部基本视图到内部辅助剖视，从三维视图到三维造型，既保证了各项目之间知识和技能的有效衔接，又考虑到学习的可操作性。各项目又由若干任务组成，每个任务中穿插了相关的机械制图知识和 AutoCAD 绘图技能。学习中通过知识链接、任务实施、拓展训练可以边学边练，理论与实践结合，快速掌握机械制图基础知识和 AutoCAD 绘图技能。

本书可作为机械制图和 AutoCAD 绘图的自学用书，并可作为职业院校、技工学校、培训机构相关专业人员的教学用书。

图书在版编目（CIP）数据

机械制图与 AutoCAD 绘图/冯振忠主编. —北京：
化学工业出版社，2018.7（2025.3重印）
职业教育与技能训练一体化教程
ISBN 978-7-122-32187-9

Ⅰ.①机… Ⅱ.①冯… Ⅲ.①机械制图-计算机制
图-AutoCAD 软件-高等职业教育-教材 Ⅳ.①TH126

中国版本图书馆 CIP 数据核字（2018）第 106022 号

责任编辑：韩庆利
责任校对：宋 玮 装帧设计：张 辉

出版发行：化学工业出版社（北京市东城区青年湖南街 13 号 邮政编码 100011）
印 装：北京天宇星印刷厂
787mm×1092mm 1/16 印张16½ 字数419千字 2025 年 3 月北京第 1 版第 4 次印刷

购书咨询：010-64518888（传真：010-64519686） 售后服务：010-64518899
网 址：http://www.cip.com.cn
凡购买本书，如有缺损质量问题，本社销售中心负责调换。

定 价：45.00 元

前言

FOREWORD

随着计算机应用的普及，计算机辅助设计与绘图（CAD）在机械设计、制造及相关领域的应用也十分广泛。本书是根据高等职业、技工院校的教学大纲、教学计划以及分析"机械制图"和"AutoCAD"的课程现状，并在教学实践的基础上编写而成。

本书的教学内容坚持以技能为核心，以工作过程为导向，突出技能性和实用性，围绕学生的职业能力和职业素养构建知识体系。采用项目引领的课程教学，任务驱动的编写思路，做到理论学习有载体，技能训练有实体，有利于激发学习的积极性，变被动学习为主动学习。并将机械制图和AutoCAD两部分的知识点融合到任务中，将AutoCAD作为机械制图的主要绘图工具使用。

本书的教学思路是在识图与制图、工艺设计、编程、加工与制造等系列项目先后关系的处理上，按照由易到难、由点到面、由基础知识到综合应用的原则进行编排。书中共设有10个项目，从平面视图到三维视图，从外部基本视图到内部辅助剖视，从三维视图到三维造型，既保证了各项目之间知识和技能的有效衔接，又考虑到学习的可操作性。

本书可适用于职业院校、技工类院校、成人教育的数控车工、数控铣工、加工中心操作工、数控维修、车工、模具加工、制图员、机电一体化、汽车修理等相关专业的专业课程的学习。

本书由南通工贸技师学院冯振忠担任主编，周晓丽、贺巧云担任副主编，参编人员有郭砚荣、蔡晓春、万笛、张丽、顾剑。

由于我们水平、时间的限制，书中如有疏漏和不当之处，欢迎读者批评指正。

编　者

目录

绪论

机械制图是研究识读和绘制机械图样的一门学科，也是工科机械类专业学生必修的、实践性较强的一门重要技术基础课。

机械图样是设计、制造、装配机械零部件的重要技术文件，是交流技术思想的一种工具语言。它的绘制和方法步骤必须严格遵守机械制图的最新国家标准中的有关规定。

国家标准对图样中包含的图线、字体、比例、尺寸注法、图幅、标题栏等内容作出了统一的规定。国家标准的注写形式由编号和名称两部分组成，如：GB/T 14689—2008，其中，"GB"是"国标"二字简称，"T"为"推"字汉语拼音字头，14689 为标准顺序代号，2008 为标准发布年号。

一、机械图样的内容和作用

1. 图样的定义

图样是表达物体形状、尺寸的图形样本。在机械制造行业，图样是工业生产重要的技术文件，是进行技术交流的重要工具，因此被称为工程界的技术语言。图 0-1 为千斤顶图样。

2. 图样的分类

机械图样大致可以分为零件图和装配图两大类。

零件图是表达零件的结构、形状、大小及有关技术要求的图样，是加工和检测零件的依据，图 0-1（b）为千斤顶零件图。

装配图是表示组成机器各零部件之间的连接方式和装配关系的图样，是指导装配和调试的依据，图 0-1（c）为千斤顶装配图。

3. 图样的作用

（1）作为零件加工的依据。

（2）表达机器零部件之间的装配关系和装配要求。

（3）作为技术语言在工程界流通。

二、AutoCAD 绘图软件

1. 启动 AutoCAD 软件

双击桌面上的 AutoCAD 快捷图标或单击桌面上"开始"→"程序"→"Autodesk"来启动。启动之后，单击菜单的"工具"→"工作空间"→"AutoCAD 经典"界面。

2. AutoCAD 界面组成

AutoCAD 经典界面主要由标题栏、工具栏、绘图窗口、命令行窗口、工具选项板、状态栏等组成，如图 0-2 所示。

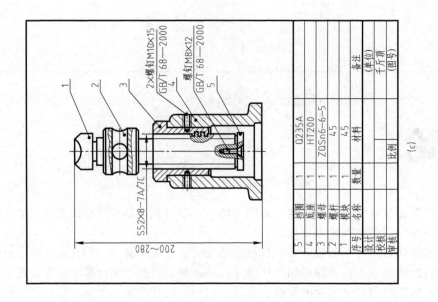

(c)

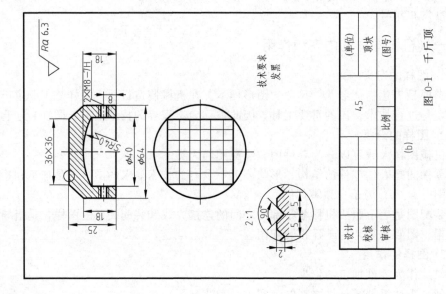

(b)

图 0-1　千斤顶

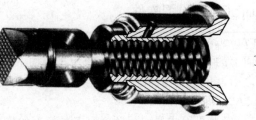

(a)

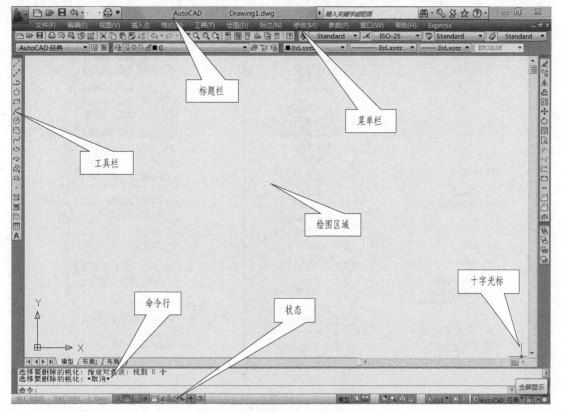

图 0-2　AutoCAD 工作界面

（1）标题栏。标题栏位于工作界面的顶部，左侧显示该程序的图标及当前所操作图形文件的名称（默认文件名为 Drawingl. dwg），右侧依次为最小化、最大化（向下还原）和关闭。

（2）菜单栏。菜单栏从左到右依次为"文件""编辑""视图""插入""格式""工具""绘图""标注""修改""窗口""帮助"11 个下拉菜单。常用的绘图菜单栏如图 0-3 所示。

（3）工具栏。工具栏中有 AutoCAD 为用户提供的某一命令的快捷按钮。用户可以根据自己的需要打开或关闭其中的一部分工具栏。常见的工具栏有：标准工具栏、样式工具栏、图层工具栏、特性工具栏、绘图工具栏和修改工具栏等。工具栏可根据所要绘制的图形进行相关的调用和取消。

在任一打开的工具栏上单击鼠标右键，点击 CAD 打开工具栏快捷菜单，单击所需打开的工具栏名称，使之名称前打"√"，即可选择添加或取消所要用的工具栏。工具栏中的每个图标直观地显示其对应的功能。如果不知其意，可将光标置于图标上，这时图标名称就会出现在图标下方的方框里。与此同时屏幕下方的状态栏中会给出此图标的功能说明。图 0-4 所示为绘图工具栏。

（4）绘图区域。用户界面中部的区域为绘图区，如图 0-2 所示，用户可以在这个区域内绘制图形。在绘图区左下角的坐标系图标表示当前绘图所采用的坐标系形式。

在窗口中按住鼠标左键拖动可框选目标，单击左键可选择单个目标或确定某一点的位置，单击右键可弹出辅助菜单或确定操作。使用鼠标滚动滚轴可以十字光标为中心，放大或缩小显示的窗口图形（图形实际尺寸不会变化）。按住鼠标滚轴则可平移界面。双击鼠标滚轴可全屏显示所有图形。

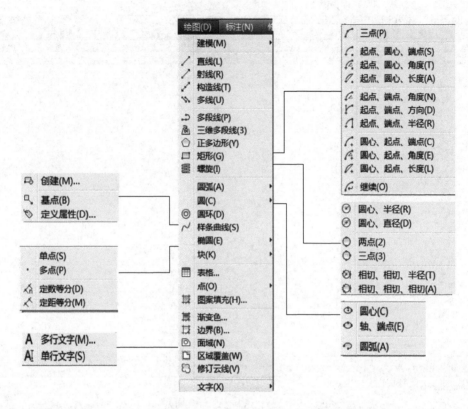

图 0-3　绘图菜单栏

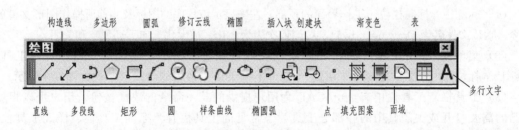

图 0-4　绘图工具栏

（5）文本窗口与命令行窗口。命令行窗口是 AutoCAD 用来进行人机交互对话的窗口，如图 0-5 所示。它是用户输入 AutoCAD 命令和系统反馈信息的地方。对于初学者而言，系

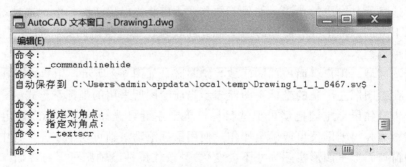

图 0-5　AutoCAD 命令行窗口

统的反馈信息是非常重要的，因为它可以在执行命令过程中不断提示操作者下一步该如何操作。用户可以根据需要，改变命令行窗口的大小。在默认的情况下，AutoCAD 命令行窗口能显示三行命令。按功能键 F2 可弹出文本窗口，显示执行过的命令。

（6）状态栏。状态栏位于命令行窗的下方（见图 0-2），用来反映当前的绘图状态。如当前光标的坐标、是否启用了正交模式、对象捕捉、栅格显示等功能。

■ 拓展练习

一、填空题

1. 图样的概念：＿＿＿＿＿＿＿＿＿＿＿＿＿＿＿＿＿＿＿＿＿。

2. 机械图样的分类：＿＿＿＿＿＿＿＿＿＿＿＿＿＿＿＿＿＿＿。

3. 图样的作用：＿＿＿＿＿＿＿＿＿＿＿＿＿＿＿＿＿＿＿。

4. AutoCAD 的工作界面主要包括标题栏、菜单栏、＿＿＿＿＿＿、工作区域、＿＿＿＿＿＿、状态栏。

5. 在 AutoCAD 图形文件中默认的扩展名为＿＿＿＿＿＿＿＿＿＿。

6. 机械制图中 GB/T 4457.4—2002 中"GB"是＿＿＿＿＿的简称，"T"为＿＿＿＿＿＿字的字头，4457.4 为＿＿＿＿＿＿＿＿＿＿，2002 为＿＿＿＿＿＿＿＿＿＿。

7. 标题栏位于工作界面的＿＿＿＿＿＿＿＿＿＿。

二、简答题

1. 简述 AutoCAD 菜单栏的主要组成部分。

2. 简述 AutoCAD 工具栏的主要组成部分。

项目1
绘制平面图形

任务 1　创建图形样板

■ 任务分析

创建一个名为"样板"的图形文件，该文件具有特定图样设置，可避免每次绘制平面图形时对相同的图层、颜色、线型等要素进行重复设置工作，需要绘制标准图样时直接调用即可。

图形样板的设置参数有：自动保存时间、单位类型精度、设定绘图界限、设置图层、线型、线宽、颜色等操作。当采用样板来创建新的图形时，则新的图形文件保存了样板中的所有设置，避免了大量的重复设置工作，以保证所有图形文件的标准统一。

■ 知识链接

一、图线

1. 线型及应用

机械图样中常用线型的名称、型式、线宽及用途见表1-1。

表 1-1　机械图样中常用线型的名称、型式、线宽及用途

线型名称	图线型式	线宽	主要用途
粗实线	——————————	宽 d 为 0.5～2mm	可见轮廓线
细实线	——————————	$d/2$	尺寸线、尺寸界线、剖面线、引出线等
虚线	– – – – – – – –	$d/2$	不可见轮廓线
细点画线	— · — · — · — · —	$d/2$	轴线、对称中心线
粗点画线	— · — · — · —	d	限定范围表示线
双点画线	— · · — · · — · · —	$d/2$	界限位置轮廓线、假想投影轮廓线、中断线
双折线	———／\———	$d/2$	断裂处的边界线
波浪线	～～～～	$d/2$	断裂处的边界线、视图与局部视图的分界线

2. **图线画法规定**

（1）同一图样中同类图线的宽度应保持一致。

（2）不同线型重叠时，一般按粗实线、细实线、虚线、细点画线的顺序画出。

（3）点画线和双点画线的起止两端一般为直线段，点画线超出轮廓线 2～5mm。

（4）当图形较小时，可用细实线代替细点画线。

（5）细实线在粗实线的延长线的方向上画出时，两图线的分界处有间隙。

（6）细点画线、细实线和其他图线相交或自身相交时，应是线段相交。

图线应用示例见图 1-1。

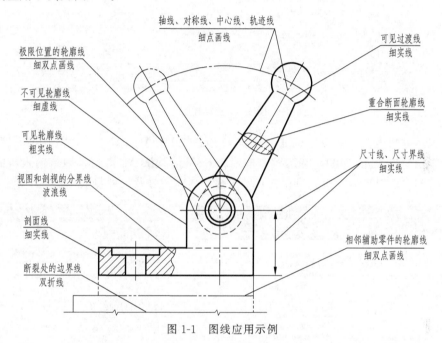

图 1-1 图线应用示例

任务实施

一、设置绘图环境

1. 打开模板

双击快捷图标启动程序，进入"AutoCAD 经典"界面。选择"文件"菜单中的"新建"命令，在弹出"选择样板"对话框中选点 acad.dwt 模板。如图 1-2 所示。

2. 选项设置

选择"工具"菜单"选项"命令，在选项对话框中选择"打开和保存"选项卡，在"文件安全措施"选项组中，设置"保存间隔分钟数"为 10 分钟，单击"应用"按钮完成设置，如图 1-3 所示。

3. 单位设置

选择工具菜单"格式"命令，再选择"单位"命令，打开"图形单位"对话框，然后设置长度、角度类型格式和精度参数等。如图 1-4 所示。

4. 设置图幅

选择"格式"菜单的"图形界限"命令或命令行中输入"limits"后按"Enter"键，系

图 1-2　选择样板

统命令行提示"指定左下角点"或【开（ON）/关（OFF）】＜0，0＞，按"Enter"键。系统命令行提示"右上角＜420，297＞"，按"Enter"键默认 A3 图幅，如果输入新的坐标值＜297,210＞，按"Enter"键，则确定 A4 图幅，具体图号及尺寸见表 1-2。

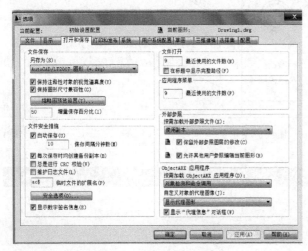

图 1-3　保存间隔分钟数

图 1-4　"图形单位"对话框

表 1-2　图纸的基本幅面尺寸　　　　　　　　　　　　　　　　　　　　　　mm

幅面代号	A0	A1	A2	A3	A4
尺寸 $B \times L$	841×1189	594×841	420×594	297×420	210×297
c	10			5	
a	25				
e	20		10		

5. 加载线型

机械制图中需要使用粗实线、细实线、虚线、点画线等线型，所以在样板中要加载这 4种线型，选择菜单"格式"命令，再选"线型"命令，或者命令行中键入"LT"按"Enter"键，弹出"线型管理器"对话框，如图 1-5 所示。

默认情况下，列表框中只有 Continuous 一种线型，如果要使用其他线型，可单击"加载"按钮打开"加载线型"对话框，选择需要加载的线型，按"确定"，如图 1-6 所示。

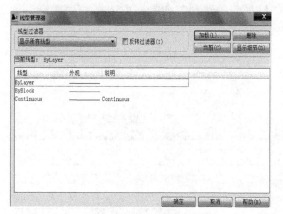
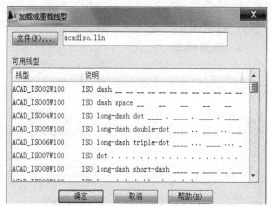

图 1-5 "线型管理器"对话框   图 1-6 "加载或重载线型"对话框

二、设置图层属性

所有图样都具有图层名、颜色、线型和线宽这 4 个基本属性。用户可以使用不同的颜色、不同的线型和线宽绘制不同的对象，并将具有相同线型对象放在同一图层，这些图层叠放在一起就构成了一幅完整的图形。这样方便控制元素对象的显示和编辑，从而提高图形绘制的效率。首先选择菜单"格式"命令，再选"图层"命令，或者单击工具栏中的"图层特性管理器"按钮，都可以打开"图形特性管理器"对话框，如图 1-7 所示。

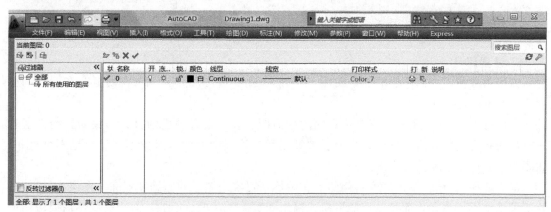

图 1-7 "图层特性管理器"对话框

在 AutoCAD 中使用"图层特性管理器"对话框不仅可以创建图层、设置图层颜色、线型和线宽，还可以进行图层的切换、重命名、删除及显示控制等管理操作。

1. 创建图层

在"图层特性管理器"框中用按钮创建新图层，系统自动命名"图层 1"，单击可改为"粗实线"图层。如图 1-8 所示。

2. 设置颜色

在对应的"颜色"列对应的图标，打开选择颜色对话框，选择蓝色，单击"确定"按钮，完成颜色设置，如图 1-8 所示。

3. 设置线型

默认情况下，图层的线型为 Continuous。要改变线型，可在图层列表中单击"线型"打开"选择线型"对话框，如图 1-6 所示，在"已加载的线型"列表框中选择一种线型，然后单击确定按钮。如没有需要线型则需要加载线型。

4. 设置线宽

在"线宽"列中单击该图层对应的线宽"——默认"，打开"线宽"对话框，选择"0.50mm"，单击"确定"，如图 1-8 所示。

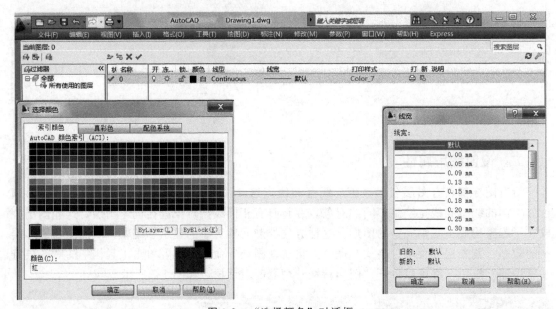

图 1-8   "选择颜色"对话框

5. 设置属性

为作图方便，控制图层的 3 个属性"打开/关闭、解冻/冻结、解锁/锁定"在不同的要求下，有不同的应用。

（1）打开/关闭：单击图层名称右侧的灯泡图标，可设置图层的打开与关闭，当图层打开时，它是可见的，可以打印。当图层被关闭后，该层上的所有对象不可见，也不可打印，如图 1-9 中的尺寸线层已被关闭。

（2）解冻/冻结：单击灯泡右侧的雪花图标，可实现图层的冻结和解冻。图层冻结期间，既不可见也不可打印，而且也不能更新或输出图层上的对象。因此，对于一些不需要输出的层，应冻结，这样可增强对象选择的性能并减少复杂图形重新生成的时间（即加快输出的速度），如图 1-9 中的虚线层已被冻结。

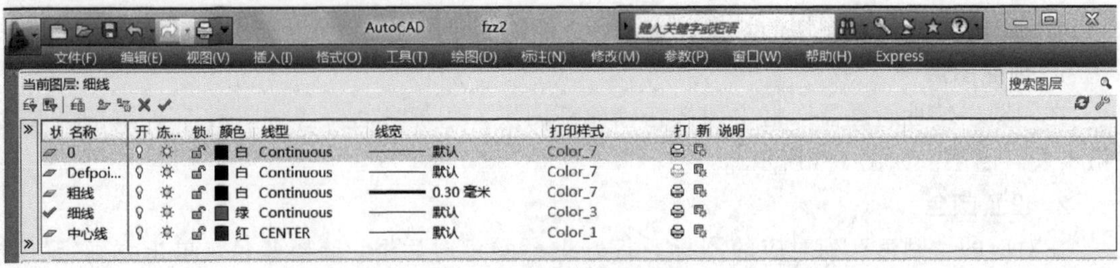

图 1-9   图层特性管理器

（3）解锁/锁定：单击雪花图标右侧的锁头图标，可实现图层的锁定与解锁。层被锁定以后，用户可以看到层上的实体，但不能对它进行编辑。当所绘图形较为复杂时，可以锁定当前不使用的层，从而避免一些不必要的误操作，如图1-9所示。

三、保存样板文件

设置完成，点击"文件"菜单的"另存为"命令，在弹出的"图形另存为"的对话框中输入样板文件，点击保存。如图1-10所示。

图1-10　样板文件保存

拓展练习

调用"模板.dwt"文件，设置文件的保存间隔时间为"5分钟"，长度单位为"小数"和"毫米"，精度为"0.00"，角度单位为"度/分/秒"，精度为"0d00′00″"，方向控制取基准角度为"东"，"顺时针"度量。并设置如下表所示的图层信息，保存为"模板1.dwt"。

图层名称	颜色	线型	线宽/mm
粗实线	黑色	Continuous	0.5
剖面线	蓝色	Continuous	0.25
虚线	黑色	ACAD-IS004W100	0.25
中心线	红色	Center	0.25
文本	绿色	Continuous	0.25
尺寸线	绿色	Continuous	0.25

任务 **2**　绘制 V 形块正投影图

任务分析

如图1-11所示，图（a）为V形块正投影方法示意图，图（b）为V形块的正投影图。

在了解正投影图的投影方法的前提下用 AutoCAD 直线命令完成 V 形块正投影图，该图样主要线型有粗实线、细实线。

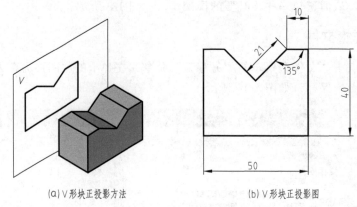

(a) V形块正投影方法　　　　　　(b) V形块正投影图

图 1-11　V 形块投影图

通过学习可以在掌握正投影图画法的基础上熟练应用 AutoCAD 绝对坐标、相对坐标、相对极坐标和正交等直线的绘制方法。

▌知识链接

一、正投影图的形成

众所周知，物体在光线的照射下会在地面或背景上产生影子，人们通过长期观察找出了光线、物体及影子之间的位置关系和投影规律，如图 1-12 所示。在投影时，光源称为投影中心，光线称为投影线，墙面称为投影面，影子称为投影。因此正投影法可定义为：一组互相平行射线通过物体，向预设的投影面垂直投射，如图 1-13 所示，并在投影面上得到图形的方法。

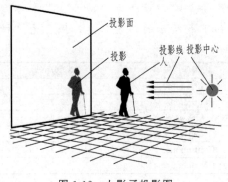

图 1-12　人影子投影图

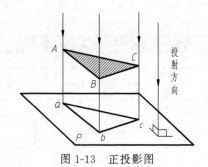

图 1-13　正投影图

二、正投影的方法

由正投影法所得的图形，如图 1-14 （a）所示为单一投影面投影的正投影图，如图 1-14 （b）所示为空间投影面投影获得的三视图。这种投影方法的特点：直观性不强，能正确反应物体形状和大小，作图方便，度量性好。

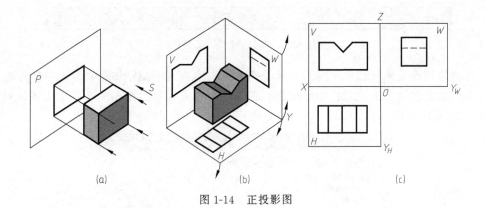

图 1-14　正投影图

三、AutoCAD 绘制直线

"直线"是 AutoCAD 绘图中最常用的一类图形对象，只要指定了起点和终点即可绘制。在 AutoCAD 中，可以用二维坐标（X，Y）或三维坐标（X，Y，Z）来指定端点，也可以二维坐标和三维坐标混合使用。如果输入二维坐标，AutoCAD 将会默认 Z 轴坐标值为 0。

1. "直线"指令启动方法

※ 命令行：键盘输入"L"键；

※ 菜单栏：选取"绘图"菜单中"直线"命令；

※ 工具栏：单击绘图工具栏中"直线"快捷按钮。

2. 直线绘制坐标的输入方法

（1）绝对直角坐标输入。绘图区随意移动鼠标可以观察到状态栏的左下方的坐标数值随着鼠标的移动而变化，其中第一个代表 X 轴的坐标值，第二个代表 Y 轴的坐标值，第三个代表 Z 轴的坐标值，在二维平面中 Z 始终为 0.000。这里显示的坐标值为绝对坐标值。绘图时直接输入坐标值。

（2）相对直角坐标输入。绝对坐标法可以画出基本图形，但复杂图形就会给绘图带来不便，因为绘图前要算出各点在绘图区域的绝对坐标值，为了方便绘制图形 AutoCAD 引用了数学中常用的另一种坐标表示法——相对坐标。相对坐标的表示方法：@ΔX，ΔY（ΔX 表示后点相对于前点的 X 轴上的距离，为正值时后点在前点的右边，为负值时则在左边；ΔY 表示后点相对于前点的 Y 轴上的距离，为正值时则后点在前点的上边，为负值时则在下边）。

（3）相对极坐标输入。极坐标是指原点到某一点的距离和与 X 轴正方向的夹角来确定坐标点的表达方式，它也是相对坐标中的一种。极坐标的表示方法是：@长度＜角度，其中正角度表示沿逆时针方向旋转，负角度表示沿顺时针方向旋转。

四、对象捕捉

在绘制图形过程中，常常需要快速、精准地拾取一些特殊点（如圆心、切点、端点、中点或垂足等），靠人的眼力是非常困难的。AutoCAD 提供了"对象捕捉"功能，可以迅速、准确地捕捉到这些特殊点，从而提高了绘图的速度和精度。对象捕捉可以分为两种方式：单一对象捕捉和自动对象捕捉。单一对象捕捉工具包含在对象捕捉工具栏中，如图 1-15 所示。

图 1-15 "对象捕捉"工具栏

自动对象捕捉是将状态栏中的对象捕捉打开，并在菜单/草图设置对话框中打开对象捕捉选项卡，或者右键单击状态栏中的捕捉、栅格、对象捕捉等，在相关选项卡中进行对象捕捉操作，如图 1-16 所示。

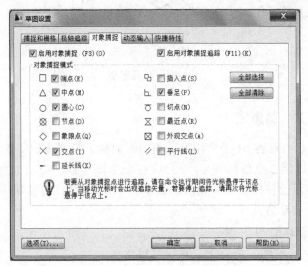

图 1-16 "对象捕捉"选项卡

"对象捕捉"工具栏中的各种捕捉模式的名称和功能如表 1-3 所示。

表 1-3 对象捕捉名称及功能

图标	名 称	功 能
	临时追踪点	创建对象捕捉所使用的临时点
	捕捉至	从临时参照点偏移
	捕捉到端点	捕捉到线段或圆弧的最近端点
	捕捉到中点	捕捉到线段或圆弧等对象的中点
	捕捉到交点	捕捉到线段、圆弧、圆等对象之间的交点
	捕捉到外观交点	捕捉到两个对象的外观的交点
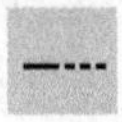	捕捉到延长线	捕捉到线段或圆弧的延长线上的点
	捕捉到圆心	捕捉到圆或圆弧的圆心

图标	名　称	功　能
	捕捉到象限点	捕捉到圆或圆弧的象限点
	捕捉到切点	捕捉到圆或圆弧的切点
	捕捉到垂足	捕捉到垂直于线、圆、圆弧上的点
	捕捉到平行线	捕捉到与指定平行的线上的点
	捕捉到插入点	捕捉块、图形、文字或属性的插入点
	捕捉到节点	捕捉到节点对象
	捕捉到最近点	捕捉离拾取点最近的线段、圆、圆弧对象上的点
	无捕捉	关闭对象捕捉模式
	对象捕捉设置	设置自动捕捉模式

使用对象捕捉的具体步骤如下：

（1）执行需要指定点的绘图命令。

（2）当命令行中提示用户指定点时，可随时启用对象捕捉功能中提供的各种对象捕捉。建议平时根据个人使用习惯，将对象捕捉功能中"端点、中点、圆心、象限点、交点、垂足"等打开。

（3）当鼠标移动到接近捕捉位置时，系统会自动显示图形对象上的捕捉点标记，然后只需单击鼠标左键即可精确定位到相应的点。

任务实施

步　骤	图　例	方　法
一、启用绘图样板		选择"文件"中的"新建"，在弹出的"选择样板"对话框中选用"模板1"，单机"打开"按钮创建新的图形

续表

步　骤	图　例	方　法
二、绘制 V 形块平面投影图	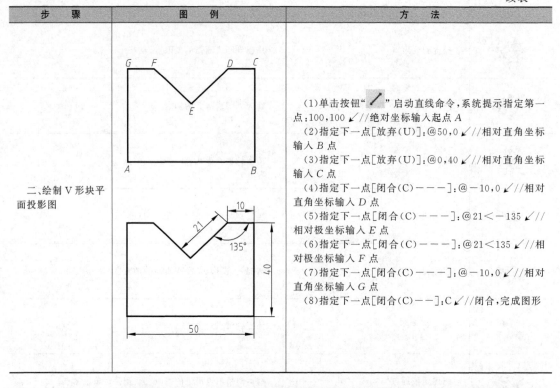	（1）单击按钮"✏"启动直线命令，系统提示指定第一点：100,100 ✓///绝对坐标输入起点 A （2）指定下一点[放弃(U)]：@50,0 ✓///相对直角坐标输入 B 点 （3）指定下一点[放弃(U)]：@0,40 ✓///相对直角坐标输入 C 点 （4）指定下一点[闭合(C)－－－]：@－10,0 ✓///相对直角坐标输入 D 点 （5）指定下一点[闭合(C)－－－]：@21<－135 ✓///相对极坐标输入 E 点 （6）指定下一点[闭合(C)－－－]：@21<135 ✓///相对极坐标输入 F 点 （7）指定下一点[闭合(C)－－－]：@－10,0 ✓///相对直角坐标输入 G 点 （8）指定下一点[闭合(C)－－]：C ✓///闭合，完成图形

▎拓展练习

一、填空题

1. 机械制图投影的方法是＿＿＿＿＿＿＿＿＿＿＿＿。

2. 坐标值输入时要用＿＿＿＿＿隔开，要指定相对坐标，需在坐标前加＿＿＿＿。

3. 相对于前一点画一条长度为 60mm，相应输入的相对坐标＿＿＿＿＿＿＿＿＿＿＿。

4. 命令提示窗口输入坐标时，常用的三种方式是＿＿＿＿、＿＿＿＿、＿＿＿＿。

5. 直线工具的快捷命令是＿＿＿＿。

6. 对象捕捉的打开或关闭可以分为两种方式：＿＿＿＿、＿＿＿＿。

7. 利用直线命令绘制该图形并计算各点的坐标值（绝对坐标或相对坐标）：

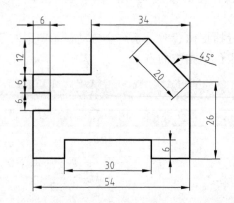

二、简答题

简述 AutoCAD 中绘图时对象捕捉工具的主要功能有哪些。

三、操作题

调用"模板 1.dwt"文件，设置绘图区域为 A4，在"粗实线"图层中运用点坐标的方法，绘制矩形 200×150 和矩形 180×130，两矩形中心重合，并以"矩形.dwt"文件名保存，完成如图所示。

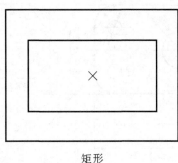

矩形

任务 **3**　绘制垫片的正面投影

▌ **任务分析**

如图 1-17 所示，该垫片正面投影图除了由 2 个矩形、4 个圆、4 个圆弧和若干条轴线、对称中心线表达形状，还用系列尺寸表达了垫片的大小。尺寸标注的过程中要作到八个字"正确、齐全、清晰、合理"。

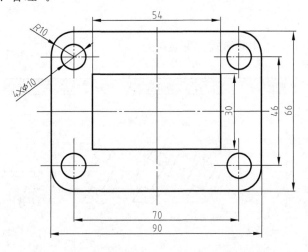

图 1-17　垫片

通过本任务的实施，巩固直线绘制命令的同时掌握"矩形""圆""偏移""倒圆""修剪"等绘图命令和"线性""直径""半径""角度"等标注命令。

▌知识链接

一、标注尺寸

尺寸标注是由尺寸界线、尺寸线、尺寸数字三个要素组成。如图 1-18 所示。

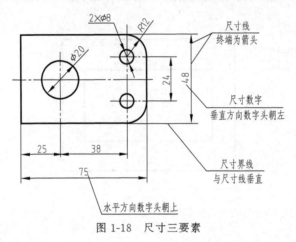

图 1-18　尺寸三要素

1. 尺寸界线

尺寸界线用细实线绘制与尺寸线垂直超出轮廓 2～3mm，它可以用轮廓线、对称中心线、轴线等引出或代替。

2. 尺寸线

尺寸线用细实线绘制，不可用轮廓线代替，也不得与其他图线重合。标注线性尺寸时尺寸线与所注线段平行，标注圆弧尺寸线时要过圆心，通常两端需画箭头。

3. 尺寸数字

尺寸数字有线性尺寸数字和角度尺寸数字两种。标注线性尺寸时数字写在上方或左方，字头朝上或朝左，中断处也可标注。

二、常见注法

国家标准详细规定了标注的形式，见表 1-4。

表 1-4　标注的形式

标注内容	示　例		说　明
线性尺寸	(a)	(b)	图示(a)线性尺寸的数字按图示方向书写，避免在图示 30°内标注尺寸。若无法避免可按图(b)标注

标注内容	示　例	说　明
角度尺寸	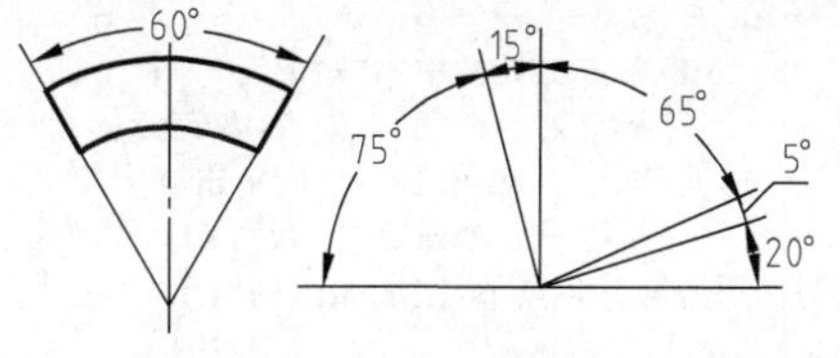	尺寸界线沿径向引出,尺寸线画成圆弧,数字水平书写,标于中断处,必要时也可按右图标注
圆	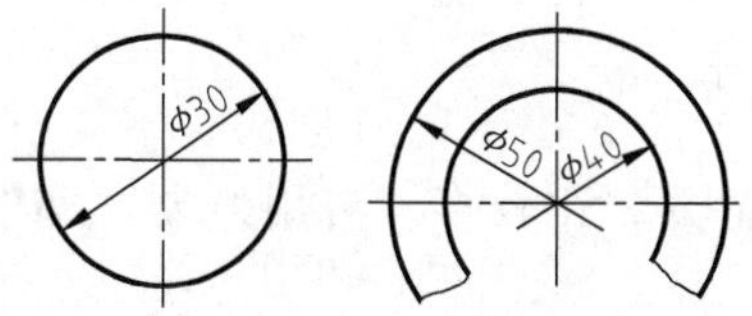	标注直径时数字前加 φ
圆弧	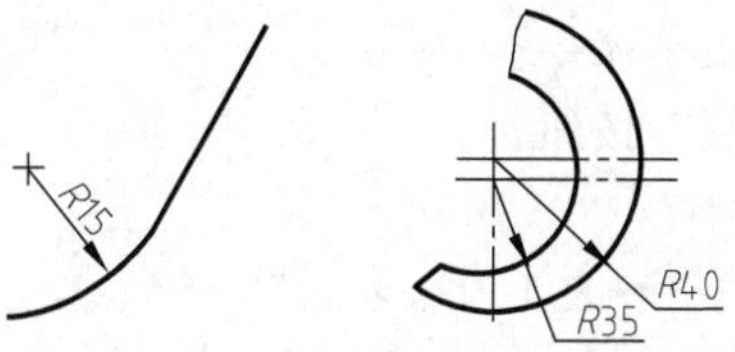	标注半径时数字前加 R
大圆弧	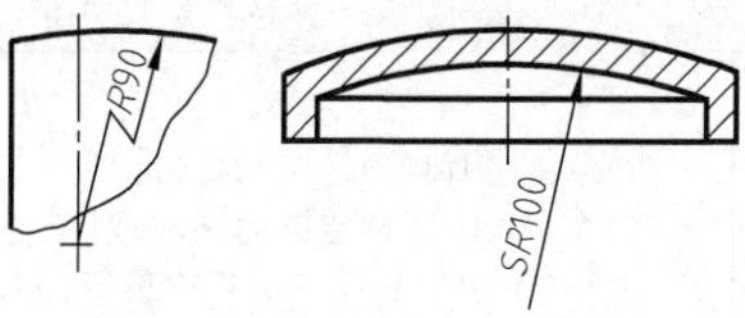	在图纸范围内无法标注出圆心时,可按图示标注
小尺寸	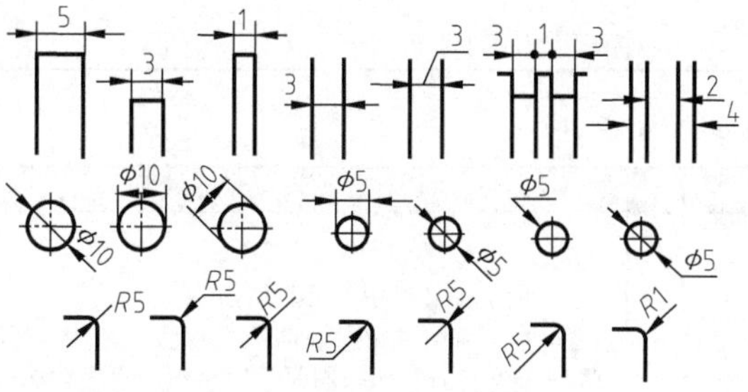	图示没有足够的空间标注,箭头可画在外面,或用小圆点代替,数字可引出标注。圆和圆弧按图示标注

三、CAD 绘制矩形

矩形是图形绘制的常见元素之一。启动"绘制矩形"命令后,只需先后确定矩形对角线上的两个点便可绘制。可以通过鼠标直接在屏幕上点取,也可输入坐标。选择这两个点时没有顺序,可以从左到右,也可以从右到左。启用绘制"矩形"命令的方法有以下三种。

　※命令行:输入 rectang。

　※菜单栏:选择"绘图"→"矩形"菜单命令。

　※工具栏:单击标准工具栏中的"矩形"按钮。

[实例示范]

两点绘制矩形的方法,具体见表 1-5。

表 1-5 矩形绘制方法

项 目	图 例	方法步骤
绘制矩形	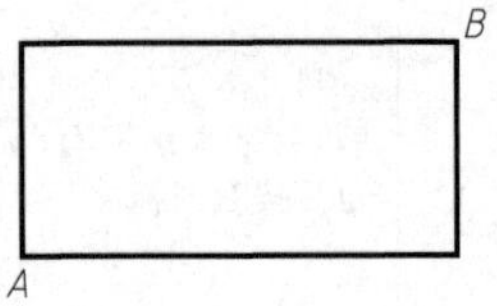	(1)单击工具栏中的"矩形"按钮; (2)指定第一个角点或[倒角(C)/标高(E)/圆角(F)/厚度(T)/宽度(W)]://在绘制窗口中单击确定第一角点 A; (3)指定另一个角点或[尺寸(D)]://在绘制窗口中单击另一点作为第二角点 B,完成如图例所示

四、CAD 绘制圆

AutoCAD 中,圆属于曲线,其绘制方法比较多。启用绘制"圆"命令的方法有以下三种。

※命令行:输入 C。

※菜单栏:选择"绘图"→"圆"菜单命令。

※工具栏:单击标准工具栏中的"圆"按钮。

[实例示范]

下面介绍五种绘制圆的方法,见表 1-6~表 1-10。

表 1-6 用圆心和半径绘制半径为 R15

步 骤	图 例	方 法
绘制图形	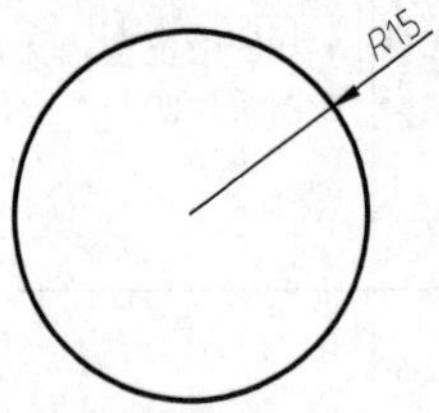	(1)单击工具栏中的"圆"按钮; (2)命令:circle 指定圆的圆心或[三点(3P)/两点(2P)/切点、切点、半径(T)]://在绘制窗口中单击一点定为圆心; (3)指定圆的半径或[直径(D)]:15 ✓//输入"15"作为圆半径,完成如图例所示

表 1-7 用圆心和直径绘制直径为 ϕ28 圆

步 骤	图 例	方 法
直径绘制图	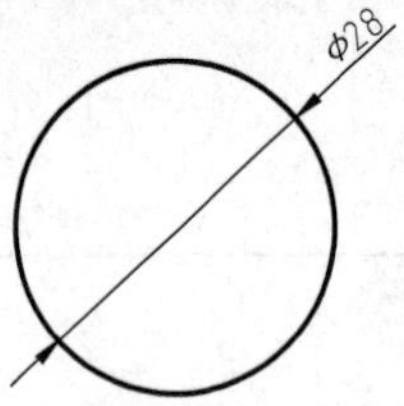	(1)单击工具栏中的"圆"按钮; (2)命令:circle 指定圆的圆心或[三点(3P)/两点(2P)/切点、切点、半径(T)]://在绘制窗口中单击一点定为圆心; (3)指定圆的半径或[直径(D)]:D ✓//设置成直径法绘制圆 (4)指定圆直径:28 ✓// 输入直径,完成如图例所示

表 1-8 用三点绘制圆

步 骤	图 例	方 法
三点绘制图	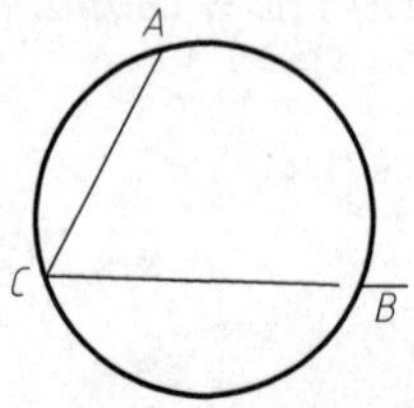	(1)单击工具栏中的"圆"按钮; (2)命令:circle 指定圆的圆心或[三点(3P)/两点(2P)/切点、切点、半径(T)]:3P ✓ (3)指定圆上第一端点:左键单击 A 点; (4)指定圆上第二端点:左键单击 B 点; (5)指定圆上第三端点:左键单击 C 点,完成如图例所示

表 1-9　　利用二点绘制圆

步　骤	图　例	方　法
二点绘制图	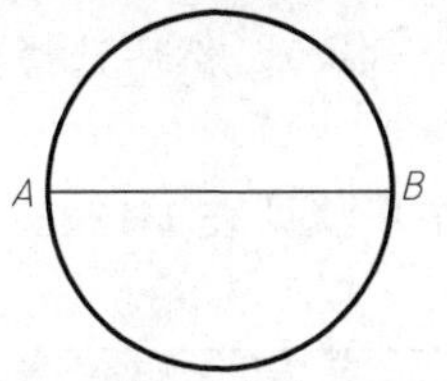 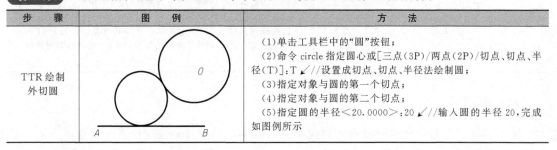	(1)单击工具栏中的"圆"按钮; (2)命令:circle 指定圆的圆心或[三点(3P)/两点(2P)/切点、切点、半径(T)]:2P↙//设置成二点法绘制圆; (3)指定圆上第一端点:左键单击 A 点; (4)指定圆上第二端点:左键单击 B 点;完成如图例所示

表 1-10　　利用切点、切点、半径绘制一个半径为 20 与圆 *O* 和直线 *AB* 相切的圆

步　骤	图　例	方　法
TTR 绘制 外切圆	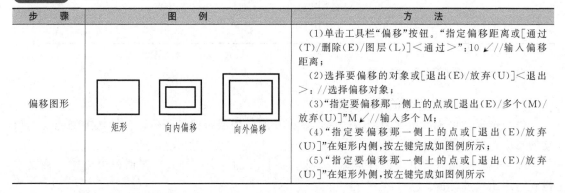	(1)单击工具栏中的"圆"按钮; (2)命令 circle 指定圆心或[三点(3P)/两点(2P)/切点、切点、半径(T)]:T↙//设置成切点、切点、半径法绘制圆; (3)指定对象与圆的第一个切点; (4)指定对象与圆的第二个切点; (5)指定圆的半径<20.0000>:20↙//输入圆的半径 20,完成如图例所示

五、偏移

偏移图形命令可以根据指定距离或通过点,对直线、圆弧、圆等对象作同心偏移复制,实际绘图中经常使用"偏移"功能作平行线或等距离的分布图形。启动"偏移"命令,命令执行方式:

※命令行:输入"Offset"。

※菜单栏:选择"修改"中的"偏移"单击,弹出菜单中选择"偏移"命令。

※工具栏:单击"偏移"工具栏中的"偏移"按钮。

[**实例示范**]

将四边形向内、外侧偏移 10mm 各 1 次。单击工具栏的"偏移"按钮,操作步骤见表 1-11。

表 1-11　　偏移

步　骤	图　例	方　法
偏移图形	矩形　　向内偏移　　向外偏移	(1)单击工具栏"偏移"按钮。"指定偏移距离或[通过(T)/删除(E)/图层(L)]<通过>":10↙//输入偏移距离; (2)选择要偏移的对象或[退出(E)/放弃(U)]<退出>://选择偏移对象; (3)"指定要偏移那一侧上的点或[退出(E)/多个(M)/放弃(U)]"M↙//输入多个 M; (4)"指定要偏移那一侧上的点或[退出(E)/放弃(U)]"在矩形内侧,按左键完成如图例所示; (5)"指定要偏移那一侧上的点或[退出(E)/放弃(U)]"在矩形外侧,按左键完成如图例所示

六、修剪

使用修剪命令可以方便快速地利用边界对图形进行多余图线的修剪,命令执行方式:

※命令行：输入"TRIM"。

※菜单栏：选择"修改"单击，弹出菜单中选择"修剪"命令。

※工具栏：单击"修改"工具栏中的"修剪"按钮。

执行该命令，首先选择作为剪切的对象（可以是多个对象），然后选择要剪切的对象。

[实例示范]

把图修剪成矩形，单击工具栏的"修剪"按钮，操作步骤见表 1-12。

表 1-12　修剪

步　骤	图　例	方　法
修剪图形	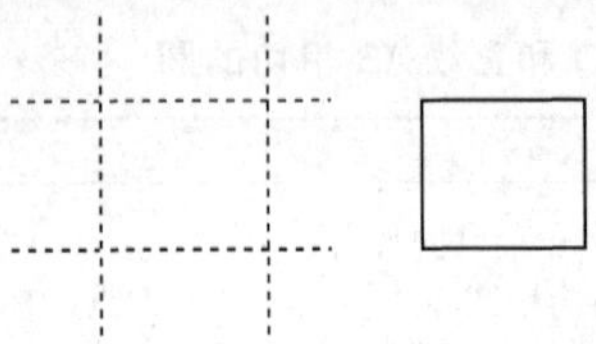	(1)单击工具栏中"修剪"按钮。选择对象：//用鼠标选择修剪的对象，按"✓"完成如图例所示； (2)选择对象或按 Shift 键选择要延伸的对象，或[投影(P)/边(E)/放弃(U)]//选择要修剪掉的部分，按"✓"完成如图例所示

七、复制

使用"复制"命令可以对已有的对象复制出副本，并放置到指定位置。启动"复制"命令的方法有以下三种。

※命令行：输入 COPY。

※菜单栏：选取"菜单"的"复制"命令。

※工具栏：单击"修改"工具栏的"复制"按钮。

[实例示范]

圆 1 为基本体，复制圆 2、圆 3，操作步骤见表 1-13。

表 1-13　复制

步　骤	图　例	方　法
复制图形	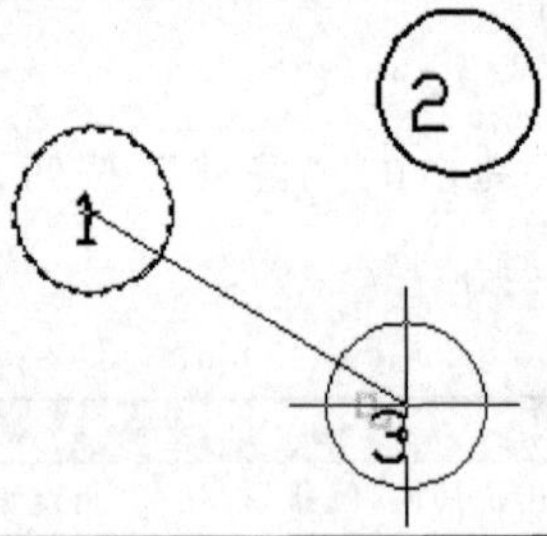	(1)单击工具栏"复制"按钮；选择"复制"对象：//利用鼠标左键选中源对象圆 1，后"✓"结束选择对象，也可以继续选择源对象； (2)指定基点或位移：//单击圆 1 的圆心为基点； (3)指定第二点按"✓"键：//鼠标移到位置点 2 单击左键； (4)指定第三点：//移动鼠标到目的位置点 3，单击，按"✓"键，完成复制

八、AutoCAD 尺寸标注

1. AutoCAD 尺寸标注的基本步骤

（1）选择"格式"中"图层"命令，在打开的"图层特性管理器"对话框中创建一个独立的图层，用于尺寸标注。

（2）选择"格式"中"文字样式"命令，在打开的"文字样式"对话框中创建一种文字样式，用于尺寸标注。

（3）选择"格式"中"标注样式"命令，在打开的"标注样式管理器"对话框设置标注样式。

（4）只用对象捕捉和标注等功能，对图形中的元素进行标注。

2. 创建与设置标注样式

在 AutoCAD 中，使用"标注样式"的设置，可以控制标注的格式和外观，建立强制执行图形的绘图标准，轻松完成各种尺寸的标注。通过对标注样式的修改或替换，也可方便地对标注格式及用途进行修改。

（1）标注样式。在工具栏空白处右击鼠标，打开标注工具栏，如图 1-19 所示，其中标明了标注的种类和形式。

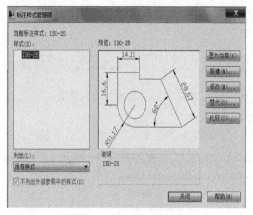

图 1-19　标注工具栏

选择"格式"中"标注样式"命令，打开"标注样式管理器"对话框，或点击工具栏中标注样式按钮打开"标注样式管理器"，如图 1-20 所示。

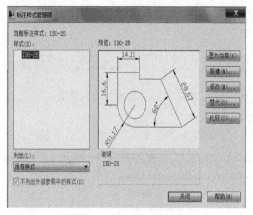

图 1-20　标注样式管理器

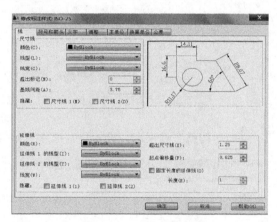

图 1-21　"直线"选项卡

※ "新建"：新建一个标注样式，设置其基础样式、运用场合，并需为其命名。

※ "修改"：对当前标注样式的内容进行修改。

※ "替代"：对以前标注的内容进行修改后替代。

以"新建"标注样式为例，点击打开后弹出含有"直线、符号和箭头、文字、调整、主单位、换算单位、公差"的选项卡，单击各选项卡，可以设置相应内容。

（2）"直线"选项卡：设置尺寸线、尺寸界线的格式和位置，如图 1-21 所示。

图 1-22　"符号和箭头"选项卡

图 1-23　"文字"选项卡

（3）"符号和箭头"选项卡：设置箭头、圆心标记、弧长符号和半径标注折弯的格式与位置，如图 1-22 所示。

（4）"文字"选项卡：设置标注文字的外观、位置和对齐方式，如图 1-23 所示。

图 1-24　"调整"选项卡　　　　　　　　图 1-25　"主单位"选项卡

（5）"调整"选项卡：设置标注文字、尺寸线、尺寸箭头的位置，如图 1-24 所示。

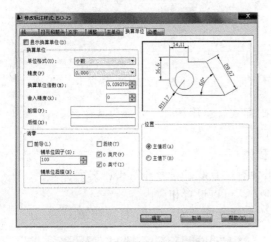

图 1-26　"换算单位"选项卡　　　　　　图 1-27　"公差"选项卡

（6）"主单位"选项卡：设置主单位的格式与精度等属性，如图 1-25 所示。

（7）"换算单位"选项卡：设置换算单位的格式，如图 1-26 所示。

（8）"公差"选项卡：设置是否标注公差，以及以何种方式进行标注，如图 1-27 所示。

3. 标注的类型

（1）线性标注：选择"标注"中"线性"命令（DIMLINEAR），或在"标注"工具栏中单击"线性"按钮，可创建用于标注用户坐标系 XY 平面中的两个点之间的距离测量值，并通过指定点或选择一个对象来实现。

（2）对齐标注：选择"标注"中"对齐"命令（DIMALIGNED），或在"标注"工具栏中单击"对齐"按钮，可以对对象进行对齐标注。

（3）弧长标注：选择"标注"中"弧长"命令（DIMARC），或在"标注"工具栏中单击"弧长"按钮 ，可以标注圆弧线段或多段线圆弧线段部分的弧长。

（4）基准线标注：选择"标注"中"基线"命令（DIMBASELINE），或在"标注"工具栏中单击"基线"按钮 ，可以创建一系列由相同的标注原点测量出来的标注。

（5）连续标注：选择"标注"中"连续"命令（DIMCONTINUE），或在"标注"工具栏中单击"连续"按钮 ，可以创建一系列端对端放置的标注，每个连续标注都从前一个标注的第二个尺寸界线处开始。

（6）半径标注：选择"标注"中"半径"命令（DIMRADIUS），或在"标注"工具栏中单击"半径"按钮 ，可以标注圆和圆弧的半径。

（7）折弯标注：选择"标注"中"折弯"命令（DIMJOGGED），或在"标注"工具栏中单击"折弯"按钮 ，可以折弯标注圆和圆弧的半径。它与半径标注方法基本相同，但需要指定一个位置代替圆或圆弧的圆心。

（8）直径标注：选择"标注"中"直径"命令（DIMDIAMETER），或在"标注"工具栏中单击"直径标注"按钮 ，可以标注圆和圆弧的直径。

（9）圆心标记：选择"标注"中"圆心标记"命令（DIMCENTER），或在"标注"工具栏中单击"圆心标记"按钮 ，即可标注圆和圆弧的圆心。此时只需要选择待标注圆心的圆弧或圆即可。

（10）角度标注：选择"标注"中"角度"命令（DIMANGULAR），或在"标注"工具栏中单击"角度"按钮 ，都可以测量圆和圆弧的角度、两条直线间的角度，或者三点间的角度。当利用角度标注命令标注圆弧和圆时，系统会默认圆弧或圆的中心为角度的顶点进行标注。

（11）引线标注：选择"标注"中"引线"命令（QLEADER），或在"标注"工具栏中单击"快速引线"按钮 ，都可以创建引线和注释，而且引线和注释可以有多种格式。

（12）坐标标注：选择"标注"中"坐标"命令，或在"标注"工具栏中单击"坐标标注"按钮 ，都可以标注相对于用户坐标原点的坐标。

（13）快速标注：选择"标注"中"快速标注"命令，或在"标注"工具栏中单击"快速标注"按钮 ，都可以快速创建成组的基线、连续、阶梯和坐标标注，快速标注多个圆、圆弧，以及编辑现有标注的布局。

（14）形位公差标注：在 AutoCAD 中，可以通过特征控制框来显示形位公差信息，如图 1-28 所示的形状、轮廓、方向、位置和跳动的偏差等。

选择"标注"中"公差"命令，或在"标注"工具栏中单击"公差"按钮 ，打开"形位公差"对话框，可以设置公差的符号、值及基准等参数。

九、编辑标注对象

在 AutoCAD 中，可以对已标注对象的文字、位置及样式等内容进行修改，而不必删除所标注的尺寸对象再重新进行标注。

1. 编辑标注

在"标注"工具栏中，单击"编辑标注"按钮，即可编辑已有标注的标注文字内容和放

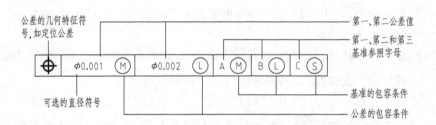

(a) 形位公差对话框

(b) 形位公差项目的设置

图 1-28　形位公差

置位置，此时命令行提示如下：输入标注编辑类型［默认（H）/新建（N）/旋转（R）/倾斜（O）］＜默认＞。

2. 编辑文字

选择"标注"中"对齐文字"子菜单中的命令，或在"标注"工具栏中单击"编辑标注文字"按钮，都可以修改尺寸的文字位置。选择需要修改的尺寸对象后，命令行提示如下：指定标注文字的新位置或［左（L）/右（R）/中心（C）/默认（H）/角度（A）］。

3. 替代标注

选择"标注"中"替代"命令，可以临时修改尺寸标注的系统变量设置，并按该设置修改尺寸标注。该操作只对指定的尺寸对象做修改，并且修改后不影响原系统的变量设置。执行该命令时，命令行提示如下：输入要替代的标注变量名或［清除替代（C）］。

4. 更新标注

选择"标注"中"更新"命令，或在"标注"工具栏中单击"标注更新"按钮，都可以更新标注，使其采用当前的标注样式，此时命令行提示如下：输入标注样式选项［保存（S）/恢复（R）/状态（ST）/变量（V）/应用（A）/?］＜恢复＞。

▎**任务实施**

步　　骤	图　　例	方　　法
一、启用模板		选择"文件"中的"新建"，在弹出的"选择样板"对话框中选用"模板"，单机"打开"创建新的图形

步　骤	图　例	方　法
二、绘制矩形	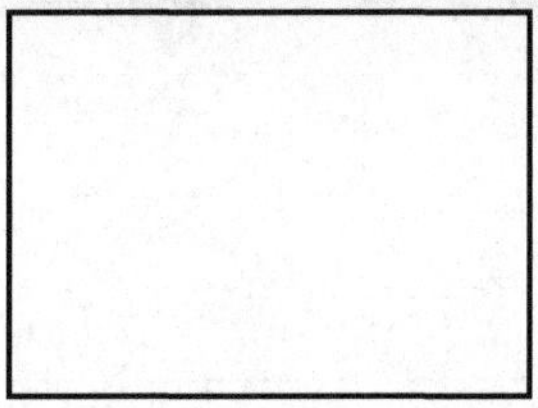	（1）启用"矩形"命令，绘制矩形； （2）指定第一角点［倒角（C）/标高（E）/圆角（F）/厚度（T）］：100,100 ✓ //输入坐标作为第一角点； （3）指定另一角点或［尺寸（D）］：@90,66 ✓//输入另一点相对坐标作为第二角点，完成如图例所示
三、偏移内框	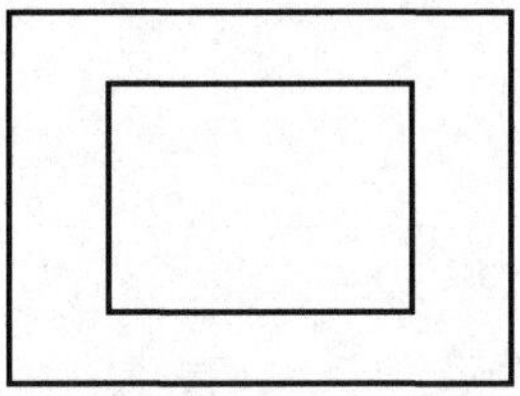	（1）启用"偏移"命令，绘制小矩形； （2）偏移命令行输入偏移距离"18"✓； （3）点选偏移目标，然后点击偏移侧，完成如图例所示
四、绘制圆心位置基准线	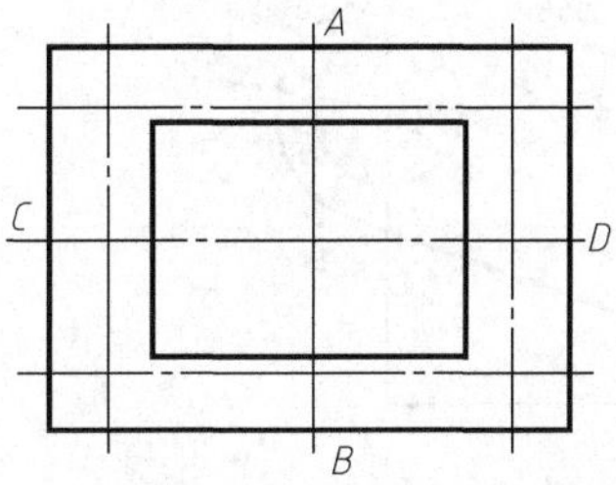	（1）切换中心线层，用"直线"命令，打开"对象捕捉"功能，捕捉矩形中点 A 后按下左键，继续捕捉中点 B 后按下左键，再按 ✓，完成直线 AB； （2）用"偏移"命令，指定偏移距离或［通过（T）］＜通过＞：35 ✓//偏移距离 35； （3）选偏移的对象或＜退出＞：选中直线 AB，在要偏移的右侧单击鼠标，得右侧偏移线；同理可得左侧偏移线； （4）重复以上步骤完成直线 CD 的绘制及两次偏移，偏移距离 22.5，确定各圆心，如图例所示
五、绘制四组圆	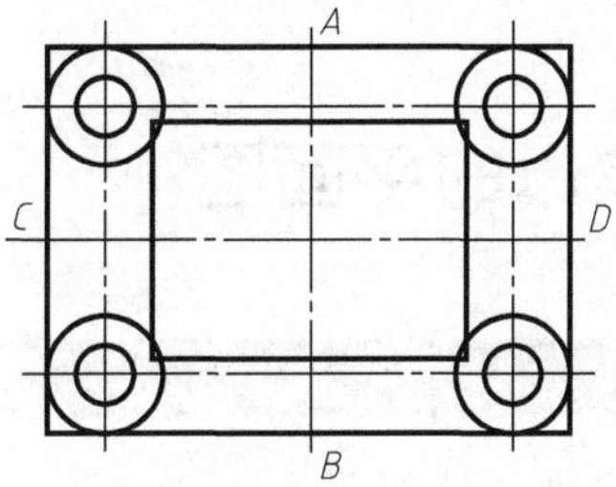	（1）单击绘图工具栏"圆"命令，打开"自动捕捉"，用"圆心和直径"法绘制单个 ϕ10 圆和 R10 圆。 （2）单击绘图工具栏中的"复制"命令，选择两个圆，圆心为基点，复制完成其他三个位置的圆，如图例所示
六、绘制圆和圆弧	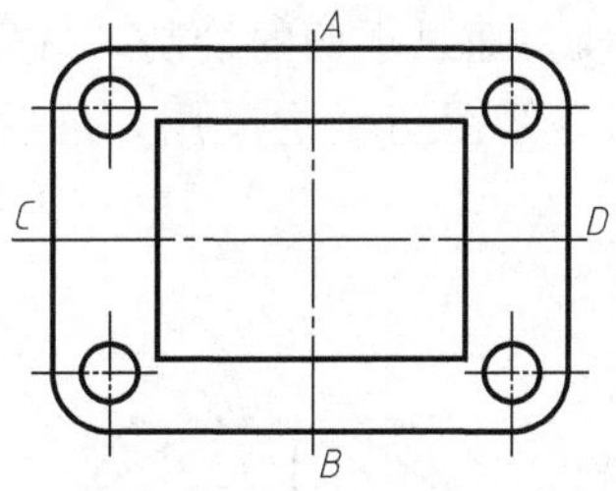	（1）单击修改工具中的"修剪"命令； （2）"选择对象："选中修剪的对象和边界按"✓"； （3）选择要修剪掉的部分，修剪多余线段按"✓"； 完成如图例所示
七、标注尺寸	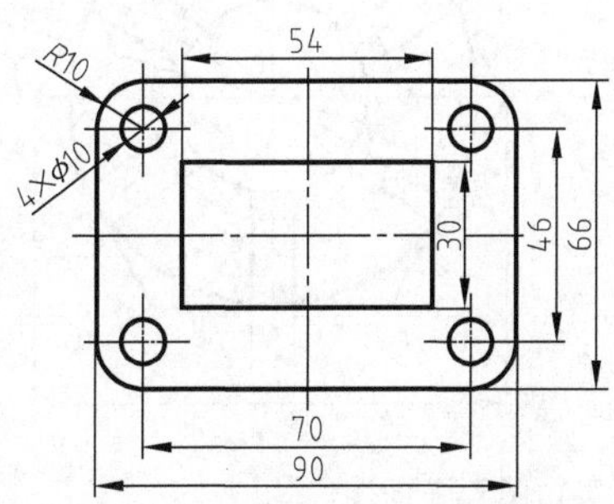	（1）在"标注"工具栏中选择线性标注命令；"指定第一条尺寸界限原点："//用鼠标选择尺寸的起点，完成如图所示线性尺寸 70。重复以上步骤完成 90、46、66、30、54 的线性标注。 （2）在"标注"工具栏中选半径标注命令；"选择圆弧或圆："//单击要标注的圆弧 R10。 （3）在"标注"工具栏中选直径标注命令；"选择圆弧或圆："//单击要标注的圆弧 ϕ10。 （4）在"标注"工具栏中选择"编辑标注"命令，命令提示："输入标注编辑类型［默认（H）/新建（N）/旋转（R）/倾斜（O）］＜默认＞："N //输入 N，输 4×，点击"确定"，选择对象"ϕ10"，完成如图例所示

拓展练习

一、填空题

1. 尺寸标注的三要素_____、_____、_____。

2. 尺寸标注的三要素应设置线型_____及线宽_____。

3. 绘制圆的五种方法分别是：_____、_____、_____、_____、_____。

二、按照给定尺寸绘制下列图形并标注尺寸。

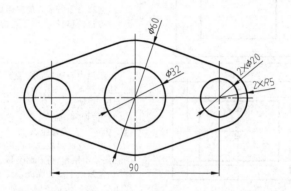

任务 4 绘制螺母的平面图

任务分析

　　绘制如图 1-29 所示螺母的平面图，并标注尺寸。该图形由正六边形、圆、直线要素组成，可用正多边形、圆、直线、尺寸标注命令完成。通过本例的绘制，首先巩固直线、修剪和圆命令使用，其次掌握正多边形、旋转、阵列等绘图指令的应用，最后熟练使用线性尺寸、直径尺寸标注命令完成绘制螺母的平面图。

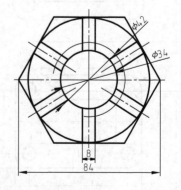

图 1-29　螺母的实物图、平面图

知识链接

一、正多边形的绘制

在 CAD 绘制正多边形时，用户可以选择三种方式：一通过与圆的内接；二通过与圆的外切；三指定正多边形某边的端点来绘制。启用绘制"正多边形"命令的方法有以下三种：

※命令行：输入 Pol（Polygon）。

※菜单栏：选择"绘图"→"正多边形"菜单命令。

※工具栏：单击工具栏中的"正多边形"按钮。

[实例示范]

如图例所示，绘制正多边形，见表 1-14：

表 1-14　绘制正多边形

步　骤	图　例	方　法
一、绘制内接正六边形	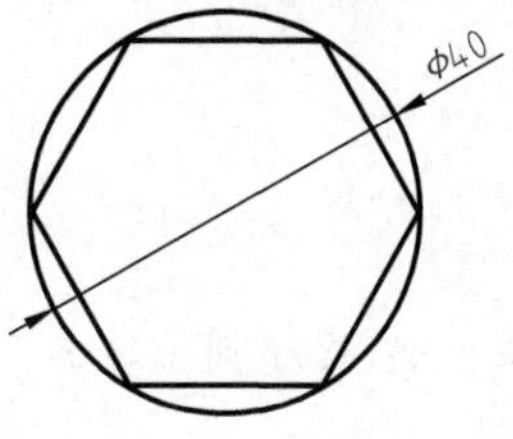	(1)单击工具栏中"正多边形"按钮，命令：polygon 输入边数＜4＞：6↙，//输入边数 6； (2)指定正多边形的中心点或[边(E)]：//捕捉圆心； (3)输入选项[内接于圆(I)/外切于圆(C)]：＜I＞：I↙//选择内接于圆； (4)指定圆的半径：20↙//输入半径 20，完成图形
二、绘制外切正五边	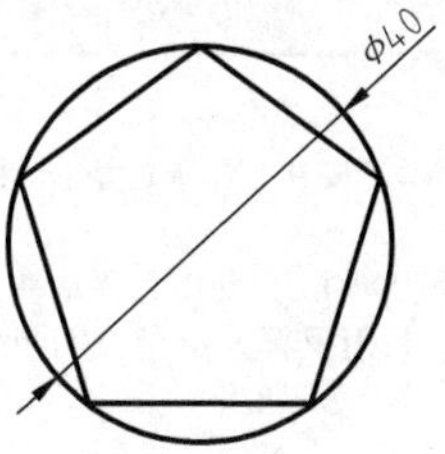	(1)单击工具栏中"正多边形"按钮，命令：polygon 输入边数＜6＞：5↙//输入边数 5 图形； (2)指定正多边形的中心点或[边(E)]：//捕捉圆心； (3)输入选项[内接于圆(I)/外切于圆(C)]＜I＞：C↙//选择外切于圆； (4)指定圆的半径：20↙//输入半径 20，完成图形
三、绘制正六边形(已知直线 AB)	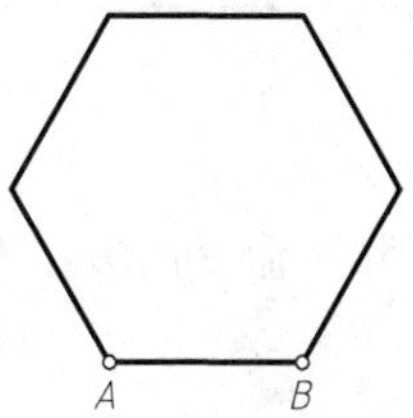	(1)单击工具栏中"正多边形"按钮，命令：polygon 输入边数＜4＞：6↙//输入正多边形边数 6； (2)指定正多边形中心点或[边(E)]：E//选择边； (3)指定边第一端点：指定边第二端点：//鼠标左键单击 A 点，单击 B 点，完成图形

二、旋转

使用"旋转"命令可以对已有的对象 360°范围内旋转，并放置到指定位置。启动"旋转"命令的方法有以下三种：

※命令行：输入 Rotate。

※菜单栏：选取"菜单"→"旋转"命令。

※工具栏：单击"修改"工具栏的"旋转"按钮。

[实例示范]

如表 1-15 中图例所示，其中水平位置 U 形块为基本体，旋转 90°后成竖直位置。

表 1-15　旋转图形

步　骤	图　例	方　法
旋转图形	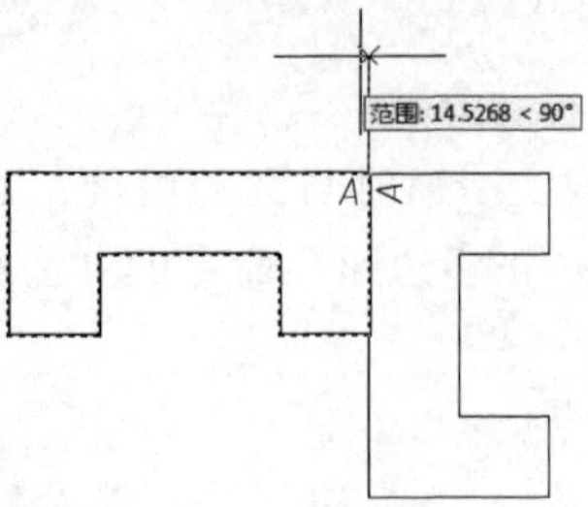 范围：14.5268 < 90°	(1)单击工具栏"旋转"按钮； (2)选择对象；//用鼠标左键框选中源对象； (3)指定基点；//单击 A 点作为旋转的基点； (4)指定旋转的角度或[参照(R)]：90//输入旋转角度 90，完成如图例所示

三、移动

使用"移动"命令可以将已有的对象移动到指定位置，启动"移动"命令的方法有以下三种：

※ 命令行：输入 Move。

※ 菜单栏：选取"菜单"→"移动"命令。

※ 工具栏：单击"修改"工具栏的"移动"按钮。

[实例示范]

如表 1-16 中图例所示，其中长方块为基本体，从位置 A 移动到位置 B。

表 1-16　移动图形

步　骤	图　例	方　法
移动已知图形	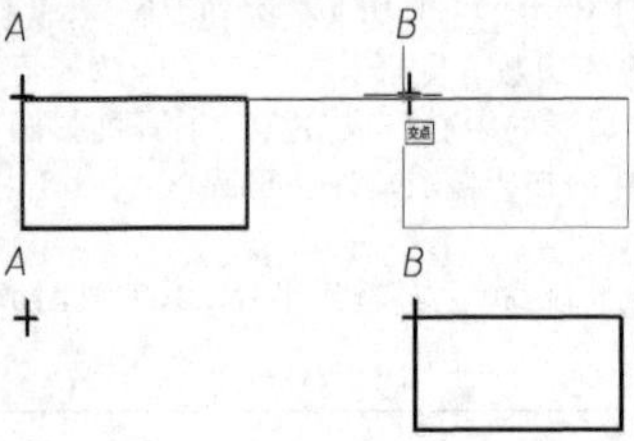 A　　B A　　B	(1)单击工具栏"移动"按钮；选择对象；//利用鼠标左键框选中源对象； (2)指定基点；//捕捉单击 A 点作为移动基点； (3)捕捉目标点；//利用鼠标左键捕捉目标点 B 并单击，完成如图例所示

四、删除

使用"删除"命令可以对已有的对象删除，启动"删除"命令的方法有以下三种：

※命令行：输入 Erase。

※菜单栏：选取"菜单"→"删除"命令。

※工具栏：单击"修改"工具栏的"删除"按钮。

[实例示范]

如表 1-17 中图例所示，将正方形删除。

表 1-17　删除图形

步　骤	图　例	方　法
删除图形	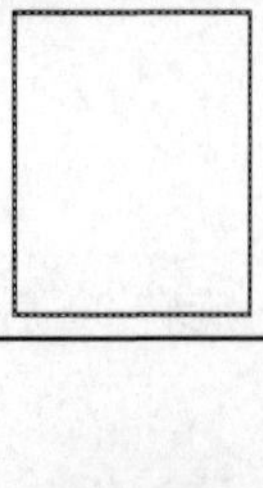	(1)单击工具栏"删除"按钮；选择对象；//利用鼠标选择删除的对象； (2)单击右键或按"ENTER"键。//完成删除也可窗择多个对象同时删除

五、阵列

阵列分为矩形和环形阵列两种，主要用于绘制分布规则的图形。启用"阵列"命令的方法有以下三种：

※命令行：输入 Array。

※菜单栏：选择"修改"→"阵列"菜单命令。

※工具栏：直接单击标准工具栏上的"阵列"按钮。

启用"阵列"命令后，系统将弹出如图 1-30 所示的"阵列"对话框。

(a) 矩形阵列

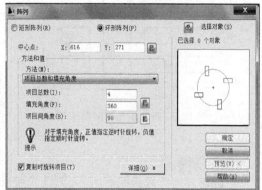
(b) 环形阵列

图 1-30 "阵列"对话框

1. 矩形阵列

矩形阵列是系统默认的选项，选择矩形阵列后"阵列"对话框显示如图 1-30 （a）所示，其中各参数解释如下。

（1）"选择对象"：单击"选择对象"按钮，就可以选择要进行阵列的图形对象，完成后按"Enter"键或者鼠标右键单击结束选择。

（2）"行"数值框：用于输入阵列对象的行数。

（3）"列"数值框：用于输入阵列对象的列数。

（4）"行偏移"数值框：用于输入阵列对象的行间距。用户也可以单击右侧的"选择对象"按钮，然后在绘图窗口中拾取两个点来确定行间距。

（5）"列偏移"数值框：用于输入阵列对象的列间距。用户也可以单机其右侧的"选择对象"按钮，然后在绘图窗口中拾取两个点来确定列间距。

对于矩形阵列来说，主要是控制行和列的数目以及它们之间的距离。因此，必须学会设置行间距与列间距。如图 1-31 所示，要使行与行之间空隙为 4，就必须将行间距设为 10（加上自身的高度 6）；要使列于列之间的空隙为 5，就必须将列间距设为 15（加上自身的宽度 10）。

（6）在行偏移与列偏移的右侧还有"选择对象"按钮，用户可以通过点击这个按钮在绘图区域制订一个单位单元，同时确定行偏移与列偏移的距离。

（7）"阵列角度"数值框：用于输入阵列对象的旋转角度。用户也可以单击其右侧的"选择对象"按钮，然后在绘图窗口中指定旋转角度。

阵列的角度可以自行设定，也可捕捉拾取，如图 1-32 所示为 30°的阵列角度。可以发现，阵列中图形对象的个体并没有旋转，但是每一行都以矩形的左下角（阵列对象）为基点，旋转了 30°。

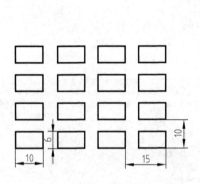

图 1-31　行间距与列间距演示图

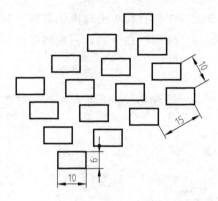

图 1-32　30°的阵列

2．环形阵列

"环形阵列"对话框如图 1-30（b）所示。其中，各项参数意义如下。

（1）"选择对象"：单击"选择对象"按钮，就可以选择要进行阵列的图形对象，完成后按"Enter"键或者鼠标右键单击结束选择。

（2）"中心点"X、Y 数值框：用于输入环形阵列中心点的坐标值。用户也可以单击其右侧的"选择对象"按钮，然后在绘图窗口中拾取阵列中心。

（3）"方法"下拉列表框：用于确定阵列的方法，其中列出了三种不同的方法。

①"项目总数和填充角度"选项：通过指定阵列的对象数目和阵列中第一个与最后一个对象之间的包含角度来设置阵列。

②"项目总数和项目间角度"选项：通过指定阵列的对象数目和相邻阵列的对象之间的包含角来设置阵列。

③"填充角度和项目间角度"选项：通过指定阵列中第一个与最后一个对象之间的包含角度和相邻阵列的对象之间的包含角来设置阵列。

（4）"项目总数"数值框：用于输入阵列中的对象数目。

（5）"填充角度"数值框：用于输入阵列中第一个与最后一个对象之间的包含角，默认值是 360，不能为 0，当该值为正值时，沿逆时针方向作环形阵列；当该值为负值时，沿顺时针方向作环形阵列。

（6）"项目间角度"数值框：用于相邻阵列对象之间的包角，该数值只能是正值，默认值 90°。

（7）"复制时旋转项目"：若选中该复选框，则阵列对象将相对中心点旋转，否则不旋转。

［实例示范］

将 6 个小矩形，A 点为转动中心，绕大圆均匀布置，见表 1-18。

表 1-18 环形阵列

步　骤	图　例	方　法

环形阵列	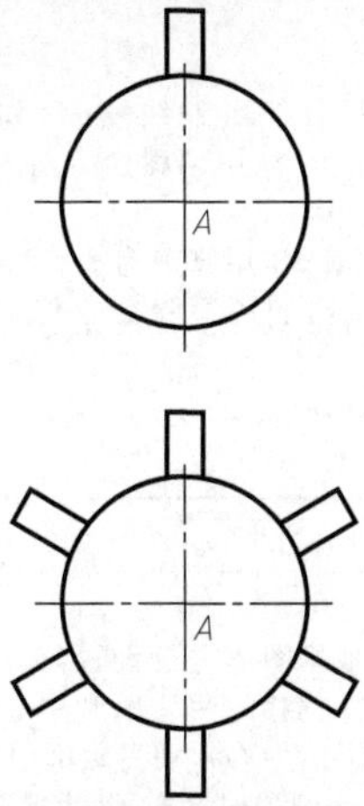	(1)单击工具栏"阵列"按钮;//系统弹出如图 1-30(b)所示对话图框。
		(2)根据图形要求进行参数设置:
		①点选环形阵列;
		②选择阵列对象;
		③捕捉指定阵列中心点 A;
		④项目数框中输入数字 6;
		⑤填充角度数值框输入数字 360;
		⑥点选复制时旋转项目。
		(3)按确定按钮或 Enter 键,完成图形

任务实施

步　骤	图　例	方　法
一、选择模板文件		选择"文件"中的"新建",在弹出的"选择样板"对话框中选用"模板",单机"打开"按钮创建新的图形
二、绘制基准轴线	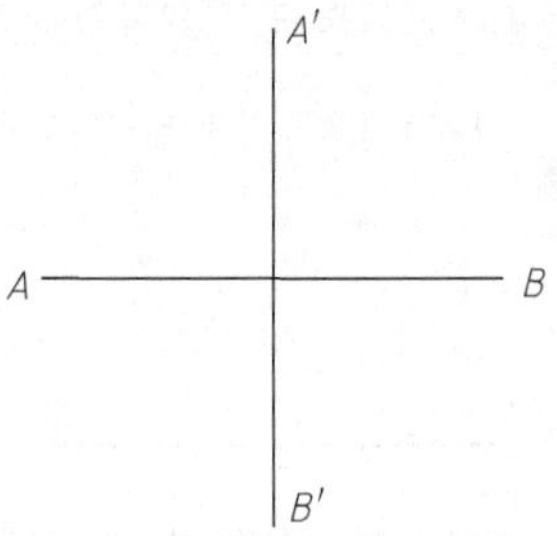	(1)单击"直线"按钮命令,系统提示:"命令 line 指定第一点:"100,100 ↙,//输入 A 点坐标; 定下一点[放弃(U)]:"@94,0 ↙,//完成直线 AB; (2)单击"旋转"按钮命令,用鼠标左键选中直线 AB,在对象捕捉开前提下确定中点为复制基点; 指定旋转角度,[复制(C)/参照(R)]＜90＞:C↙//复制; 指定旋转角度,[复制(C)/参照(R)]＜90＞:↙//旋转角度 90,完成旋转竖线如图例所示

三、绘制圆内接正六边形	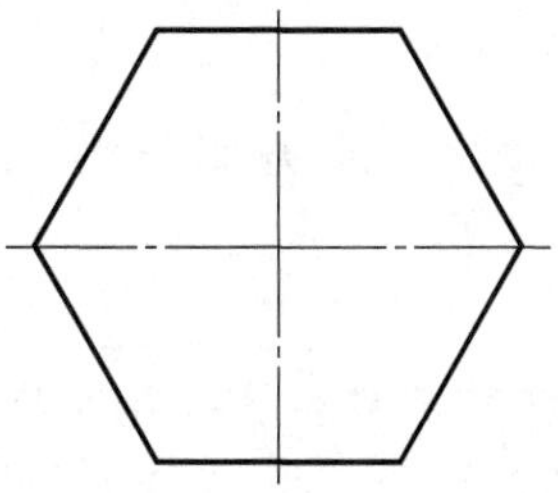	(1)单击"正多边形"按钮命令:polygon 输入边的数目＜4＞:6↙;// 输入边数 6;
		(2)指定正多边形的中心点即轴线交点或[边(E)]:// 在对象捕捉前提下确定轴线交点为中心点;
		(3)输入选项[内接于圆(I)/外切于圆(C)]＜I＞:I↙;//选择正多边形内接于圆;
		(4)指定圆的半径:42 ↙,//输入外接圆直径完成如图例所示

四、绘制正六边形内切圆 $\phi34$、$\phi42$	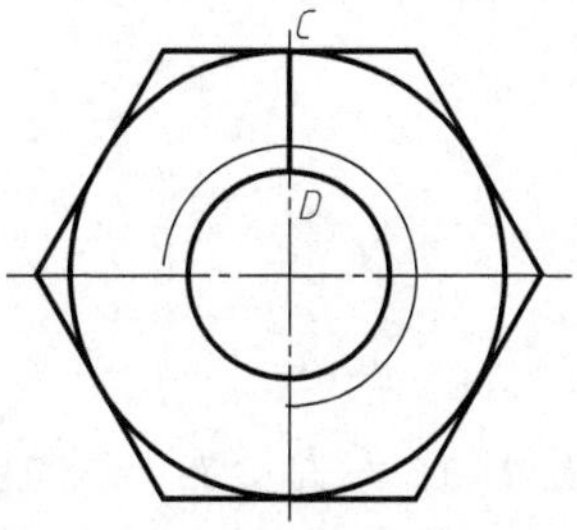	(1)单击"圆"按钮命令,指定圆的圆心或[三点(3P)/两点(2P)/相切、相切、半径(T)]:捕捉轴线交点为圆心; (2)指定圆的半径或[直径(D)]＜36.3731＞:移动鼠标捕捉六边形切点(任意一边的中点); (3)指定圆的圆心或[三点(3P)/两点(2P)/相切、相切、半径(T)]:捕捉轴线交点为圆心; (4)指定圆的直径＜61.7463＞:34 ↙//输入 34 完成圆; (5)重复绘圆命令,绘制圆 $\phi42$(在细实线层内绘制),修剪 $\phi42$ 的圆完成如图例所示

续表

步　骤	图　例	方　法
五、绘制槽口	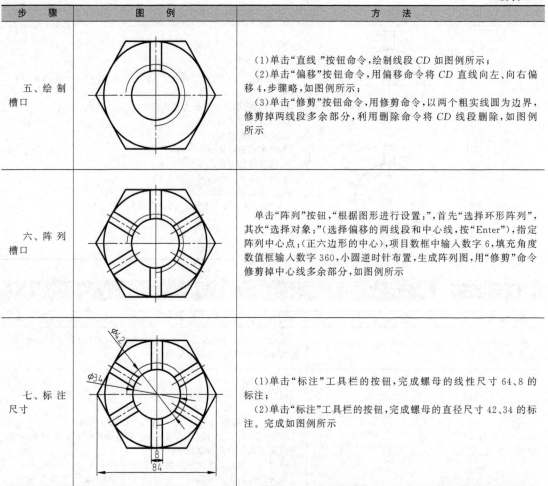	(1)单击"直线"按钮命令,绘制线段 CD 如图例所示; (2)单击"偏移"按钮命令,用偏移命令将 CD 直线向左、向右偏移 4,步骤略,如图例所示; (3)单击"修剪"按钮命令,用修剪命令,以两个粗实线圆为边界,修剪掉两线段多余部分,利用删除命令将 CD 线段删除,如图例所示
六、阵列槽口		单击"阵列"按钮,"根据图形进行设置;",首先"选择环形阵列",其次"选择对象;"(选择偏移的两线段和中心线,按"Enter"),指定阵列中心点:(正六边形的中心),项目数框中输入数字 6,填充角度数值框输入数字 360,小圆逆时针布置,生成阵列图,用"修剪"命令修剪掉中心线多余部分,如图例所示
七、标注尺寸		(1)单击"标注"工具栏的按钮,完成螺母的线性尺寸 64、8 的标注; (2)单击"标注"工具栏的按钮,完成螺母的直径尺寸 42、34 的标注。完成如图例所示

拓展练习

一、填空题

1. AutoCAD 默认环境中，旋转方向逆时针为＿＿＿＿＿＿，顺时针为＿＿＿＿＿＿（填＋或－）。

2. 在阵列操作过程中，R 为＿＿＿＿＿＿，P 为＿＿＿＿＿＿。对于＿＿＿＿＿＿，可以控制行和列的数目以及它们之间的距离。对于＿＿＿＿＿＿，可以控制对象副本的数目并决定是否旋转副本。对于创建多个定间距的对象，阵列比＿＿＿＿＿＿要快。

3. 按下键盘上的＿＿＿＿＿＿键，单击已选择的图形，可以取消对该图形的选择。

二、简答题

简述 AutoCAD 复制和阵列工具的应用。

三、操作题

调用"模板 1. dwt"文件，设置绘图区域为 A2，绘制 12 个圆心距离为 12 相切的小圆，并绘制一个大圆与之相切，如下图所示的图形，并保存文件名"阵列. dwt"。

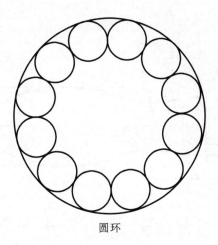

圆环

任务 5　绘制圆弧手柄平面图

■ 任务分析

绘制如图 1-33 所示的圆弧手柄的平面图形，该图形为对称图形，由矩形、圆和圆弧组成，此平面图形是由直线、圆弧连接组成的。尺寸标注和线段间的连接确定了平面图形的形状和位置，因此要对平面图形的尺寸、线段进行分析，以确定画图顺序和正确标注尺寸。

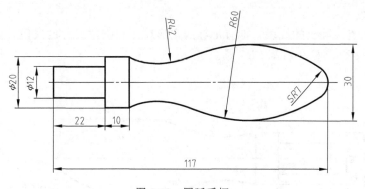

图 1-33　圆弧手柄

通过绘制圆弧手柄平面图进一步了解图形的尺寸分析和圆弧连接的原理，掌握镜像命令的使用。

■ 知识链接

一、平面图形的尺寸分析

1. 定形尺寸

确定图形中各几何元素形状大小的尺寸。如图 1-34 所示，$\phi20$、$\phi12$、$R42$、$SR7$、$R60$、22、10 等均是定形尺寸。

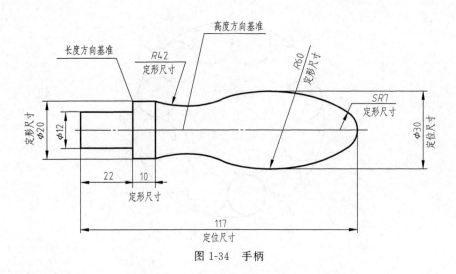

图 1-34　手柄

2. 定位尺寸

确定图形中各几何元素相对位置的尺寸。如图 1-34 所示，117、ϕ30 是确定 $SR7$ 圆弧的圆心和 $R60$ 圆弧的圆心位置尺寸，属于定位尺寸。

3. 尺寸基准

尺寸标注的起点称为尺寸基准（可作为基准及几何元素有对称线、圆的中心线、水平或垂直线等），如图 1-34 所示。

二、平面图形的线段分析

1. 已知线段

由尺寸可以直接画出的线段，即有足够的定形尺寸和定位尺寸的线段，如图 1-35 所示，手柄左侧 ϕ12、ϕ20 圆柱和右侧 $SR7$ 圆弧。

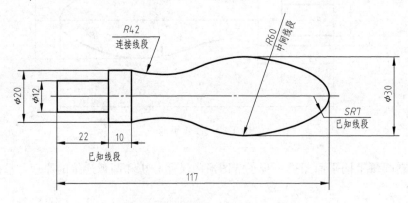

图 1-35　平面图形的线段分析

2. 中间线段

除已知尺寸外，还需要一个连接关系才能画出的线段，即缺少一个定位尺寸的线段。如图 1-35 所示，$R60$ 圆弧就是中间线段。

3. 连接线段

需要两个关系才能画出的线段。如图 1-35 所示，$R42$ 圆弧就是连接线段。

三、圆弧连接原理

1. 直线与圆弧连接

（1）圆弧连接两直线的作图方法及步骤见表 1-19。

表 1-19 圆弧连接两直线的作图方法及步骤

连接要求	求连接弧的圆心和切点	画连接弧
两倾斜 直线连接 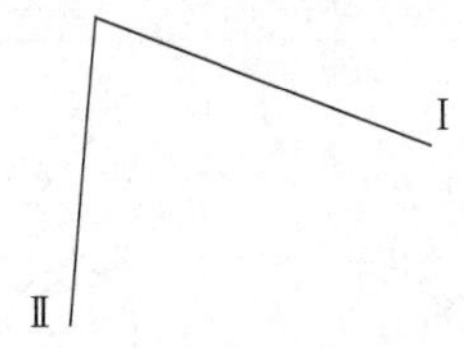 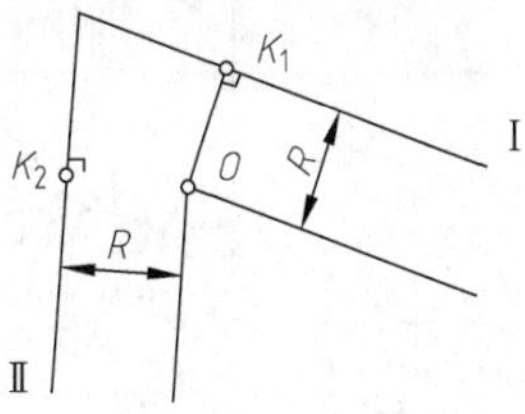 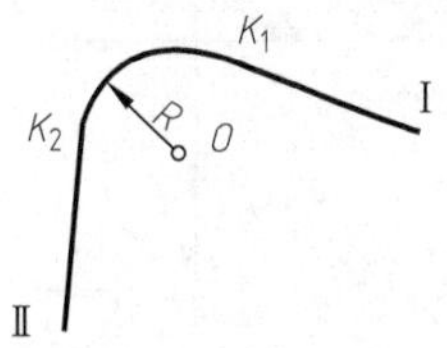		
两垂直 直线连接 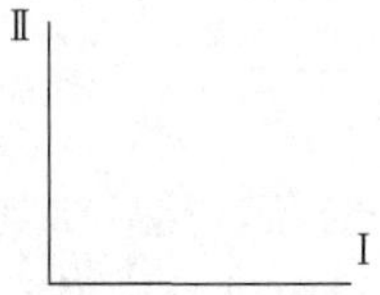 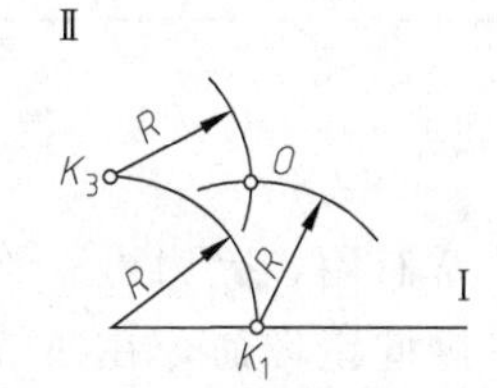 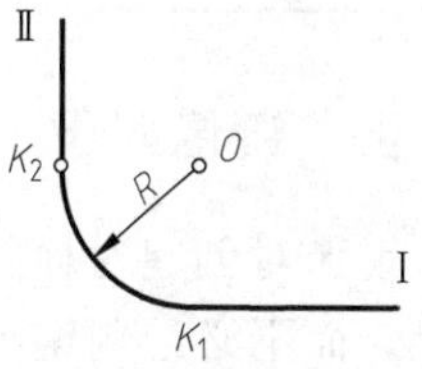		

（2）用圆弧连接直线的与圆弧作图方法及步骤见表 1-20。

表 1-20 用圆弧连接直线的与圆弧作图方法及步骤

连接要求	求连接圆弧的圆心和切点	画连接圆弧
连接直线和圆弧 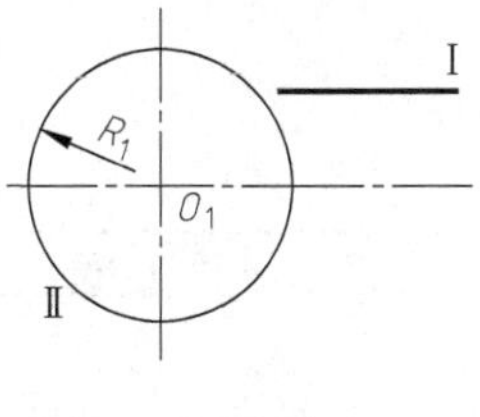 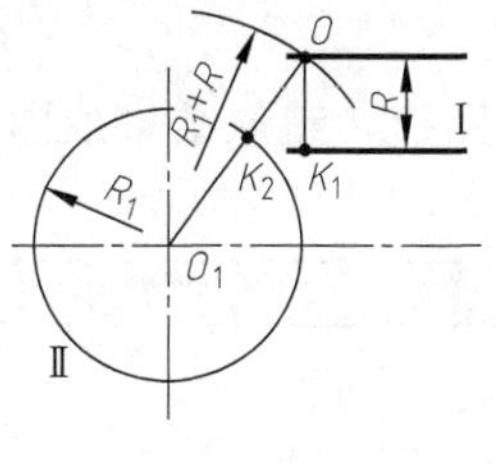 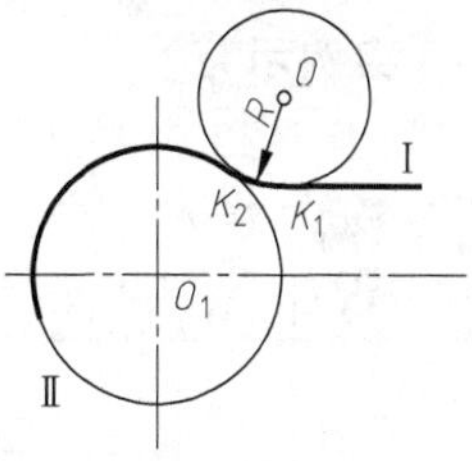		

2. 两圆弧间的圆弧连接

两圆弧间的圆弧连接形式可分为三种：外切、内切、混合。作图方法及步骤见表 1-21。

表 1-21 两圆弧间的圆弧连接作图方法及步骤

连接要求	求连接弧的圆心切点	画连接弧
外切 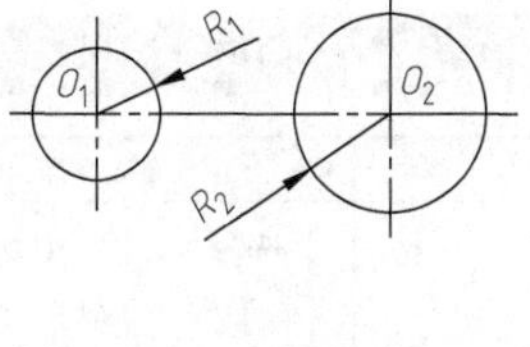 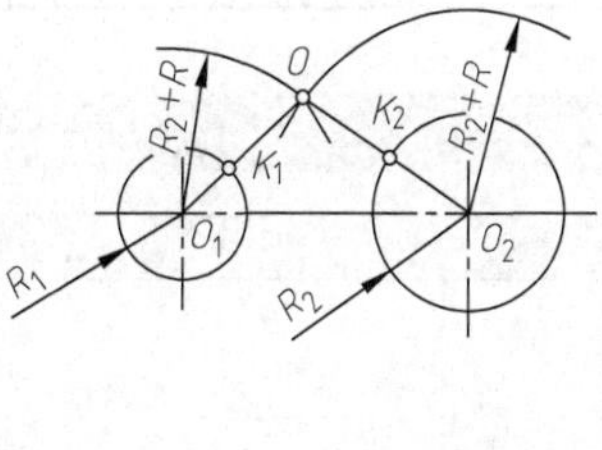 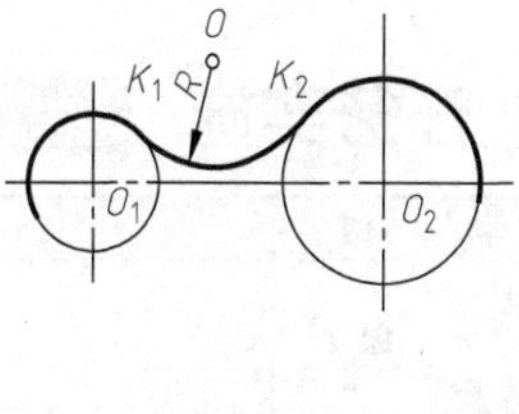		

续表

连接要求	求连接弧的圆心切点	画连接弧
内切	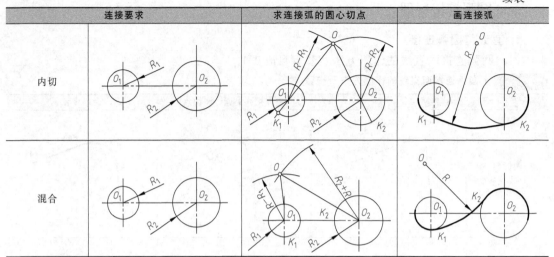	
混合		

四、镜像对象

镜像对创建对称的对象非常有用，因为可以绘制半个对象，然后将其镜像，生成另外的一半，而不必绘制整个对象，因此镜像命令在 AutoCAD 绘图过程中经常用到，无论是机械图还是建筑图，对称的部分还是比较多的。使用镜像就可以大大提高绘图效率，同时有些图形在绘制过程中需要用到镜像命令的方式有以下三种：

※命令行：输入 Mirror。

※菜单栏：选择"修改"→"镜像"菜单命令。

※工具栏：直接单击标准工具栏上的"镜像"按钮。

[实例示范]

如表 1-22 中图例所示的图形，镜像结果如图例所示。

表 1-22   镜像

步 骤	图 例	方 法
镜像	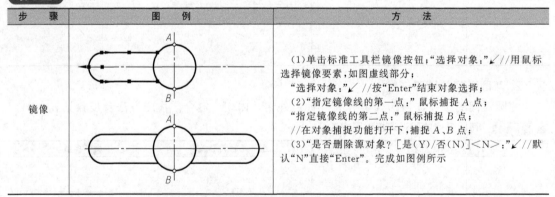	(1)单击标准工具栏镜像按钮;"选择对象:"↙//用鼠标选择镜像要素,如图虚线部分; "选择对象:"↙//按"Enter"结束对象选择; (2)"指定镜像线的第一点:"鼠标捕捉 A 点; "指定镜像线的第二点:"鼠标捕捉 B 点; //在对象捕捉功能打开下,捕捉 A、B 点; (3)"是否删除源对象?[是(Y)/否(N)]<N>:"↙//默认"N"直接"Enter"。完成如图例所示

■ 任务实施

步 骤	图 例	方 法
一、选择 模板		选择"文件"中的"新建",在弹出的"选择样板"对话框中选用"模板",单击"打开"按钮创建新的图形

续表

步　骤	图　例	方　法
二、绘制已知线段	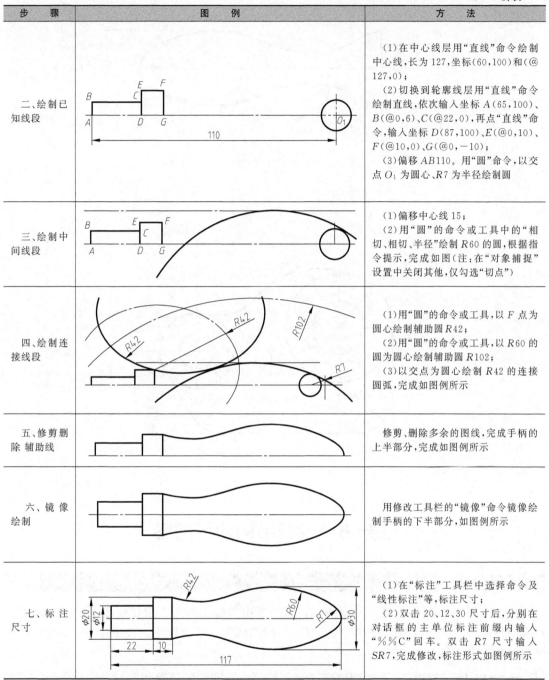	（1）在中心线层用"直线"命令绘制中心线，长为127，坐标(60,100)和(@127,0)； （2）切换到轮廓线层用"直线"命令绘制直线，依次输入坐标 A(65,100)、B(@0,6)、C(@22,0)，再点"直线"命令，输入坐标 D(87,100)、E(@0,10)、F(@10,0)、G(@0,−10)； （3）偏移 AB110。用"圆"命令，以交点 O_1 为圆心、$R7$ 为半径绘制圆
三、绘制中间线段		（1）偏移中心线15； （2）用"圆"的命令或工具中的"相切、相切、半径"绘制 $R60$ 的圆，根据指令提示，完成如图（注：在"对象捕捉"设置中关闭其他，仅勾选"切点"）
四、绘制连接线段		（1）用"圆"的命令或工具，以 F 点为圆心绘制辅助圆 $R42$； （2）用"圆"的命令或工具，以 $R60$ 的圆为圆心绘制辅助圆 $R102$； （3）以交点为圆心绘制 $R42$ 的连接圆弧，完成如图例所示
五、修剪删除辅助线		修剪、删除多余的图线，完成手柄的上半部分，完成如图例所示
六、镜像绘制		用修改工具栏的"镜像"命令镜像绘制手柄的下半部分，如图例所示
七、标注尺寸		（1）在"标注"工具栏中选择命令及"线性标注"等，标注尺寸； （2）双击20、12、30尺寸后，分别在对话框的主单位标注前级内输入"％％C"回车。双击 $R7$ 尺寸输入 $SR7$，完成修改，标注形式如图例所示

拓展练习

一、填空题

1. 平面图形的尺寸分类：＿＿＿＿＿、＿＿＿＿＿＿＿＿＿、＿＿＿＿＿。

2. 平面图形的线段种类：＿＿＿＿＿、＿＿＿＿＿＿＿＿＿、＿＿＿＿＿。

3. 圆弧间用圆弧连接分为：＿＿＿＿＿、＿＿＿＿＿＿＿＿＿、＿＿＿＿＿。

二、利用 CAD 绘制下列图形

1. 手柄

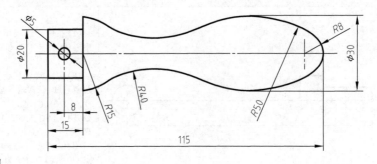

2. 平面图

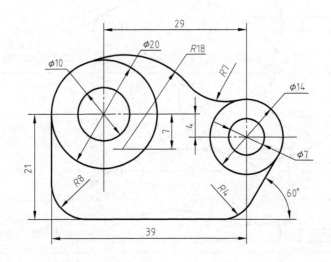

任务 6　绘制吊钩的平面图

▌ 任务分析

　　绘制如图 1-36 所示的吊钩平面图形，该图形由直线、倒角、圆弧组成，通过练习可进一步巩固直线、圆、偏移、修剪、尺寸标注（线性标注、半径标注、直径标注）等命令，另外学习倒角命令。

▌ 知识链接

一、倒角

　　倒角命令在绘图中是常用的命令之一，无论是建筑制图还是机械制图，都需要经常绘制倒角的图形。启用"倒直角"命令的方法有以下三种：

　　※命令行：输入 CHA（Chamfer）。

　　※菜单栏：选择"修改"→"倒直角"菜单命令。

※工具栏：直接单击标准工具栏上的"倒直角"按钮。

启用"倒直角"命令后，命令行提示如下：（"修剪"模式）当前倒角距离 1＝0.0000 距离 2＝0.0000 或默认上次参数；"选择第一条直线或［放弃（U）/多线段（P）/距离（D）/角度（A）/修剪（T）/方式（E）/多个（M）］："。其中，各选项含义如下：

"放弃（U）"：用于撤销刚刚执行的倒直角

"角度（A）"：通过设置第一条线的倒直角距离以及第二条的线的角度来进行倒直角；

"修剪（T）"：用于控制倒直角操作是否修剪对象；

"方式（E）"：用于控制倒直角的方式，可指定通过设置倒直角的两个距离或是通过设置一个距离和角度的方式来创建倒直角；

"多个（M）"：用于重复对多个对象进行倒直角操作。

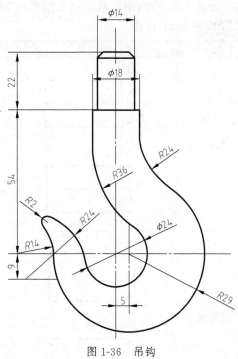

图 1-36 吊钩

[**实例示范**]

如表 1-23 中图例所示，利用倒角命令将直径 $\phi16$ 的圆柱进行常见倒角 C1。

表 1-23 常见倒角

项 目	图 例	方法步骤
一、倒角设置		(1)单击工具栏上倒角按钮，启动倒角命令； // 当前倒角距离 1＝0.0000，距离 2＝0.0000； (2)"选择第一条直线[多线段(P)/距离(D)/角度(A)/修剪(T)————]:"A ↙ //选择角度方式； (3)"指定第一条直线的倒角距离<0.00>:"1 ↙ //输入第一个倒角距离； (4)"指定第一条直线的倒角角度<0.00>:"45 ↙ //输入倒角的角度 45°； (5)"选择第一条直线[多段线(P)/距离(D)/角度(A)/修剪(T)/方式(E)/多个(M)]:"M ↙ //多个重复倒角
二、倒角绘制		(1)"选择第一条直线[多线段(P)/距离(D)/角度(A)/修剪(T)/方式(M)/多个(U)]:"// 单击边 1； (2)"选择第二条直线————":"//单击边 2； (3)"选择第一条直线[多线段(P)/距离(D)/角度(A)/修剪(T)/方式(M)/多个(U)]:"//单击边 2； (4)"选择第二条直线————":"//单击边 3； (5)"选择第一条直线[多线段(P)/距离(D)/角度(A)/修剪(T)/方式(M)/多个(U)]:"↙ //结束指令； (6)用直线"Line"命令，绘制直线。如图例所示

　　如表 1-24 中图例所示，利用倒角命令将直径 $\phi16$ 的圆柱进行特殊倒角 3×2。

表 1-24　特殊倒角

步　骤	图　例	方　法
一、倒角设置	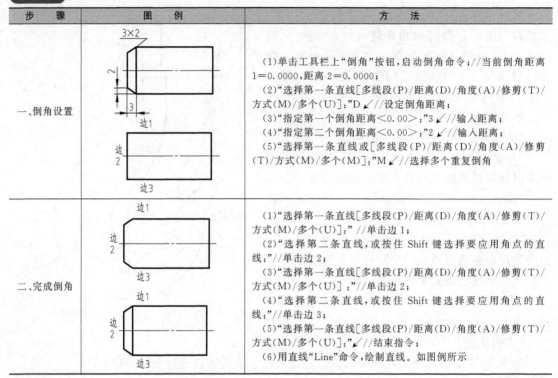	（1）单击工具栏上"倒角"按钮，启动倒角命令；//当前倒角距离 1＝0.0000，距离 2＝0.0000； （2）"选择第一条直线[多线段(P)/距离(D)/角度(A)/修剪(T)/方式(M)/多个(U)："D↙//设定倒角距离； （3）"指定第一个倒角距离<0.00>："3↙//输入距离； （4）"指定第二个倒角距离<0.00>："2↙//输入距离； （5）"选择第一条直线或[多线段(P)/距离(D)/角度(A)/修剪(T)/方式(M)/多个(M)："M↙//选择多个重复倒角
二、完成倒角		（1）"选择第一条直线[多线段(P)/距离(D)/角度(A)/修剪(T)/方式(M)/多个(U)："//单击边 1； （2）"选择第二条直线，或按住 Shift 键选择要应用角点的直线："//单击边 2； （3）"选择第一条直线[多线段(P)/距离(D)/角度(A)/修剪(T)/方式(M)/多个(U)："//单击边 2； （4）"选择第二条直线，或按住 Shift 键选择要应用角点的直线："//单击边 3； （5）"选择第一条直线[多线段(P)/距离(D)/角度(A)/修剪(T)/方式(M)/多个(U)："↙//结束指令； （6）用直线"Line"命令，绘制直线。如图例所示

二、标注尺寸的基本规则

　　（1）机件的真实大小应以图样上所注的尺寸数值为依据，与图形的大小及绘图的准确度无关。

　　（2）图样中（包括技术要求和其他说明）的尺寸，以毫米为单位时，不需标注单位符号（或名称）。如采用其他单位，则必须注明相应的单位符号。

　　（3）图样中所标注的尺寸，为该图样所示零件的最后完工尺寸，否则应另加说明。

　　（4）机件的每一尺寸，一般只标注一次，并应标注在反映该结构最清晰的图形上。

　　（5）标注尺寸时，应尽可能使用符号或缩写词。常用的符号或缩写词见表 1-25。

表 1-25　常用的符号和缩写词

名称	直径	半径	球直径	球半径	厚度	正方形	45°倒角	深度	沉孔锪平	埋头孔	均布	斜度	锥度
符号	ϕ	R	$S\phi$	SR	t	□	C	▼	⊔	∨	EQS	∠	◁

三、AutoCAD 的常用控制符及其功能（见表 1-26）

表 1-26　常用控制符及其功能

控　制　符	功　能
％％C	符号"ϕ"
％％P	符号"±"
％％D	符号"°"
％％％	符号"%"
％％O	打开/关闭上划线
％％U	打开/关闭下划线

任务实施

步　骤	图　例	方　法
一、选择模板		选择"文件"中的"新建",在弹出的"选择样板"对话框中选用"模板",单击"打开"按钮创建新的图形
二、绘制钩柄直线轮廓	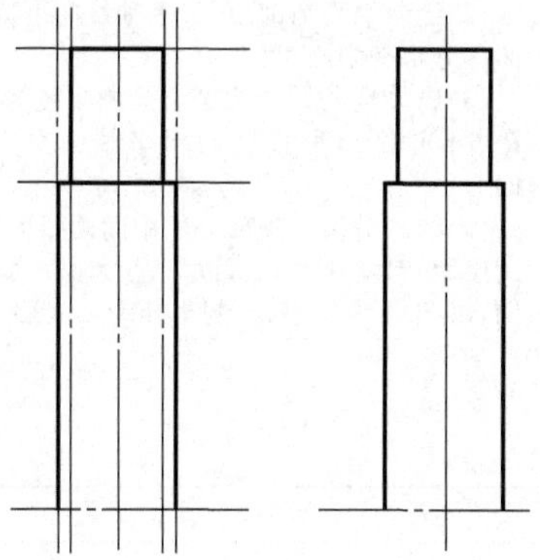	(1)在图层列表中点取"中心线"图层;利用"直线"命令绘制中心线; (2)利用"偏移"命令或工具绘制辅助线,绘制与水平线相距 54 和 76 的两条平行辅助线,绘制与垂直中心线相距 7 和 9 的四条垂直辅助线; (3)在"粗实线"图层,用"直线"命令绘制钩柄部分的,再用"删除"命令或工具删除辅助线。如图例所示
三、45° 倒角	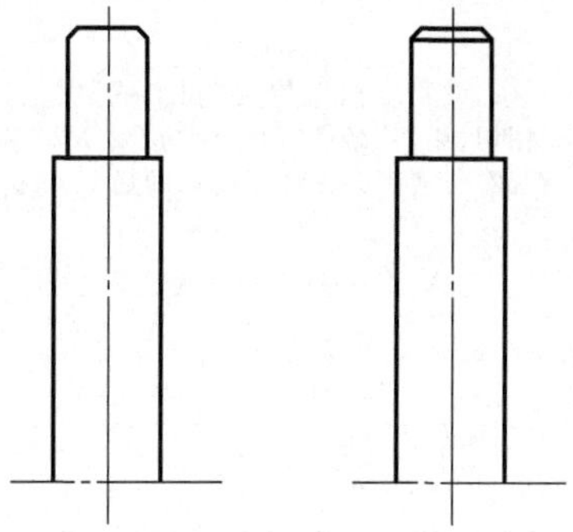	(1)用"倒角"命令倒角; (2)用"直线"命令连接倒角线,如图例所示
四、绘制吊钩弯曲中心部分 $\phi24$、$R29$ 圆弧	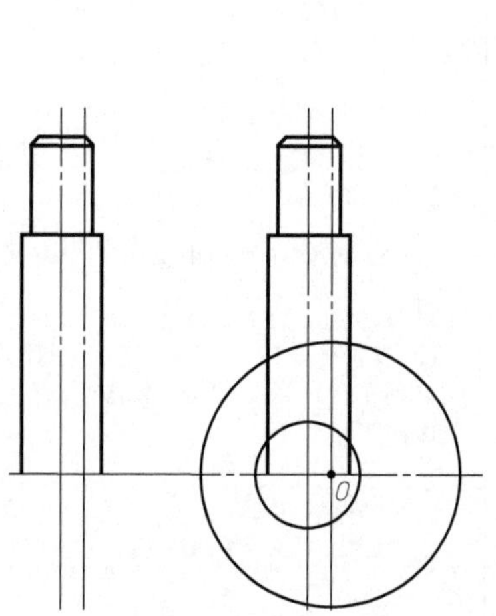	(1)利用"偏移"命令或工具,将垂直中心线偏移 5,绘制 $R29$ 圆弧的中心线; (2)利用"圆"命令或工具,绘制吊钩弯曲中心部分 $\phi24$、$R29$ 的圆,注意 $R29$ 圆的圆心位置是 O 与 $\phi24$ 不同心,如图例所示

续表

步　骤	图　例	方　法
五、绘制吊钩钩头部分的 $R24$、$R14$ 圆弧		（1）绘制竖直辅助线：设置当前图层为"中心线"图层，捕捉象限点，绘制垂直辅助线，再将此线偏移 14 后获得 $R14$ 圆弧的圆心 A 点； （2）绘制水平辅助线：水平轴线向下偏移 9，绘制吊钩弯曲部分水平中心线； （3）以 $\phi24$ 的圆心为圆心绘制半径为 $R36$ 辅助圆，确定 $R36$ 辅助圆与平移后的水平轴线交点 B，得 $R24$ 圆弧圆心； （4）绘制吊钩钩头部分的中间圆弧 $R14$，$R24$，设置当前图层为"粗实线"图层，以 A 点为圆心绘制半径为 $R14$ 的圆，以 B 点为圆心，绘制半径为 $R24$ 的圆
六、绘制吊钩钩头、钩柄部分的过渡圆弧 $R2$，$R24$ 和 $R36$		（1）设置当前图层为"粗实线"图层，用"圆"命令中的"相切、相切、半径"命令绘制 $R2$、$R24$ 和 $R36$ 圆； （2）修剪多余图线。先修剪后删除多余图线，得吊钩平面图
七、尺寸标注、保存		（1）在"标注"工具栏中选择 ⟳ ⟲ 命令及"线性标注" ⊓ 等，标注尺寸； （2）双击 14、18 尺寸后，分别在对话框内输入"％％C14"回车、"％％C18"回车，修改标注形式如图例所示，并保存

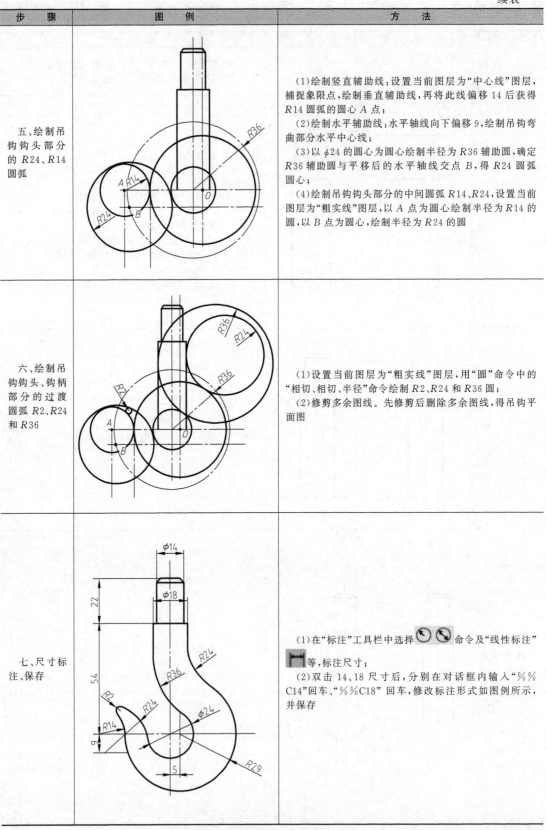

■ 拓展练习

一、填空题

直径的符号_____，半径的符号_____，球的直径符号_____，球的半径符号_____，正方形符号_____，45°倒角符号_____，深度符号_____，均布符号_____，沉孔或锪平符号_____，埋头孔_____。

二、简答题

1. 简述机械制图中标注尺寸的基本规则。

2. 简述 AutoCAD 倒圆角与倒直角工具的应用。

三、利用 CAD 命令绘制下列图形

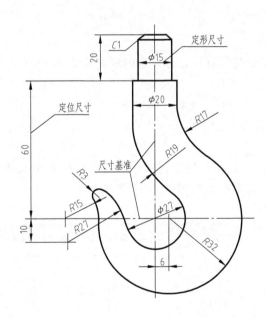

任务 7　绘制不同比例的平面图形

■ 任务分析

采用放大和缩小的比例绘制如图 1-37 所示垫片的平面图，并标注尺寸。要求符合国家制图标准中关于比例和线性尺寸、度数尺寸标注的有关规定。

图 1-37 所示平面图形所表达的机件的大小与实物是否相等？如何将过小或过大的机件清晰完整表达呢？将实际测量尺寸放大或缩小以后再绘制图形就可以很好地解决这一问题。

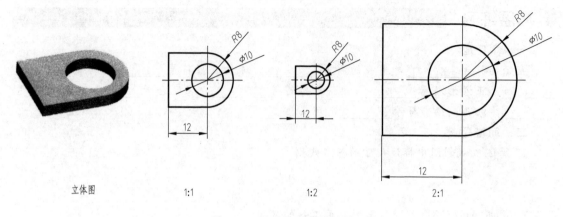

立体图   1:1   1:2   2:1

图 1-37　垫片的不同比例图

知识链接

一、比例

1. 比例的定义和分类

（1）定义：图样中图形与其实物相应要素的线性尺寸之比。

（2）分类：原值比例：1:1

　　　　　放大比例：2:1　5:1……$10^n:1$

　　　　　缩小比例：1:2　1:5……$1:10^n$

2. 比例的选用

绘图时应尽量选用 1:1 画出，以方便看图，但机件的大小及结构复杂程度不同，有时需放大或缩小，比例应优选用表 1-27 中所规定的。

表 1-27　比例的选用

种　类	定　义	优先选择系列	允许选择系列
原值比例	比值为 1 的比例	1:1	
放大比例	比值大于 1 的比例	5:1　2:1　$5×10^n:1$ $2×10^n:1$　$1×10^n:1$	4:1　2.5:1 $4×10^n:1$　$2.5×10^n:1$
缩小比例	比值小于 1 的比例	1:2　1:5　1:10　$1:2×10^n$ $1:5×10^n$　$1:1×10^n$	1:1.5　1:2.5　1:3　1:4　1:6 $1:1.5×10^n$　$1:2.5×10^n$　$1:4×10^n$　$1:6×10^n$

二、AutoCAD 中图形的缩放

1. 图形缩放的方法

※命令行：键盘输入"SC"键。

※菜单栏：选取"修改"菜单中"缩放"命令。

※工具栏：单击绘图工具栏中"缩放"按钮。

2. 注意事项

（1）缩放基点的选择要选择一些特殊点。

（2）缩放比例因子是由放大、缩小的倍数 n 确定，放大直接输入 n，缩小输入 $1/n$。

■ 任务实施

如图 1-37 所示因小轴的尺寸较小，为清晰反映出小轴形状和尺寸标注，可采用 2∶1 的比例画出。

步　骤	图　例	方　法
一、选择模板		选择"文件"中的"新建"，在弹出的"选择样板"对话框中选用"模板"，单机"打开"按钮创建新的图形
二、绘制中心线、辅助线、轮廓直线	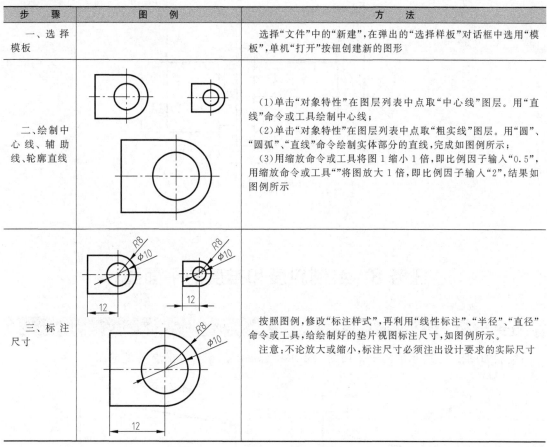	（1）单击"对象特性"在图层列表中点取"中心线"图层。用"直线"命令或工具绘制中心线； （2）单击"对象特性"在图层列表中点取"粗实线"图层。用"圆"、"圆弧"、"直线"命令绘制实体部分的直线，完成如图例所示； （3）用缩放命令或工具将图 1 缩小 1 倍，即比例因子输入"0.5"，用缩放命令或工具""将图放大 1 倍，即比例因子输入"2"，结果如图例所示
三、标注尺寸		按照图例，修改"标注样式"，再利用"线性标注"、"半径"、"直径"命令或工具，给绘制好的垫片视图标注尺寸，如图例所示。 注意：不论放大或缩小，标注尺寸必须注出设计要求的实际尺寸

■ 拓展练习

一、填空题

1. 什么是比例：_____。

2. 图中标注的尺寸是零件的_____，不随比例的不同而有所变化。

3. 4∶1 是_____（放大、缩小）比例。

4. AutoCAD 中使用"缩放"工具绘制所得图形与原图形尺寸_____（变化、不变）。

二、简答题

1. 简述采用不同比例绘图的目的。

2. 简述不同比例绘图的注意点有哪些？

三、操作题

采用 2∶1 的比例绘制下列所示平面图形，并标注尺寸。

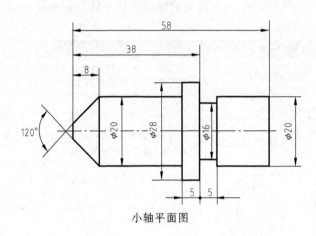

小轴平面图

任务 8　绘制斜度和锥度的平面图

█ 任务分析

绘制如图 1-38 所示的两个平面图，要求符合制图国家标准的有关规定。

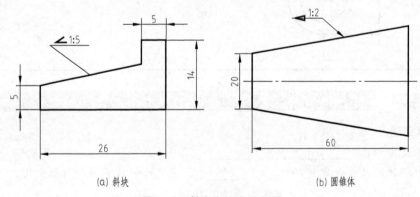

(a) 斜块　　　　　　　　　　　(b) 圆锥体

图 1-38　斜度和锥度平面图

一个是斜度为 1∶5 的斜块如图 1-38（a）所示，另一个是锥度为 1∶2 的圆锥体 1-38（b）所示，国家标准对斜度和锥度是如何规定的？如何作图？

█ 知识链接

一、斜度

1. 斜度的定义

斜度是指一直线对另一直线或一平面对另一平面的倾斜程度，其大小用该两直线（或平面）夹角的正切来表示，并简化为 $1：n$ 的形式，如图 1-39（a）所示。

斜度：高与长之比

$$S＝\tan\alpha＝BC：AB$$

2. 斜度符号的画法及标注方法

斜度符号的画法如图 1-39（b）所示。图样上标注斜度符号时，其斜度符号的斜边应与图中斜线方向一致，如图 1-39（c）所示。

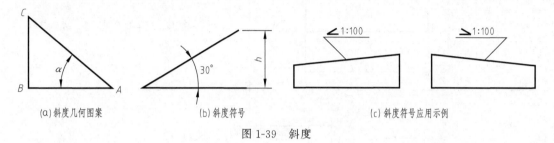

（a）斜度几何图案　　　　（b）斜度符号　　　　（c）斜度符号应用示例

图 1-39　斜度

二、延长已知线段

延伸线段的方法：

※命令行：输入 ex。

※菜单栏：选择"修改"→"延伸"菜单命令。

※工具栏：单击标准工具栏中的"延伸"按钮。

三、锥度

1. 锥度的概念

锥度是指正圆锥的底圆直径与其锥高之比。若是锥台，则为上下两底圆直径差与锥台高度之比。并以 $1：n$ 的形式表示，如图 1-40（a）所示。

$$锥度＝\frac{D-d}{l}＝\frac{D}{L}＝2\tan\alpha/2$$

2. 符号的画法及标注方法

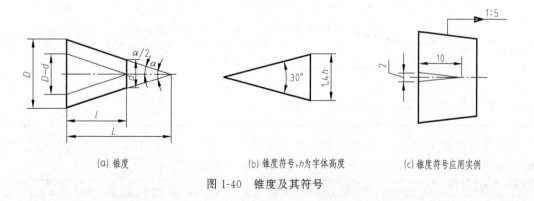

（a）锥度　　　　（b）锥度符号，h 为字体高度　　　　（c）锥度符号应用实例

图 1-40　锥度及其符号

▌ 任务实施

斜度的作图方法及尺寸标注如下：

步　骤	图　例	方　法
一、选择"模板"		选择"文件"中的"新建",在弹出的"选择样板"对话框中选用"模板",单击"打开"按钮创建新的图形
二、绘制实体部分的直线	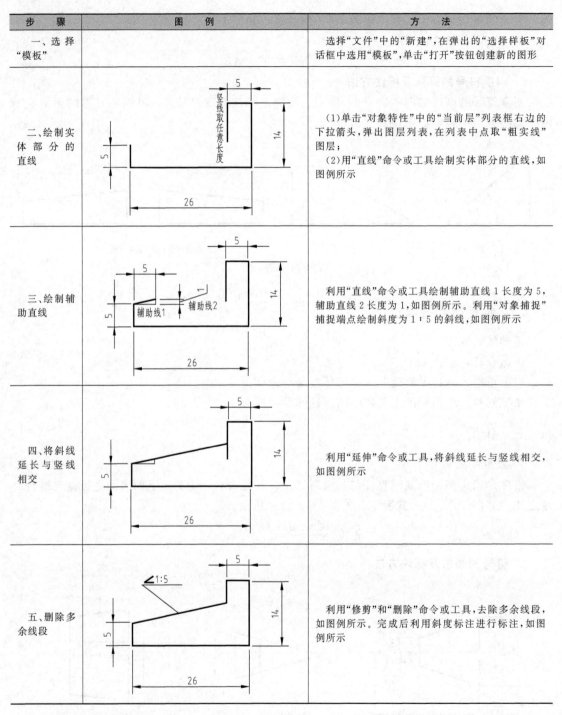	(1)单击"对象特性"中的"当前层"列表框右边的下拉箭头,弹出图层列表,在列表中点取"粗实线"图层; (2)用"直线"命令或工具绘制实体部分的直线,如图例所示
三、绘制辅助直线		利用"直线"命令或工具绘制辅助直线1长度为5,辅助直线2长度为1,如图例所示。利用"对象捕捉"捕捉端点绘制斜度为1∶5的斜线,如图例所示
四、将斜线延长与竖线相交		利用"延伸"命令或工具,将斜线延长与竖线相交,如图例所示
五、删除多余线段		利用"修剪"和"删除"命令或工具,去除多余线段,如图例所示。完成后利用斜度标注进行标注,如图例所示

　　锥度的作图方法及尺寸标注,锥度符号见图 1-40 所示。图样上标注锥度符号时,其锥度符号的尖点应与圆锥的锥顶方向一致。具体作图方法如下:

步　骤	图　例	方　法
一、选择"模板"		选择"文件"中的"新建",在弹出的"选择样板"对话框中选用"模板",单机"打开"按钮创建新的图形

续表

步　骤	图　例	方　法
二、绘制实体部分的直线	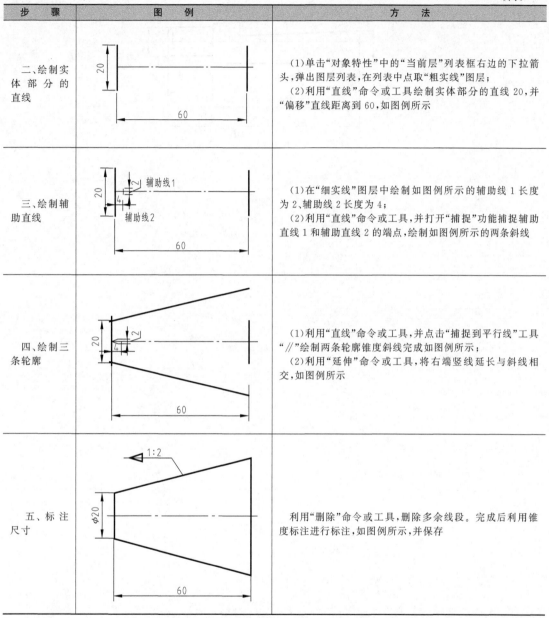	(1)单击"对象特性"中的"当前层"列表框右边的下拉箭头,弹出图层列表,在列表中点取"粗实线"图层; (2)利用"直线"命令或工具绘制实体部分的直线 20,并"偏移"直线距离到 60,如图例所示
三、绘制辅助直线		(1)在"细实线"图层中绘制如图例所示的辅助线 1 长度为 2,辅助线 2 长度为 4; (2)利用"直线"命令或工具,并打开"捕捉"功能捕捉辅助直线 1 和辅助直线 2 的端点,绘制如图例所示的两条斜线
四、绘制三条轮廓		(1)利用"直线"命令或工具,并点击"捕捉到平行线"工具"∥"绘制两条轮廓锥度斜线完成如图例所示; (2)利用"延伸"命令或工具,将右端竖线延长与斜线相交,如图例所示
五、标注尺寸		利用"删除"命令或工具,删除多余线段。完成后利用锥度标注进行标注,如图例所示,并保存

拓展练习

一、填空题

1. 什么是斜度：_____。

2. 什么是锥度：_____。

3. 斜度的标注符号是_____。

4. 锥度的标注符号是_____。

二、操作题

采用 AutoCAD 绘制下图所示平面图形，并标注斜度、锥度和尺寸。

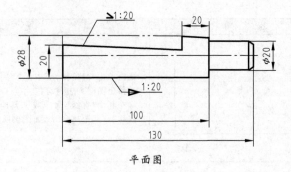

平面图

项目2
绘制三视图

任务 1　绘制垫块三视图

任务分析

　　一个视图只能表达物体一个面的形状，要完整表达垫块的特征，就必须从物体的几个方向进行视图投影。通常可以从物体的前向后、上向下、左向右面进行投影，分别绘制出三个视图，如图 2-1 所示。

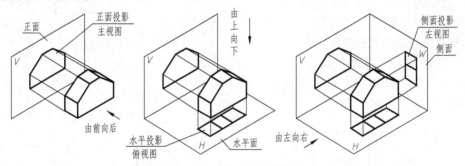

正面　　正面投影 主视图

由上向下

侧面投影 左视图 侧面

由前向后

水平投影 俯视图　　水平面

由左向右

图 2-1　垫块三视图形成

　　AutoCAD 中垫块三视图的绘制使用中，由于所绘制垫块结构较为简单，主要用到直线、矩形、移动、倒角和修剪等命令，但是要注意同时绘制的主视图、俯视图、左视图要做到符合三视图的投影规律（长对正、高平齐、宽相等），不能任意配置。

知识链接

一、三面投影体系

为了完全表达物体的大小和形状，一般选取互相垂直的三个投影面，如图 2-2 所示。

1. 三个投影面的名称和代号

（1）正立投影面：由前向后投影，用 V 表示。

（2）水平投影面：由上向下投影，用 H 表示。

（3）侧立投影面：由左向右投影，用 W 表示。

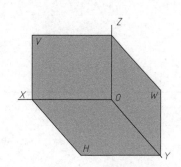

图 2-2　三面投影体系

2. 三个相互垂直投影轴

（1）正投影面 V 和水平投影面 H 的交线，称为 OX 轴，简称 X 轴，它代表长度方向。

（2）水平投影面 H 和侧立投影面 W 的交线，称为 OY 轴，简称 Y 轴，它代表宽度方向。

（3）正投影面 V 和侧立投影面 W 的交线，称为 OZ 轴，简称 Z 轴，它代表高度方向。

二、三视图的形成

1. 三视图名称

主视图：正面投影（由物体的前方向后方投射所得到的视图）。

俯视图：水平投影（由物体的上方向下方投射所得到的视图）。

左视图：侧面投影（由物体的左方向右方投射所得到的视图）。

2. 展开的方法

为了将空间的三视图画在一个平面上，就必须把三个投影面展开摊平。展开的方法是：正面 V 保持不动，水平面 H 绕 OX 轴向下旋转 $90°$，侧面 W 绕 OZ 轴向右旋转 $90°$。如图 2-3 所示，使三个投影面展成一个面，得到三面视图，简称三视图。

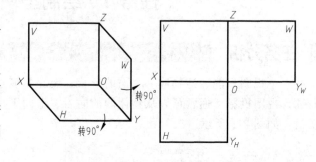

图 2-3　三投影展开图

3. 三视图之间的对应关系

（1）位置关系。主视图在上方，俯视图在主视图的正下方，左视图在左视图的正右方，如图 2-4 所示。

图 2-4　三视图位置关系

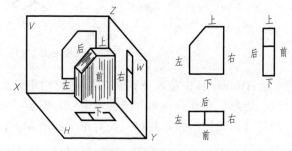

图 2-5　三视图方位关系

（2）方位关系。主视图反映了物体的上、下、左、右方位，俯视图反映了物体的前、后、左、右方位，左视图反映了物体的上、下、前、后方位，如图 2-5 所示。

三、三视图的投影关系

1. 三视图的投影规律

确保主视图与俯视图——长对正；主视图与左视图——高平齐；俯视图与左视图——宽相等。长对正、高平齐、宽相等的投影关系是三视图的重要特性，也是画图与读图的依据。

2. 三视图的绘制步骤

在三个给定投影面上绘图 2-1 所示形体三视图，形成步骤见表 2-1。

表 2-1　三视图的绘制方法和步骤

步　骤	图　例	说　明
一、绘制主视图	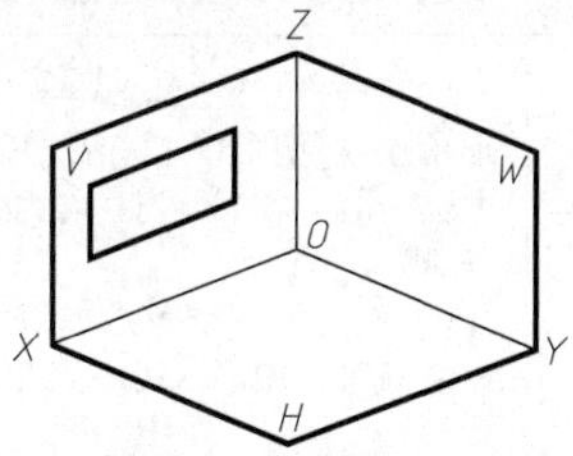	按 1∶1 在主投影面用长和高作主视图
二、绘制俯视图	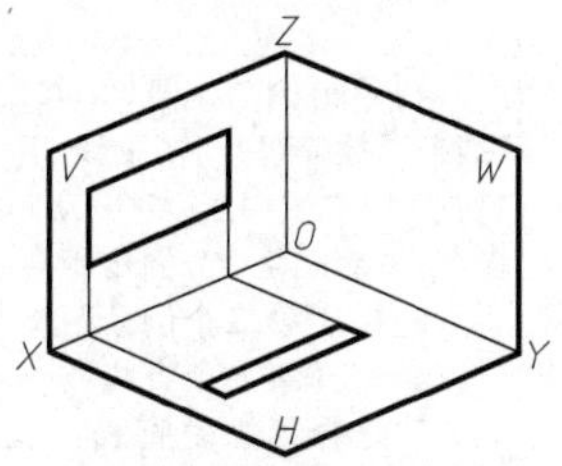	按 1∶1 在水平投影面上用长和宽作俯视图。 注意：俯视图与主视图上下长对正
三、绘制左视图	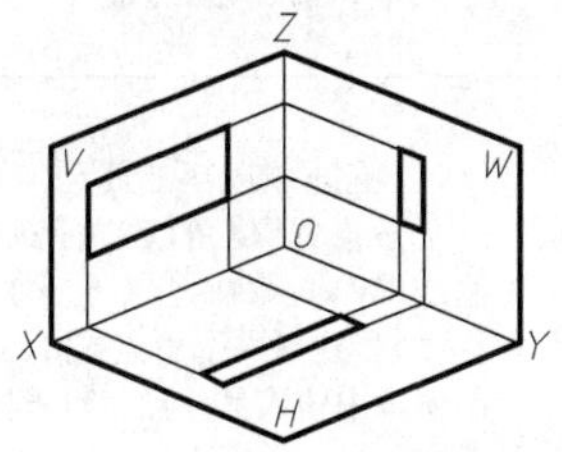	按 1∶1 在侧投影面上用宽和高作左视图。 注意：左视图与主视图左右同高；左视图与俯视图前后同宽
四、绘制切肩	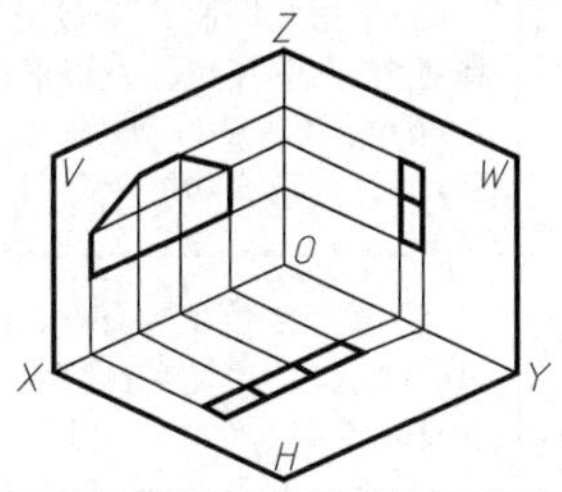	按 1∶1 在三个视图上同时作出两侧切肩长度和深度。 注意：在主视图和俯视图上的长连线要对齐，在主视图和左视图上的高连线要对齐
五、展开投影	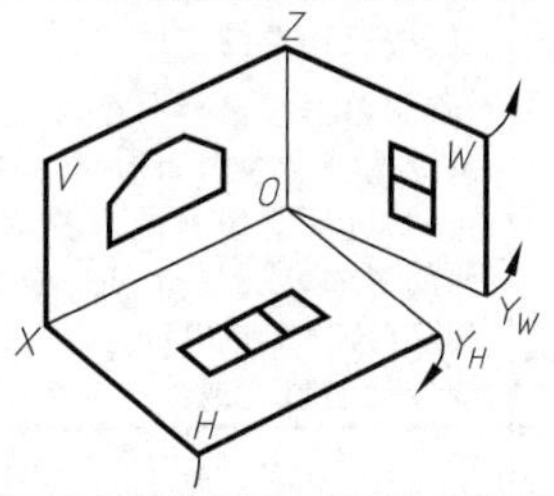	将水平投影和侧投影沿着 Y 轴拆开；水平投影面绕着 X 轴向下旋转 90°；测投影面绕着 Z 轴向右旋转 90°。展开成投影体系平面
六、形成三视图	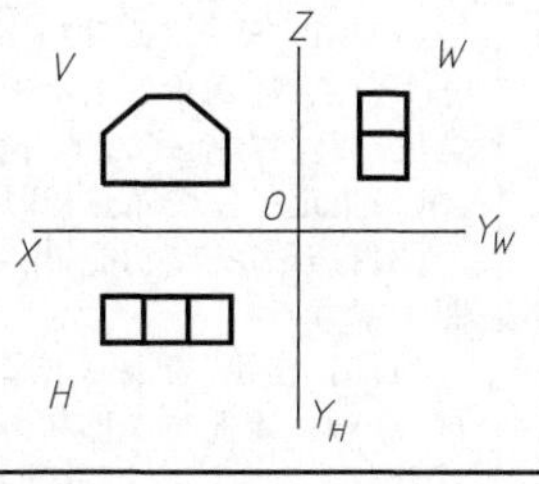	完成垫块三视图

任务实施

项 目	图 例	方法步骤
一、调用模板		选择"文件"中的"新建",在弹出的"选择样板"对话框中选用"模板",单击"打开"按钮创建新的图形
二、绘制垫块主视图	B(@60,40) A起点	(1)单击矩形工具"▭"后,命令提示:指定第一个角点或[倒角(C)/标高(E)/圆角(F)/厚度(T)/宽度(W)]://在绘图区域内任意单击一点作为起点A; (2)指定另一个角点或[尺寸(D)]:@60,40↙//在绘制窗口中输入另一点相对坐标值作为第二个角点B
	边b 10 边 a 15 边 a	(1)单击倒角工具"◿",命令提示:选择第一条直线或[放弃(U)/多段线(P)/距离(D)/角度(A)/修剪(T)/方式(E)/多个(M)]:D↙//设定倒角距离; (2)指定第一个倒角距离<0.0000>:15↙ (3)指定第二个倒角距离<0.0000>:10↙ (4)选择第一条直线或[多线]://单击边a; (5)选择第二条直线://单击边b//同步骤绘制成另一个切肩倒角,完成
三、绘制垫块左视图	C(@25,40) A起点	(1)单击"矩形"工具"▭"后,命令提示:指定第一个角点或[倒角(C)/标高(E)/圆角(F)/厚度(T)/宽度(W)]://捕捉A点作为左视图起点; (2)指定另一个角点或[尺寸(D)]:@25,40↙//在绘制窗口中输入另一点相对坐标值作为第二个角点C; (3)单击"移动"命令或工具"✛"按钮,命令提示:选择对象://利用鼠标左键框选中源对象,然后按↙; (4)指定基点移动矩形://单击A点作为移动的基点,打开正交功能,移动长25高40的矩形,完成
	垂足 A起点 A起点	(1)单击按钮"╱"命令,命令如下:命令_line指定第一点:↙//捕捉主视图主左交点(打开交点捕捉及正交功能); (2)指定下一点或[放弃(U)]:↙//捕捉左视图垂足,按鼠标左键完成; (3)单击按钮"┽"命令,命令如下:选择对象:↙//用鼠标选择左视图矩形,按鼠标右键; (4)选择要修剪的对象,或按住Shift键选择要延伸的对象,或[栏选(F)/窗交(C)/投影(P)/边(E)/删除(R)/放弃(U)]://选择直线要修剪掉的部分,按鼠标右键完成
四、绘制垫块俯视图	交点 A起点 A起点 垂足	(1)单击"矩形"工具"▭"后,命令提示:指定第一个角点或[倒角(C)/标高(E)/圆角(F)/厚度(T)/宽度(W)]://捕捉A点作为左视图起点; (2)指定另一个角点或[尺寸(D)]:@60,25↙ (3)打开"正交"功能,用"移动"将矩形移动到主视图正下方; (4)用"直线"命令或工具绘制两条台阶直线(同时打开"对象捕捉")。再利用"修剪"完成

续表

项　目	图　例	方法步骤
五、标注尺寸	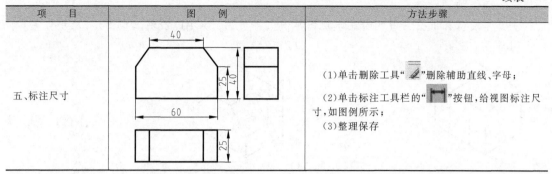	(1)单击删除工具"✐"删除辅助直线、字母； (2)单击标注工具栏的"⊢⊣"按钮，给视图标注尺寸，如图例所示； (3)整理保存

拓展练习

一、填空题

1. 机械制图中采用的投影法是＿＿＿＿＿＿。

2. 机械制图三个投影面分别是：

(1) ＿＿＿＿＿＿面，简称为＿＿＿＿＿＿面，用＿＿＿＿＿＿表示；

(2) ＿＿＿＿＿＿面，简称为＿＿＿＿＿＿面，用＿＿＿＿＿＿表示；

(3) ＿＿＿＿＿＿面，简称为＿＿＿＿＿＿面，用＿＿＿＿＿＿表示。

3. 三个投影面的相互交线，称为投影轴。它们分别是：

(1) OX 轴，是＿＿＿＿＿＿面和＿＿＿＿＿＿面的交线，它代表＿＿＿＿＿＿方向；

(2) OY 轴，是＿＿＿＿＿＿面和＿＿＿＿＿＿面的交线，它代表＿＿＿＿＿＿方向；

(3) OZ 轴，是＿＿＿＿＿＿面和＿＿＿＿＿＿面的交线，它代表＿＿＿＿＿＿方向。

4. 三个投影轴垂直相交的交点 O，称为＿＿＿＿＿＿。

5. 正面投影（由物体的前方向后方投射所得到的视图）是＿＿＿＿＿＿。

水平面投影（由物体的上方向下投射所得到的视图）是＿＿＿＿＿＿。

侧面投影（由物体的左方向右方投射所得到的视图）是＿＿＿＿＿＿。

6. 三视图的投影规律：＿＿＿＿＿＿、＿＿＿＿＿＿、＿＿＿＿＿＿。

7. 在如题一、7 图三视图中填写视图名称，并在尺寸线上的括号中选填"长""宽""高"。

8. 在如题二、8 图的俯视图和左视图的括号中填写"上""下""左""右""前""后"。

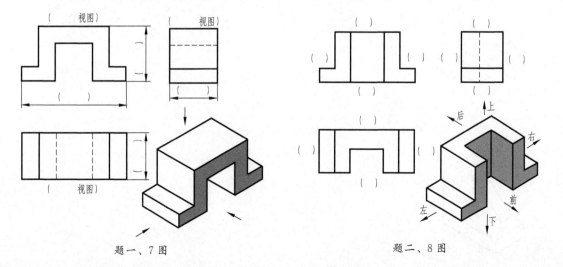

题一、7 图　　　　　　　　　　题二、8 图

二、操作题

看立体图，在下图空白处绘制三视图草图，再用 AutoCAD 绘制三视图。（尺寸自定）

（1）

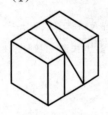

（2）

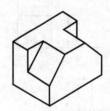

（3）

（4）

（5）

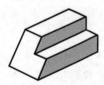

（6）

（7）

（8）

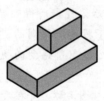

（9）

（10）

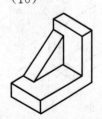

三、根据给定的两面视图补画第三视图

1. 补画俯视图

2. 补画左视图

四、如何补画三视图中的漏线

1. 补画俯、左视图中的漏线

2. 补画俯、左视图中的漏线

任务 2 绘制正六棱柱的三视图

任务分析

正六棱柱的结构如图 2-6 所示，它由顶面、底面和 6 个侧面组成。其顶面和底面为正六边形，6 个侧面均为矩形，两侧面间的交线（即棱线）互相平行。若正六棱柱的正六边形顶面的外接圆直径为 ϕ16mm，六棱柱高为 8mm，将其按图 2-6 所示位置投影，下面绘制其三视图，分析投影特性，并在三视图上标注尺寸。

图 2-6 所示的正六棱柱的顶面和底面为水平面，前、后两侧面为正平面，其余 4 个侧面为铅垂面。

思考探究：绘制该正六棱柱的三视图时，应该先绘制哪个视图？图 2-6 所示正六棱柱的主视图有 3 个矩形线框，为何其左视图则只有 2 个矩形线框？它们各是哪些面的投影？确定正六棱柱的大小需要几个尺寸？

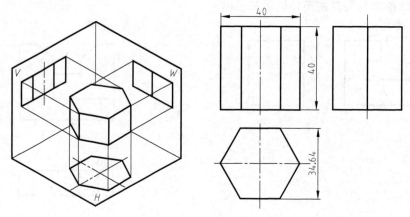

图 2-6　正六棱柱

　　确定正六棱柱的大小需要两个尺寸：一个是正六棱柱的高；另一个是确定正六棱柱底面的尺寸，如图 2-6 所示。从理论上讲，底面的尺寸可以标正六边形外接圆的直径，也可以标对边距。在实际标注尺寸时，一般两个尺寸都标注，并且将外接圆的直径尺寸数字加括号，机械图样中的这种尺寸称为参考尺寸。

　　使用 CAD 绘制三视图时，由于所绘制正六棱柱结构较为简单，一般只要用到直线、矩形、移动、倒角和修剪等命令绘制，但是绘制的视图位置要符合"长对正、高平齐、宽相等"的三视图投影规律，不能任意放置。

任务实施

步　骤	图　例	方　法
一、创建新图形		选择"文件"中的"新建"，在弹出的"选择样板"对话框中选用"模板"，单击"打开"按钮创建新的图形
二、绘制中心线		（1）单击"对象特性"中的"当前层"，在弹出在列表中点取"中心线"图层； （2）用"直线"命令或工具绘制主、俯、左 3 个视图的中心线，如图 1 所示
三、绘制俯视图	图 1　　　　图 2	选择"粗实线"图层。用"正多边形"命令绘制外接圆 $\phi 40$ 的正多边形，按照命令提示操作结果如图 2 所示
四、绘制主视图	图 3　　　　图 4	（1）单击"矩形"命令，绘制长 40、高 40 的矩形。以 A 点作为矩形"第一个角点"，输入点相对坐标（@40,40）作为矩形"第二个角点"，做到"长对正"； （2）单击"移动"命令（打开"正交模式"和"对象捕捉"），以 A 点作为移动"基点"，垂直向上移动矩形，完成如图 3 所示； （3）单击"直线"命令，以 B、C 点作为起点，并捕捉垂足，绘制主视图两条垂线； （4）单击"修剪"命令，以矩形为界线，剪去多余直线，完成如图 4 所示

续表

步骤	图例	方法
五、绘制左视图	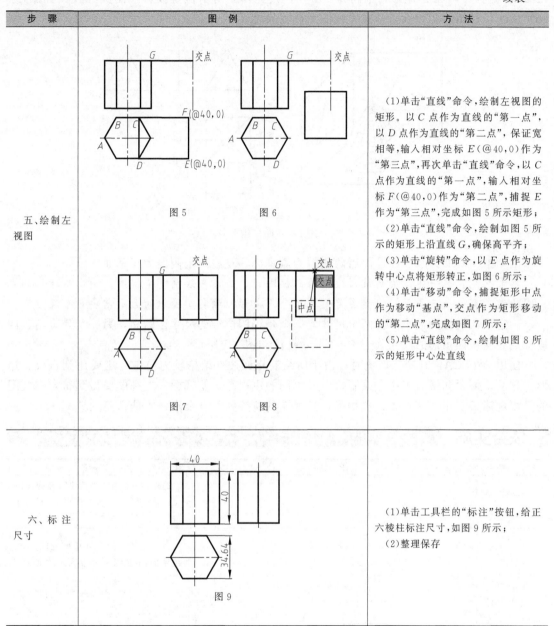 图 5　　　图 6 图 7　　　图 8	（1）单击"直线"命令，绘制左视图的矩形。以 C 点作为直线的"第一点"，以 D 点作为直线的"第二点"，保证宽相等，输入相对坐标 E(@40,0) 作为"第三点"，再次单击"直线"命令，以 C 点作为直线的"第一点"，输入相对坐标 F(@40,0) 作为"第二点"，捕捉 E 作为"第三点"，完成如图 5 所示矩形； （2）单击"直线"命令，绘制如图 5 所示的矩形上沿直线 G，确保高平齐； （3）单击"旋转"命令，以 E 点作为旋转中心点将矩形转正，如图 6 所示； （4）单击"移动"命令，捕捉矩形中点作为移动"基点"，交点作为矩形移动的"第二点"，完成如图 7 所示； （5）单击"直线"命令，绘制如图 8 所示的矩形中心处直线
六、标注尺寸	图 9	（1）单击工具栏的"标注"按钮，给正六棱柱标注尺寸，如图 9 所示； （2）整理保存

任务 3　绘制四棱锥的三视图

任务分析

四棱锥的结构如图 2-7（a）所示，它由一个底面和 4 个侧面组成。它的底面为四边形，4 个侧面均为等腰三角形，两侧面间的交线（即棱线）相交为一点。若四棱锥的底面长为

12mm、宽为 10mm 的矩形，锥高为 15mm，按立体图所示位置投影绘制其三视图如图 2-7（b）所示，分析投影特性，并在三视图上标注尺寸。

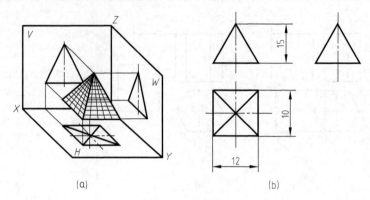

图 2-7 四棱锥

四棱锥的底面为水平面，前后两侧面为侧垂面，左右两个侧面为正垂面。

思考探究：想一想，绘制该四棱锥的三视图时，应该先绘制哪个视图？图示四棱锥的左视图为何只有一个三角形？俯视图为何有 4 个三角形？确定四棱锥的大小需要几个尺寸？

确定正四棱锥的大小需要两个尺寸，一个是正四棱锥的尺寸锥的高，另一个是确定正四棱锥的底面正四角形的尺寸（边长），尺寸标注如图 2-7 所示。

使用 AutoCAD 绘制三视图时，由于所绘制正四棱柱结构较为简单，主要用到直线、矩形、移动、倒角和修剪等命令绘制，但是绘制的主视图、俯视图、左视图要做到符合三视图的投影规律长对正、高平齐、宽相等，且视图的位置要符合要求，不能任意放置。

任务实施

步 骤	图 例	方 法
一、创建新的图形		选择"文件"中的"新建"，在弹出的"选择样板"对话框中选用"模板"，单击"打开"按钮创建新的图形
二、绘制正四棱锥的俯视图		（1）单击"对象特性"中的"当前层"，在弹出图层列表中点取"中心线"图层； （2）用"直线"命令绘制主、俯、左 3 个视图的中心线； （3）选择"粗实线"图层，根据图 2-7 给定的尺寸，利用"矩形"命令绘图，如图例所示
三、绘制正四棱锥的主视图		（1）单击"直线"命令，绘制一条直线，以"起点"为第一点（打开"对象捕捉"功能），A 为第二点，输入第三点 B 坐标（@−6,15），最后在提示行内输入"C"； （2）单击"移动"命令，打开"正交"和"对象捕捉"，选中三角形的三条边，垂直向上移动，如图例所示

续表

步　骤	图　例	方　法
四、绘制正四棱锥的左视图	 	（1）单击"直线"命令，以 B 和 A 点，画两条辅助直线（保证高平齐），再绘制直线 CD； （2）单击"旋转"命令，将 CD 转到水平位置； （3）单击"移动"命令或工具，以水平线中点为基点向上移动至交点； （4）单击"直线"命令或工具，连接三个点，如图例所示
五、标注尺寸、保存	 	（1）单击"删除"命令删除辅助直线、字母、文字，完成，如图例所示； （2）单击工具栏的"标注"按钮，给棱锥标注尺寸，如图例所示； （3）整理保存

任务 4　绘制圆柱的三视图

▌ 任务分析

如图 2-8 所示圆柱体的底面是直径为 $\phi18\text{mm}$ 的圆，侧面是曲面，圆柱高为 20mm，要求绘制其三视图，分析投影特性，并在三视图上标注尺寸。

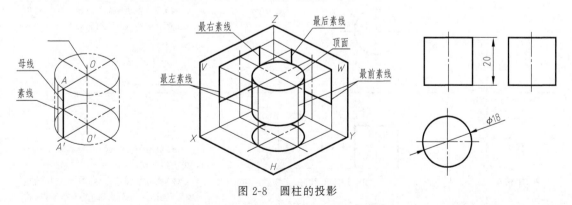

图 2-8　圆柱的投影

如图 2-8 所示，圆柱体由一个圆柱面、圆形的顶面和底面组成。圆柱面可看作是一条直线（母线）绕着与它平行的一条轴线旋转一周形成的，母线在任一位置时称为素线。该圆柱面上有四条特殊位置的素线，分别称为最前素线、最后素线、最左素线、最右素线。圆柱的顶面和底面为水平面，圆柱面的轴线垂直于水平投影面。

　　思考探究：想一想，绘制该圆柱的三视图时，应该先绘制哪个视图？圆柱面的水平投影有何特性？确定圆柱的大小需要几个尺寸？

　　确定圆柱体的大小需要两个尺寸，一个是圆柱体的高，另一个是圆柱体的底圆直径，尺寸标注如图 2-8 所示。

　　使用 AutoCAD 绘制三视图时，由于所绘制圆柱结构较为简单，主要用到圆、直线、矩形、移动等命令绘制，但是绘制的主视图、俯视图、左视图要做到符合三视图的投影规律长对正、高平齐、宽相等，且视图的位置要符合要求，不能任意放置。

■ 任务实施

步　骤	图　例	方　法
一、创建新图形		选择"文件"中的"新建"，在弹出的"选择样板"对话框中选用"模板"，单击"打开"按钮创建新的图形
二、绘制俯视图	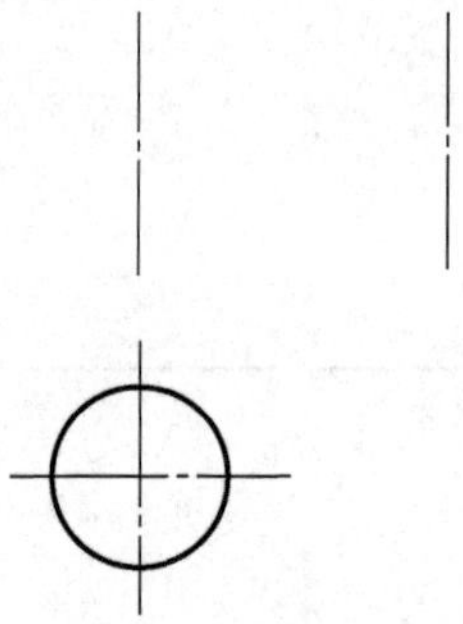 图 1	(1)单击"对象特性"中的"当前层"，弹出图层列表，在列表中点取"中心线"图层； (2)用"直线"命令绘制主、俯、左 3 个视图的中心线； (3)选择"粗实线"图层。单击"圆"命令，绘制如图 1 所示的直径为 18 的圆
三、绘制主视图	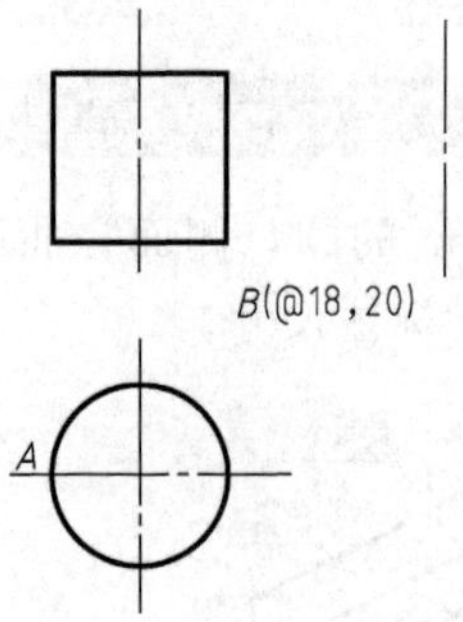 *B*(@18,20)　*A*　图 2	(1)单击"矩形"命令，绘制以 A 起点、输入点 B 坐标(@18,20)为第二点的矩形，如图 2 所示； (2)用"移动"命令，选中矩形的中心，向上移动，如图 2 所示
四、绘制左视图	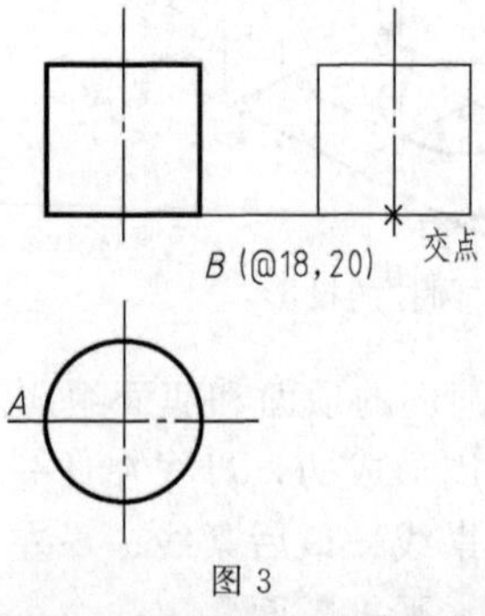 *B*(@18,20)　交点　*A*　图 3	(1)单击"直线"命令，绘制水平辅助线找到交点； (2)单击"复制"命令，复制主视图矩形。选择主视图底部交点为基点，将矩形正交移动到左视图交点位置，如图 3 所示

续表

步　骤	图　例	方　法
五、整理 保存	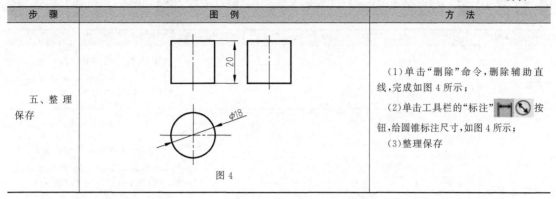 图 4	（1）单击"删除"命令，删除辅助直线，完成如图 4 所示； （2）单击工具栏的"标注" 按钮，给圆锥标注尺寸，如图 4 所示； （3）整理保存

任务 5　绘制圆锥的三视图

■ 任务分析

如图 2-9 所示圆锥体的底圆直径为 $\phi18$mm，圆锥体高为 20mm，要求绘制其三视图，分析投影规律，并在三视图上标注尺寸。

圆锥体由一个圆锥面和圆形的底面围成。圆锥面可看成是一条与轴线相交的直线（母线）绕轴线旋转一周形成的，在圆锥面上同样有四条特殊位置素线，分别称为最前素线、最后素线、最左素线、最右素线。

思考探究：想一想，绘制该圆锥的三视图时，应该先绘制哪个视图？圆锥面的水平投影有何特性？确定圆锥的大小需要几个尺寸？

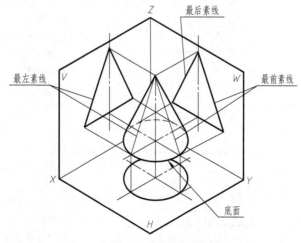

图 2-9　圆锥的投影

使用 AutoCAD 绘制三视图时，由于所绘制圆锥结构较为简单，主要用到直线、移动、圆等命令绘制，但是绘制的主视图、俯视图、左视图要做到符合三视图的投影规律长对正、高平齐、宽相等，且视图的位置要符合要求，不能任意放置。

任务实施

步 骤	图 例	方 法
一、创建新图形		选择"文件"中的"新建",在弹出的"选择样板"对话框中选用"模板",单击"打开"按钮创建新的图形
二、绘制俯视图	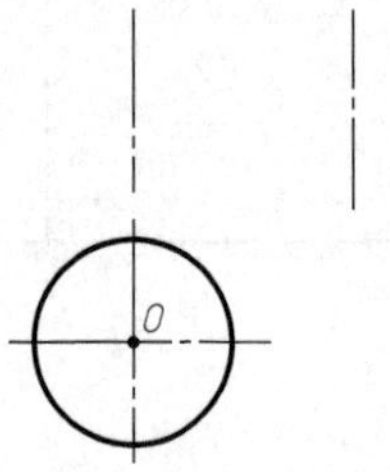 图 1	(1)单击"对象特性"中的"当前层"列表框右边的下拉箭头,弹出图层列表,在列表中点取"中心线"图层; (2)用"直线"命令绘制主、俯、左 3 个视图的中心线,选择"粗实线"图层,单击"圆"命令,以点 O 为圆点,指定圆的半径 9,绘制俯视图圆,如图 1 所示
三、绘制主视图	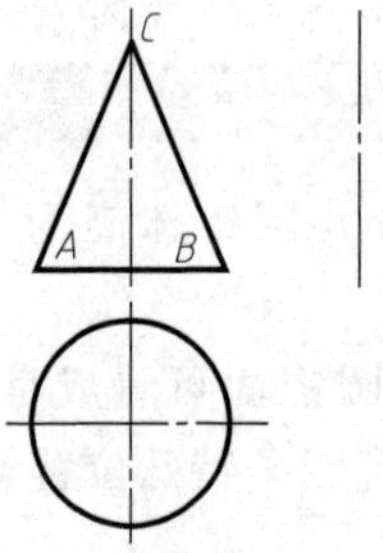 图 2	(1)选择"粗实线"图层,单击"直线"命令,(打开"对象捕捉"和"正交"功能)连接 A、B 点后,在提示行输入 C 点坐标(@−9,20),在提示行输入"C"封闭图形; (2)单击"移动"命令,将三角形正交移动到主视图指定位置。如图 2 所示
四、绘制左视图	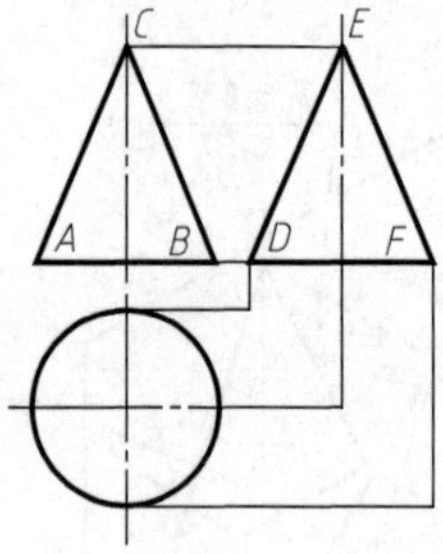 图 3	单击"复制"命令,复制主视图 △ABC。再单击"移动"命令或工具,将 △ABC 向右正交移动到左视图位置 △DEF,注意高平齐、宽相等,方法同圆柱左视图的移动过程,完成如图 3 所示
五、标注尺寸、整理保存	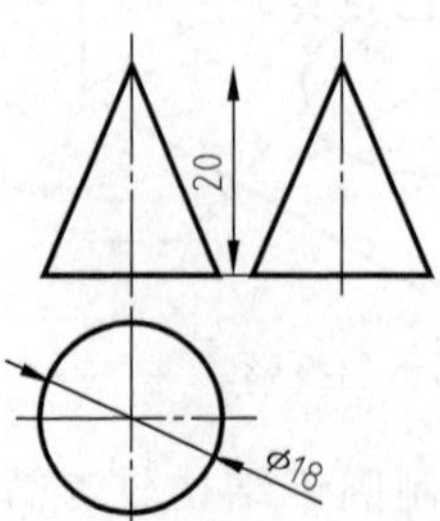 图 4	(1)单击"删除"命令,删除多余图线; (2)单击工具栏的"标注"  按钮,给圆锥标注尺寸,如图 4 所示; (3)整理保存

任务 6 绘制球的三视图

■ 任务分析

如图 2-10 所示，球体的直径为 φ15mm，要求绘制其三视图，分析投影规律，并在三视图上标注尺寸。

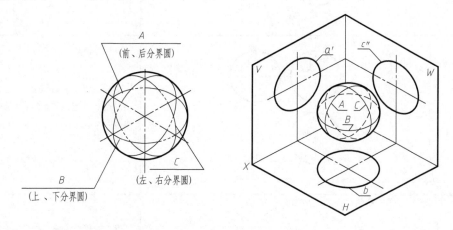

图 2-10 球的投影

如图 2-10 所示，球面可看成是一个半圆（母线）绕通过圆心的轴线旋转一周形成的，在球面上有三个特殊位置的素线圆，分别是前、后、左、右、上、下半球分界圆。球的任何投影都是圆。

思考探究：想一想，球面的投影具有积聚性吗？确定球的大小需要几个尺寸？

使用 AutoCAD 绘制三视图时，由于所绘制圆锥结构较为简单，主要用到直线、移动、圆等命令绘制，但是绘制的主视图、俯视图、左视图要做到符合三视图的投影规律长对正、高平齐、宽相等，且视图的位置要符合要求，不能任意放置。

■ 任务实施

步 骤	图 例	方 法
一、创建新图形		选择"文件"中的"新建"，在弹出的"选择样板"对话框中选用"模板"，单击"打开"按钮创建新的图形
二、绘制俯视图	图 1	（1）单击"对象特性"中的"当前层"列表框右边的下拉箭头，弹出图层列表，在列表中点取"中心线"图层； （2）用"直线"命令绘制主、俯、左 3 个视图的中心线； （3）选择"粗实线"图层，点击"圆"命令，以点 A 为起点，指定圆的半径或【直径(D)】:7.5,↙确定保存。如图 1 所示

续表

步　骤	图　例	方　法
三、绘制主视图	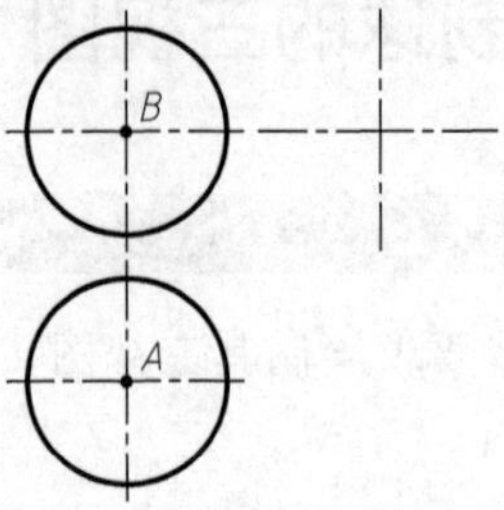 图 2	以点 B 为起点,重复圆的绘制,完成如图 2 所示
四、绘制左视图	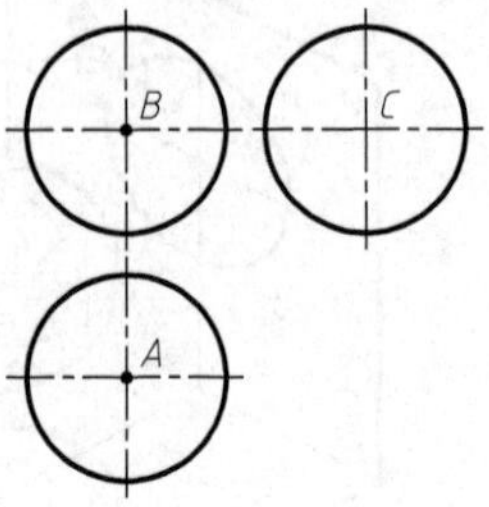 图 3	以点 C 为起点,重复圆的绘制,完成如图 3 所示
五、标注尺寸、整理保存	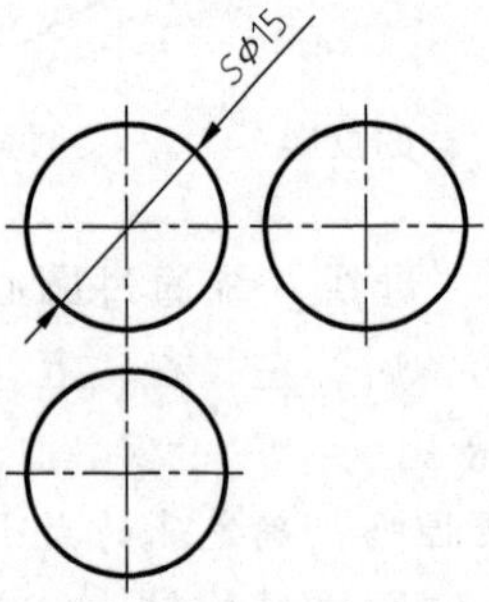 图 4	(1)单击"删除"命令,删除多余图形; (2)单击工具栏的"标注"按钮,给球标注尺寸,并选择"编辑标注"命令,修改球的标注形式,如图 4 所示; (3)整理保存

项目3
绘制截交线、相贯线

任务 1 　绘制切割体的截交线

■ 任务分析

　　在许多机件的表面上，常常遇到平面与曲面立体相交的情况，如图 3-1 所示，它们的表面都有被平面截割而产生的交线，称为截交线。

　　截交线具有以下两个基本特征：

　　（1）截交线为封闭的平面图形。

　　（2）截交线既在截平面上，又在立体表面上，是截平面与立体表面的共有线，截交线上的点均为截平面与立体表面的共有点。

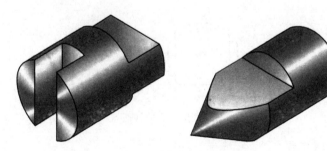

图 3-1　截交线示例

　　通过学习，初步掌握 AutoCAD 中"夹持点"的概念与使用，学会调整图形中的虚线和点画线的线型比例，使之达到作图要求。通过练习完成如图 3-2 所示含有圆柱体切口和开槽所形成截交线的三视图。

■ 知识链接

一、夹持点

1. 概念

使用鼠标点击要编辑的实体目标时，实体上将出现若干实心的小方框，这些小方框是图

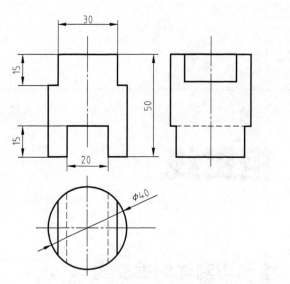
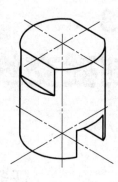

图 3-2　圆柱体截交线三视图及轴测图

形的特征点，称为夹持点，又简称为夹点。对于不同的对象，特征点的数量和位置各不相同，图 3-3 和表 3-1 分别列出了常见对象的特征点，即选择对象时出现的夹持点。

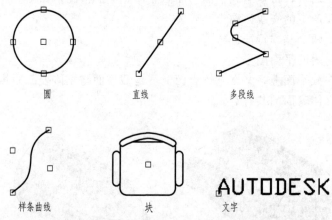

图 3-3　常见对象的特征点

表 3-1　常见对象的特征点

对　　象	特　征　点
直线段	直线段的两端点、中点
圆（椭圆）	圆（椭圆）的象限点、圆心
圆（椭圆）弧	圆（椭圆）弧两端点、圆心
多边形	多边形的各顶点
多段线	多段线各线段的端点、弧线段的中点
填充图案	填充图案区域内的插入点
文本	文本的插入点、对齐点
属性、图块	属性、图块各插入点
尺寸	尺寸界线原点、尺寸线端点、尺寸数字的中心点

2. 夹持点操作

可以拖动夹持点执行拉伸、移动、旋转、缩放或镜像操作。要使用夹持点进行操作，需选择作为操作基点的夹持点（基准夹持点）。选定的夹持点也称为热夹持点。然后选择一种夹持点模式，可以通过按 ENTER 键或空格键循环选择这些模式。

（1）使用夹持点拉伸。使用夹持点拉伸对象时，基准夹持点应选择在线段的端点、圆（椭圆）的象限点、多边形的顶点上，这样可以通过将选定基准夹持点移动到新位置实现拉伸对象操作。但基准夹持点如果选在直线、文字的中点、圆的圆心和点对象上，系统将执行的是移动对象而不是拉伸对象，这是移动对象、调整尺寸标注位置的快捷方法。

（2）使用夹持点移动。通过选定的夹持点移动对象，选定的对象被亮显并按指定的下一点位置移动一定的方向和距离。对于圆和椭圆上的象限夹持点，通常从中心点而不是选定的夹持点测量距离。例如，在"拉伸"模式中，可以选择象限夹持点拉伸圆，然后在新半径的命令行中指定距离。距离从圆心而不是选定的象限进行测量。如果选择圆心点拉伸圆，圆则会移动。

（3）使用夹持点旋转。通过拖动和指定点位置来绕基点旋转选定对象。还可以输入角度值。这是旋转块参照的好方法。

（4）使用夹持点缩放。可以相对于基点缩放选定对象。通过从基夹持点向外拖动并指定点位置来增大对象尺寸，或通过向内拖动减小尺寸。也可以为相对缩放输入一个值。

（5）使用夹持点创建镜像。可以沿临时镜像线为选定对象创建镜像。打开"正交"有助于指定垂直或水平的镜像线。

（6）使用多个夹持点作为操作的基夹点。选择多个夹持点时，选定夹持点间对象的形状将保持原样。要选择多个夹持点，在选择要编辑的对象后，可以按下 shift 键的同时，鼠标依次单击要拉伸的多个夹持点，同时激活多个夹持点，默认显示为红色，再用鼠标单击其中一个基准夹持点，移动鼠标至合适位置单击。如图 3-4 所示，快捷地将矩形拉伸成平行四边形、梯形。

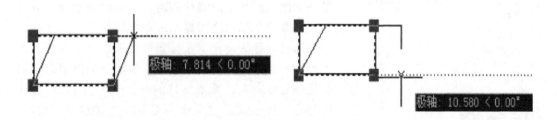

图 3-4 实现多个夹持点拉伸

3. 使用夹持点时的常见问题

在利用夹持点拉伸对象时，有时激活端点后移动鼠标并单击，基准夹持点还在原位置，并没有移到光标位置。这是因为在操作时打开了自动捕捉功能，如果鼠标在对象附近移动，系统将捕捉到对象上离光标中心最近的特征点，即只能将基准夹持点拉伸到对象的特征点上。如果鼠标移动距离小，则系统仍捕捉到原端点，线段就不能被拉伸了。此时，可以关闭自动捕捉功能，保证正常操作。此外，在绘制和编辑图形时，由于打开自动捕捉模式，也可能出现意想不到的结果，所以用户应灵活应用自动捕捉功能，注意状态行上"对象捕捉"按钮的切换。

二、线型比例

(a) 线型管理器中比例因子的设置　　　　　　　　(b) 对象特性中线型比例的更改

图 3-5　修改线型比例

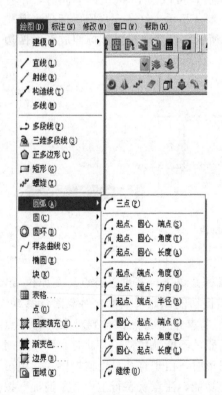

图 3-6　圆弧绘制方法

在 AutoCAD 中，对象的线型由线型文件定义，其中简单线型（如细点画线、虚线）都是由线段、点、空格所组成的重复序列，且线型定义中确定了线段、空格的相对长度。如果一条线段过短，而不能容纳一个细点画线或虚线序列时，就不能显示完整的线型，而在两个端点之间显示一条连续线。在实际作图中，通过设置线型比例来控制线段和空格的大小。调整线型比例值可以使一个图形中的同一个线型以不同的比例显示。上述系统变量的默认值均为 1，线型比例越小，每个线段中生成的重复序列就越多，所以，对于过短的线段可以使用较小的线型比例，以显示线型。

用户可以在命令行直接输入上述系统变量名修改线型比例，也可以执行"格式"/"线型"菜单命令，打开"线型管理器"对话框，如图 3-5（a）所示，选择"显示细节"，在"详细信息"选项组内，输入"当前对象比例"的新值。

如果需要改变某个对象的线型比例因子，可以选定该对象，打开"特性"选项板，输入线型比例的新值，如图 3-5（b）所示。

三、绘制圆弧

圆弧绘制方法，启用圆弧命令的方法主要有三种：

※命令行：输入 A（rc）。

※菜单栏：选择"绘图"→"圆弧"菜单命令。

※工具栏：直接单击标准工具栏上的"镜像" ╱ 按钮。

AutoCAD 提供了 11 种方式来绘制圆弧。子菜单如图 3-6 所示。这里主要介绍"三点""起点、圆心、端点""起点、圆心、角度""起点、圆心、长度"四种。

1. "三点"绘制圆弧（P）

缺省的绘制方法，给出圆弧的起点、圆弧上的一点、端点画圆弧。

已知 A、B、C 三点，绘制圆弧 ABC。操作见表 3-2。

表 3-2 "三点"绘制圆弧

步　骤	图　例	方　法
绘制圆弧	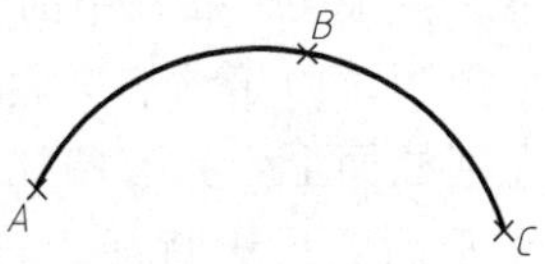	（1）单击工具栏圆弧按钮，"arc 指定圆弧的起点或［圆心(C)］:"鼠标单击捕捉 A 点作为圆弧起点； （2）指定圆弧的第二个点或［圆心(C)/端点(E)］:鼠标单击捕捉 B 点作为圆弧上点； （3）指定圆弧的端点:鼠标单击捕捉 C 点作为圆弧上端点。↙ //直接"Enter"。完成如图例所示

2. "起点、圆心、端点"绘制圆弧（S）

已知 A、B、O 三点，绘制圆弧。操作见表 3-3。

表 3-3 "起点、圆心、端点"绘制圆弧

步　骤	图　例	方　法
绘制圆弧	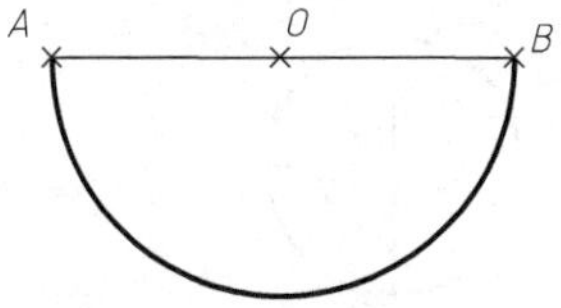	（1）单击工具栏圆弧按钮，"arc 指定圆弧的起点或［圆心(C)］:"鼠标单击捕捉 A 点作为圆弧起点； （2）指定圆弧的第二个点或［圆心(C)/端点(E)］:C↙ （3）鼠标单击捕捉 O 点作为圆弧圆心； （4）指定圆弧的端点或［角度(A)/弦长(L)］:鼠标单击捕捉 B 点作为圆弧上端点。↙ //直接"Enter"。完成如图例所示

3. "起点、圆心、角度"绘制圆弧（T）

已知 A、O 两点和角度 180°，绘制圆弧。操作见表 3-4。

表 3-4 "起点、圆心、角度"绘制圆弧

步　骤	图　例	方　法
绘制圆弧	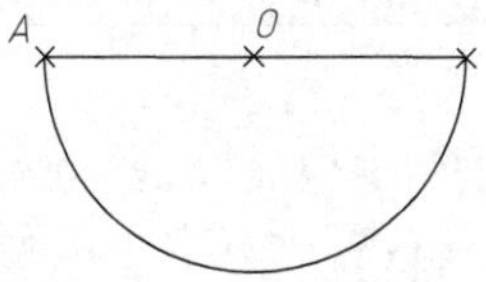	（1）单击工具栏圆弧按钮，"arc 指定圆弧的起点或［圆心(C)］:"鼠标单击捕捉 A 点作为圆弧起点； （2）指定圆弧的第二个点或［圆心(C)/端点(E)］:C↙ （3）鼠标单击捕捉 O 点作为圆弧圆心； （4）指定圆弧的端点或［角度(A)/弦长(L)］:A↙ （5）指定包含角:180 ↙ //直接"Enter"。完成如图例所示

4. "起点、圆心、长度"绘制圆弧（A）

已知 A、O 两点和弦长 20，绘制圆弧 AB。操作见表 3-5。

表 3-5   **"起点、圆心、长度"绘制圆弧**

步　骤	图　例	方　法
绘制圆弧	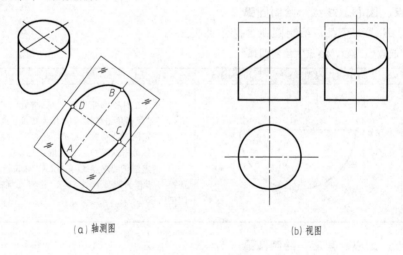	(1)单击工具栏圆弧按钮，"arc 指定圆弧的起点或［圆心(C)］:"鼠标单击捕捉 A 点作为圆弧起点； (2)指定圆弧的第二个点或［圆心(C)/端点(E)］: C↙鼠标单击捕捉 O 点作为圆弧圆心； (3)指定圆弧的端点或［角度(A)/弦长(L)］: L； (4)指定弦长: 20↙ //直接"Enter"。完成如图例所示

［实例示范 1］

如图 3-7 所示，根据图（a）切割圆柱体的立体图，补画图（b）中的左视图。

分析：平面斜割圆柱体时，平面与圆柱的交线为椭圆。由于该椭圆截交线是圆柱面和截平面的共有线，因此它具有两个性质：一是该椭圆在圆柱面上，具有圆柱面的投影特征，其水平投影为圆；二是该椭圆在正垂截平面上，具有正垂面的投影特征，其正面投影为直线。因此该截交线的正面投影和水平投影都是已知的。已知椭圆截交线的两面投影，求第三投影，可用圆弧命令工具完成。

（a）轴测图　　　　　　　　　　（b）视图

图 3-7　被切割的圆柱

操作步骤见表 3-6。

表 3-6   **实例示范 1 操作步骤**

步　骤	图　例	方　法
一、选用模板		选择"文件"中的"新建"，在弹出的"选择样板"对话框中选用"模板"，单击"打开"按钮创建新的图形

步　骤	图　例	方　法
二、绘制圆柱的三视图	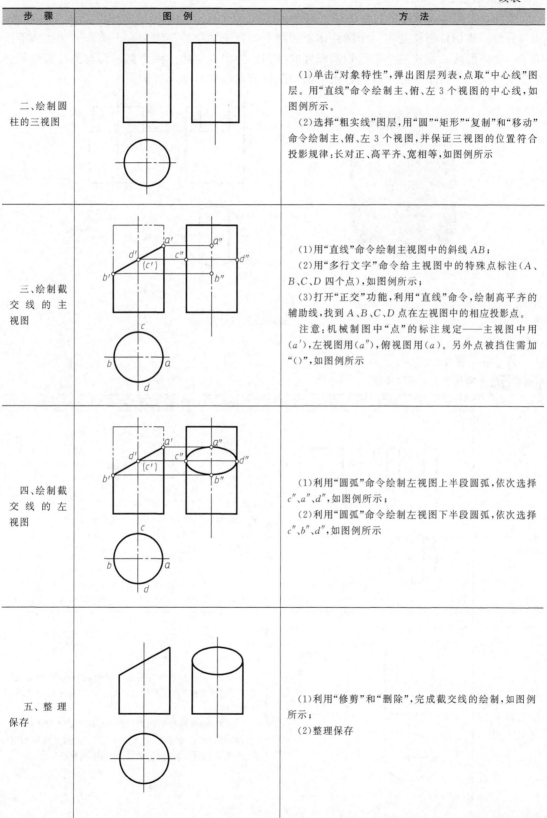	(1)单击"对象特性",弹出图层列表,点取"中心线"图层。用"直线"命令绘制主、俯、左 3 个视图的中心线,如图例所示。 (2)选择"粗实线"图层,用"圆""矩形""复制"和"移动"命令绘制主、俯、左 3 个视图,并保证三视图的位置符合投影规律:长对正、高平齐、宽相等,如图例所示
三、绘制截交线的主视图		(1)用"直线"命令绘制主视图中的斜线 AB; (2)用"多行文字"命令给主视图中的特殊点标注(A、B、C、D 四个点),如图例所示; (3)打开"正交"功能,利用"直线"命令,绘制高平齐的辅助线,找到 A、B、C、D 点在左视图中的相应投影点。 注意:机械制图中"点"的标注规定——主视图中用(a'),左视图用(a''),俯视图用(a)。另外点被挡住需加"()",如图例所示
四、绘制截交线的左视图		(1)利用"圆弧"命令绘制左视图上半段圆弧,依次选择 c''、a''、d'',如图例所示; (2)利用"圆弧"命令绘制左视图下半段圆弧,依次选择 c''、b''、d'',如图例所示
五、整理保存		(1)利用"修剪"和"删除",完成截交线的绘制,如图例所示; (2)整理保存

[实例示范 2]

如图 3-8 所示，求切口圆柱的第三视图。

分析：该切口圆柱是在一个圆柱体上用两个平行于轴线的平面和一个垂直于轴线的平面切了一个矩形槽口，这三个平面切割圆柱时分别产生了截交线。两个侧平面与圆柱面的截交线分别为两个平行于轴线的素线，水平面和圆柱面的截交线为两段圆弧。

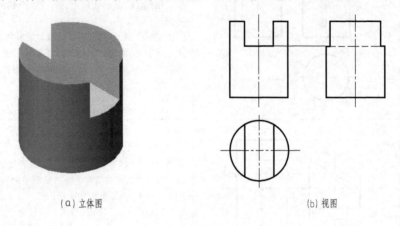

(a) 立体图　　　　　　　　　　　　　　　　　(b) 视图

图 3-8　被切口的圆柱

操作步骤见表 3-7。

表 3-7　实例示范 2 操作步骤

步　骤	图　例	方　法
一、创建图形		选择"文件"中的"新建"，在弹出的"选择样板"对话框中选用"模板"，单击"打开"按钮创建新的图形
二、绘制圆柱已知的主、俯、左视图		(1)单击"对象特性"，在弹出图层列表中点取"中心线"图层，利用"直线"命令绘制主、俯、左 3 个视图的中心线，如图例所示； (2)选择"粗实线"图层，用"圆""矩形""复制"和"移动""直线""修剪"命令绘制主、俯、左三个视图，并保证长对正、高平齐、宽相的视图投影特性，如图例所示

步　骤	图　例	方　法
三、绘制圆柱的俯、左视图中的截交线	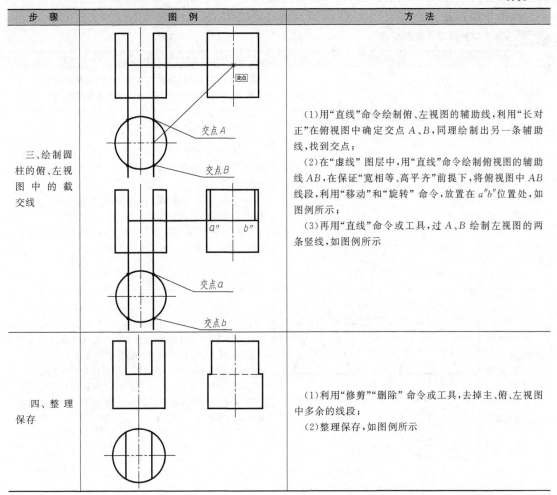	（1）用"直线"命令绘制俯、左视图的辅助线，利用"长对正"在俯视图中确定交点 A、B，同理绘制出另一条辅助线，找到交点； （2）在"虚线"图层中，用"直线"命令绘制俯视图的辅助线 AB，在保证"宽相等、高平齐"前提下，将俯视图中 AB 线段，利用"移动"和"旋转"命令，放置在 $a''b''$ 位置处，如图例所示； （3）再用"直线"命令或工具，过 A、B 绘制左视图的两条竖线，如图例所示
四、整理保存		（1）利用"修剪""删除"命令或工具，去掉主、俯、左视图中多余的线段； （2）整理保存，如图例所示

[实例示范 3]

如图 3-9 所示，根据图（a）切割圆锥体的立体图，试补图（b）中截交线的投影。

分析： 被切割圆锥的截交线为一封闭曲线（椭圆）。该截交线是截平面与圆锥面的共有线，因此其正面投影与正垂面的正面投影重合，同时由于截交线是圆锥面上的线，所以具备

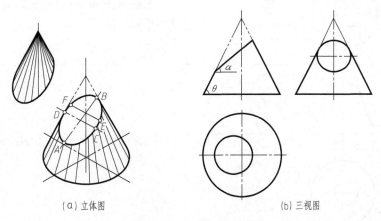

（a）立体图　　　　　　　　　　（b）三视图

图 3-9　被切割的圆锥

圆锥表面上线的特征，该截交线的正面投影是已知的，水平投影和侧面投影是椭圆。

操作步骤见表 3-8。

表 3-8　实例示范 3 操作步骤

步　骤	图　例	方　法
一、创建图形		选择"文件"中的"新建"，在弹出的"选择样板"对话框中选用"模板"，单击"打开"按钮创建新的图形
二、绘制圆锥的俯、主、左视图	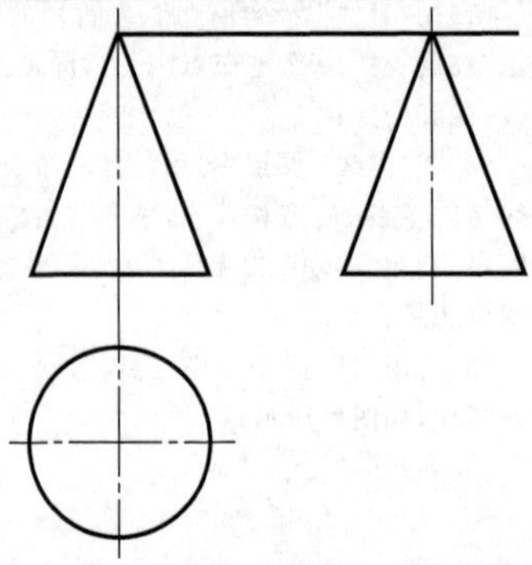	(1)单击"对象特性"，在弹出图层列表中点取"中心线"图层，用"直线"命令或工具绘制主、俯、左三个视图的中心线； (2)再选择"粗实线"图层，用"直线""圆"命令绘制主、俯、左三个视图的轮廓线。 注意：三视图要符合投影规律（长对正、高平齐、宽相等）
三、绘制圆锥切割后的主视图，确定圆锥主、俯、左视图中特殊点的位置	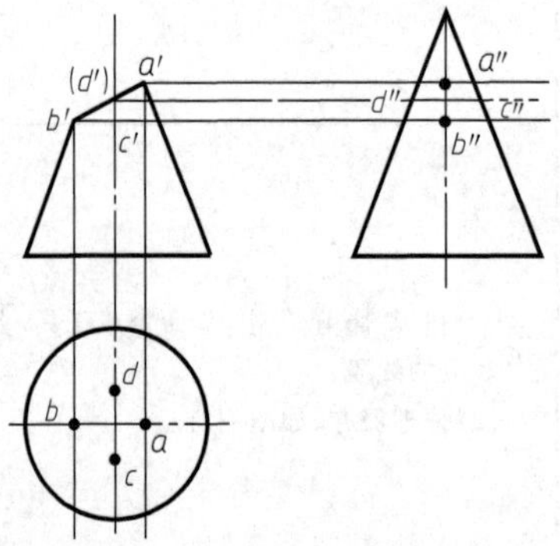	(1)用"直线"命令绘制主视图中斜线 AB，确定四个特殊点(A、B、C、D)在主视图中的投影位置； (2)利用"修剪"命令，将主视图顶部切割部分去除； (3)用"直线"命令绘制主、俯、左三个视图的中(A、B、C、D)的四个特殊点的投影的辅助线，确定四个点在其他视图中的投影
四、绘制俯、左视图中的截交线	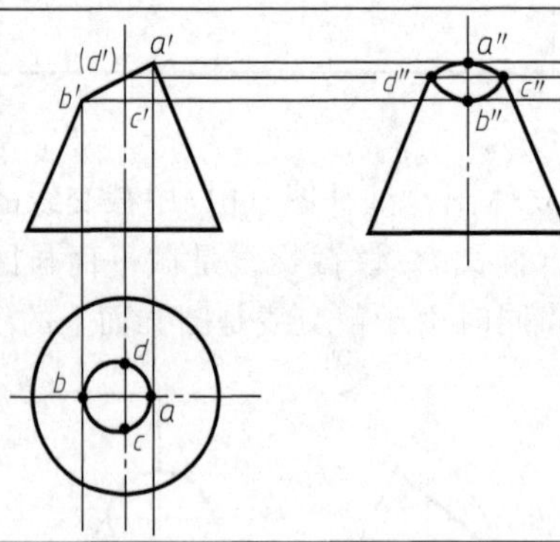	(1)利用"圆弧"命令，绘制左视图上半段圆弧，依次选择 c″、a″、d″； (2)利用"圆弧"命令，绘制左视图下半段圆弧，依次选择 c″、b″、d″； (3)利用"圆弧"命令，重复绘制俯视图中的圆弧； (4)利用"修剪"命令或工具，将左视图中的顶部切割部分去除，如图例所示
五、整理保存	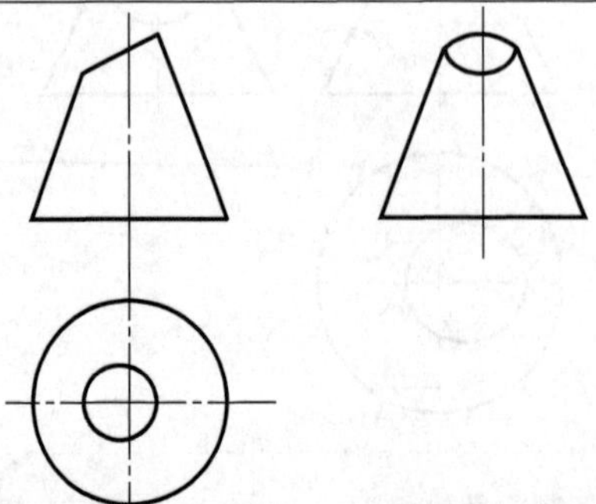	(1)利用"删除"命令，删除多余线段，完成如图例所示； (2)整理保存

［实例示范 4］

如图 3-10 所示，根据图（a）切割半球的立体图，试补全图（b）截交线的投影。

分析：平面切割圆球时，其截交线均为圆，圆的大小取决于平面与球心的距离。当平面平行于投影面时，在该投影面上的交线圆的投影反映实形，另外两个投影面上的投影积聚成直线。

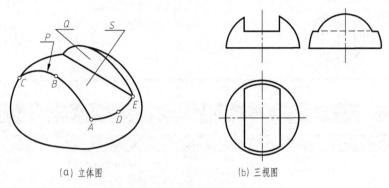

（a）立体图　　　　　　　　（b）三视图

图 3-10　被切割的半球

操作步骤见表 3-9。

表 3-9　实例示范 4 操作步骤

步　骤	图　例	方　法
一、创建图形		选择"文件"中的"新建"，在弹出的"选择样板"对话框中选用"模板"，单击"打开"按钮创建新的图形
二、绘制半球的俯、主、左视图		单击"对象特性"在弹出图层列表中点取"中心线"图层。用"直线"命令或工具绘制主、俯、左三个视图的中心线，再选择"粗实线"图层。用"圆"、"修剪"和"直线"命令或工具绘制主、俯、左三个视图的轮廓线，如图例所示。 注意：要符合投影规律（长对正、高平齐、宽相等）
三、绘制半球切割后的主视图，确定俯、左视图中圆的半径 $R1$、$R2$ 的尺寸，绘制俯、左视图中的截交线	$R1=7.13$　$R2=6.4$　$R1=7.13$	（1）利用"直线"和"偏移"命令或工具绘制主视图中两条竖线和一条水平线，再用"修剪"命令或工具，将其修剪如主视图所示； （2）利用"直线"命令或工具绘制主、俯、左三个视图的中（A、B、C、D）四个特殊点的投影的辅助线，确定切割后投影圆的半径 $AB=R2$，$CD=R1$； （3）利用"圆"命令或工具绘制俯、左视图的中半径 $R2=6.4$，$R1=7.13$ 的圆，如图例所示。 注意：各圆在三视图中投影要保持同心

续表

步　骤	图　例	方　法
四、整理 保存	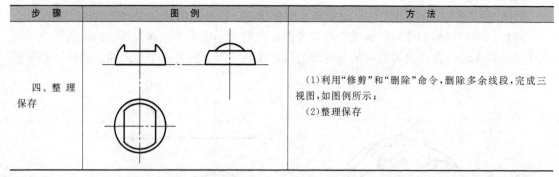	(1)利用"修剪"和"删除"命令,删除多余线段,完成三视图,如图例所示; (2)整理保存

任务实施

步　骤	图　例	方　法
一、创建图形		选择"文件"中的"新建",在弹出的"选择样板"对话框中选用"模板1",单击"打开"按钮创建新的图形
二、绘制圆柱的中心线	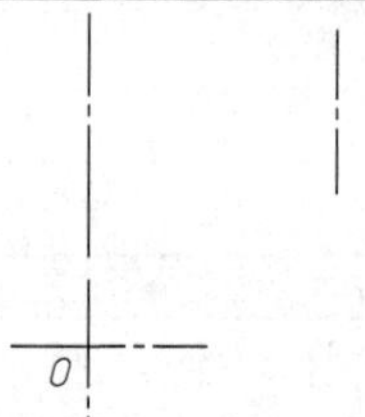 *O* 图1	单击"对象特性"中的"当前层"列表框右边的下拉箭头,弹出图层列表,在列表中点取"中心线"图层。用"直线"命令或工具绘制主、俯、左三个视图的中心线,如图1所示
三、绘制圆柱的俯、主、左视图	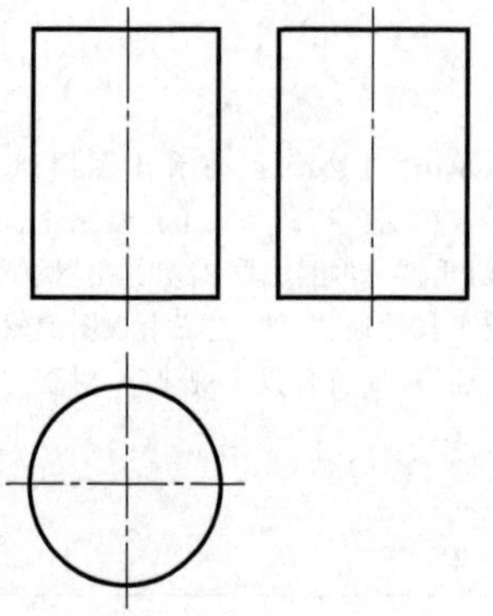 图2	(1)将"粗实线层"设为当前层,单击"圆"命令,捕捉俯视图中心线"交点"为圆心,输入半径值为"20"绘出圆柱体俯视图的轮廓圆; (2)单击"矩形"命令,打开"对象捕捉"功能,捕捉到俯视图圆的左象限点"A"指定第一个角点,输入@40,50指定第二个角点得矩形; (3)单击"移动"命令,打开"正交"功能,垂直向上平移矩形至适当位置,绘出圆柱体主视图; (4)单击"复制"命令,选择主视图为复制对象,拾取轴线端点为复制基点,将主视图向右水平拖动到左视图轴线端点后单击左键,完成左视图如图2所示
四、绘制圆柱体主视图上部的缺口和下部的开槽并绘制其俯视图	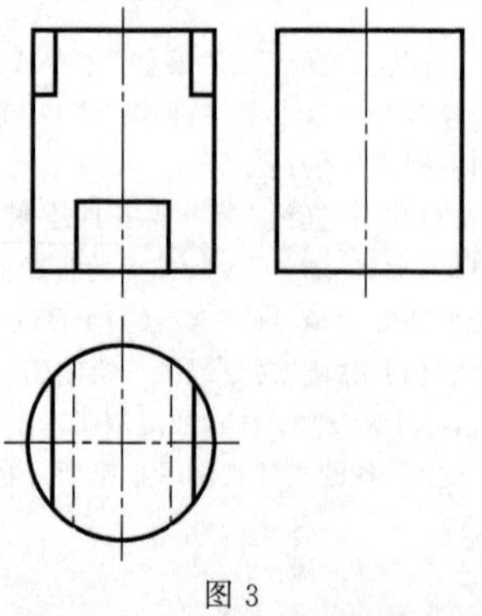 图3	(1)根据任务给定的尺寸,利用"偏移"和"修剪"命令,绘制主视图中的切口线条; (2)单击"直线"命令,根据主视图的上端切口宽度,按照相应的追踪路径和对齐方法向下垂直拖动鼠标捕捉与圆交点作为起点,再向下捕捉另一个交点画线,绘制俯视图的实线部分; (3)将"虚线层"设为当前层,单击"直线"命令,根据主视图底部槽的宽度,追踪路径向下垂直拖动鼠标捕捉到与圆交点作为起点,再向下捕捉另一个交点画线,绘制俯视图的虚线部分,如图3所示

步 骤	图 例	方 法
	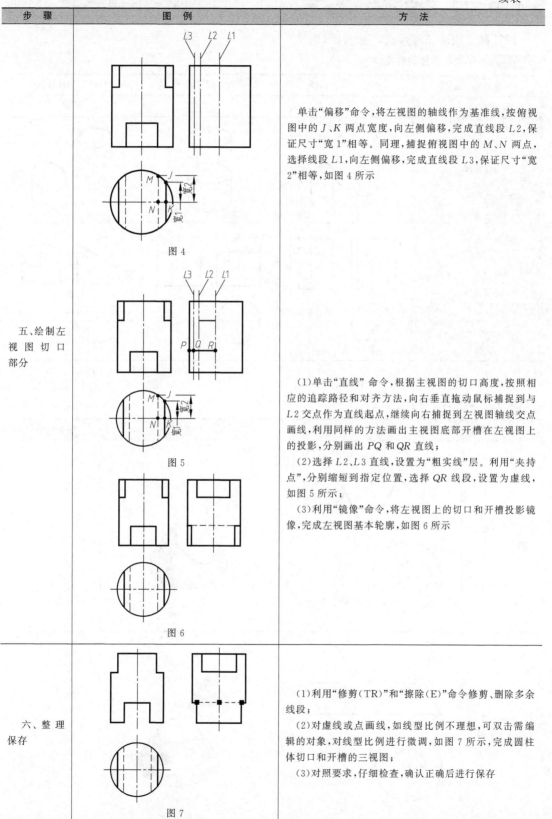 图 4	单击"偏移"命令,将左视图的轴线作为基准线,按俯视图中的 J、K 两点宽度,向左侧偏移,完成直线段 L2,保证尺寸"宽 1"相等。同理,捕捉俯视图中的 M、N 两点,选择线段 L1,向左侧偏移,完成直线段 L3,保证尺寸"宽 2"相等,如图 4 所示
五、绘制左视图切口部分	图 5 图 6	(1)单击"直线"命令,根据主视图的切口高度,按照相应的追踪路径和对齐方法,向右垂直拖动鼠标捕捉到与 L2 交点作为直线起点,继续向右捕捉到左视图轴线交点画线,利用同样的方法画出主视图底部开槽在左视图上的投影,分别画出 PQ 和 QR 直线; (2)选择 L2、L3 直线,设置为"粗实线"层。利用"夹持点",分别缩短到指定位置,选择 QR 线段,设置为虚线,如图 5 所示; (3)利用"镜像"命令,将左视图上的切口和开槽投影镜像,完成左视图基本轮廓,如图 6 所示
六、整理保存	图 7	(1)利用"修剪(TR)"和"擦除(E)"命令修剪、删除多余线段; (2)对虚线或点画线,如线型比例不理想,可双击需编辑的对象,对线型比例进行微调,如图 7 所示,完成圆柱体切口和开槽的三视图; (3)对照要求,仔细检查,确认正确后进行保存

知识拓展

圆柱截交线的三种形式，见表 3-10。

表 3-10　平面与圆柱的截交线

截平面位置	平行于圆柱轴线	垂直于圆柱轴线	倾斜于圆柱轴线
截交线	矩形	圆	椭圆
立体图	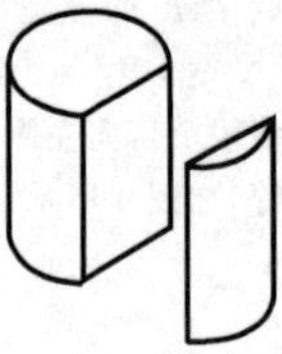	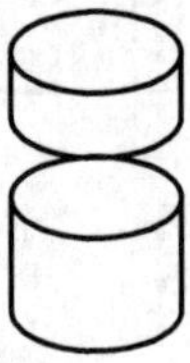	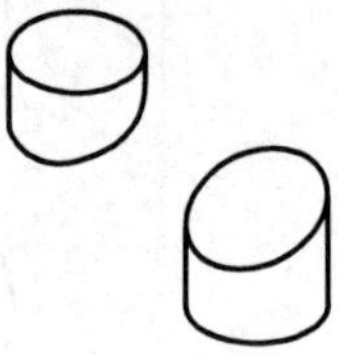
投影图	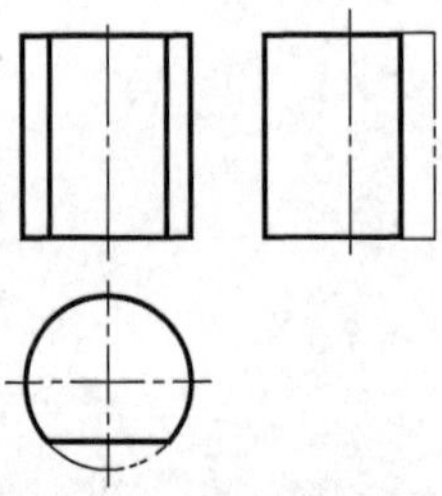	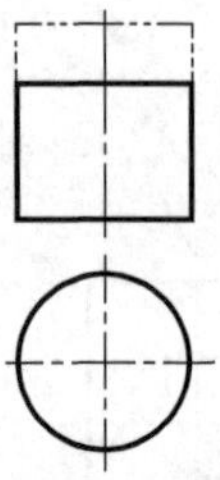	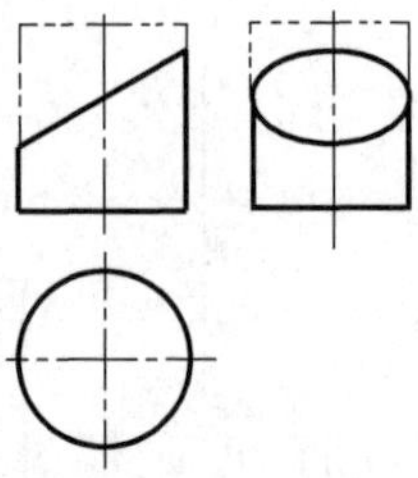

圆锥截交线的三种形式，见表 3-11。

表 3-11　平面与圆锥的截交线

截平面位置	三视图	立体图	截交线形状
1. 截平面倾斜于轴线	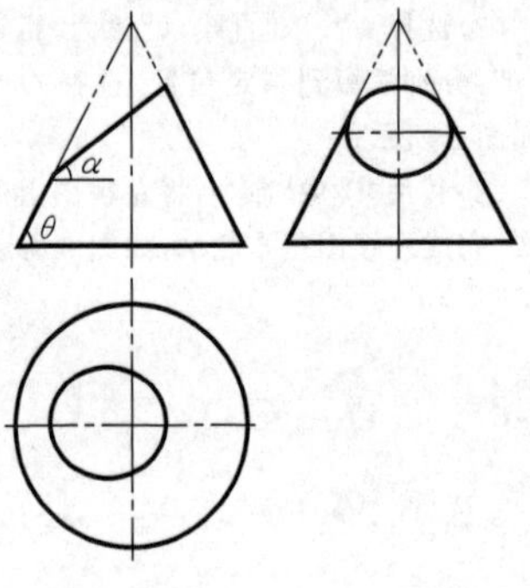	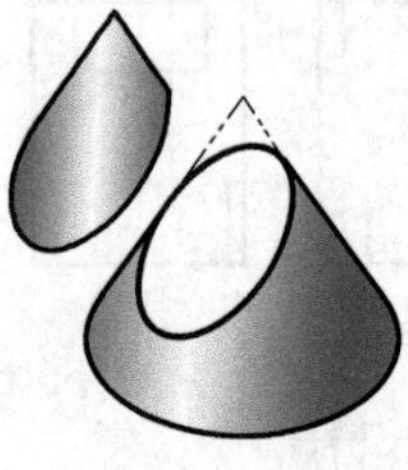	椭圆
2. 截平面垂直于轴线	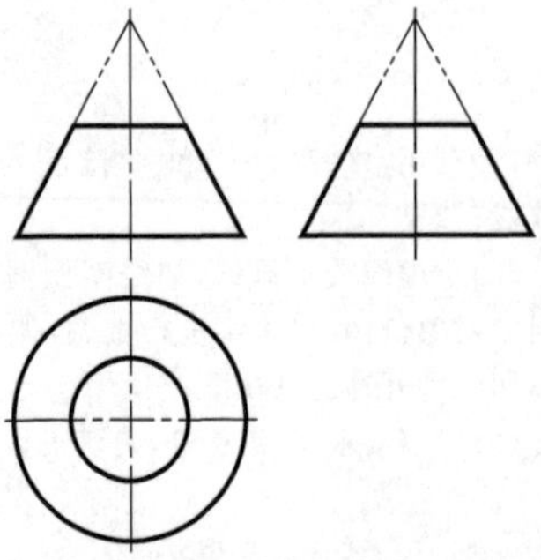	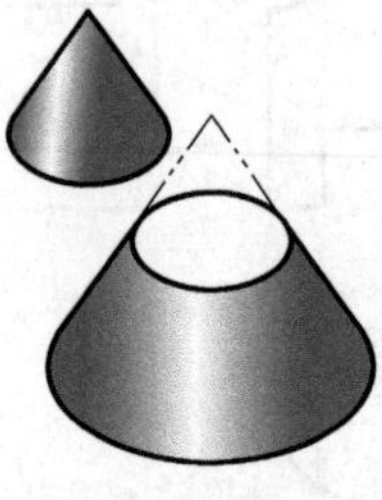	圆

续表

截平面位置	三视图	立体图	截交线形状
3. 截平面平行于轴线			双曲线
4. 截平面平行于素线			抛物线
5. 截平面过锥顶			三角形

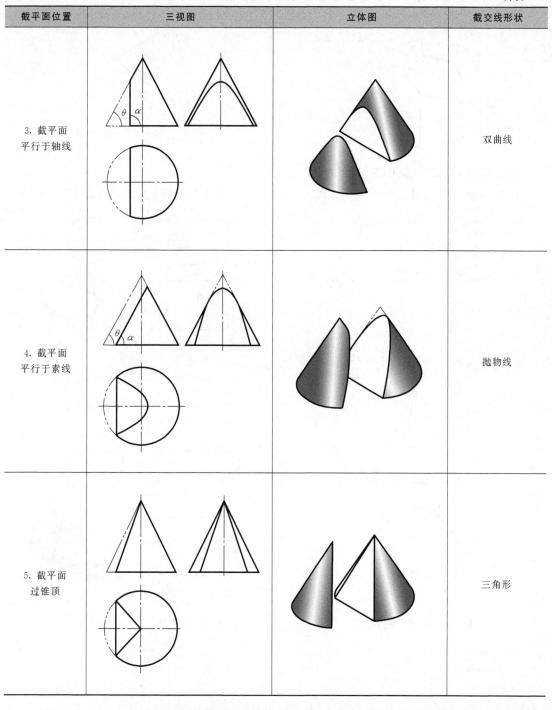

▌ 拓展练习

一、填空题

1. 截交线是_____。

2. 截交线的特征是_____。

二、看立体图，在下图空白处绘制三视图草图，再用 AutoCAD 绘制三视图（尺寸自定）。

1.

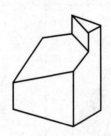

2.

三、利用 AutoCAD 绘制三视图（尺寸自定）。

1. 已知圆柱两视图，补画第三视图。

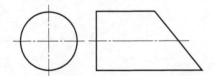

2. 根据立体图，试补全接头的三面投影。

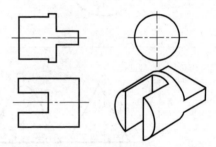

3. 求作圆锥被切割后的水平和侧面投影。

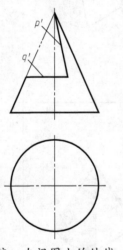

4. 绘制顶尖的三视图。

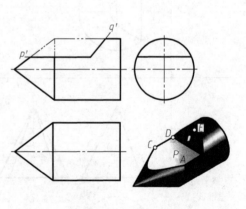

5. 补画俯、左视图上的缺线。

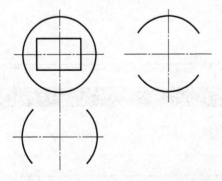

6. 补画左视图。

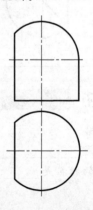

任务 2　绘制两相交圆柱体中的相贯线

▌任务分析

如图 3-11 所示，图（a）中立体图为两圆柱正交相贯，试补画（b）中相贯线的投影。

两个圆柱体轴线垂直相交称为正交，此时两圆柱面相交产生一条封闭空间曲线，这种曲面和曲面的交线称为相贯线。如图 3-11 所示，当直立圆柱轴线为铅垂线，水平圆柱轴线为侧垂线时，直立圆柱面的水平投影和水平圆柱面的侧面投影都具有积聚性。相贯线的水平投影和侧面投影分别重影在两个圆柱的积聚投影上，为已知投影，要求相贯线的正面投影。按点的投影规律，用已知两投影求第三投影的方法，求得相贯线上若干点的正面投影，然后将这些点依次光滑连接即得相贯线的正面投影。

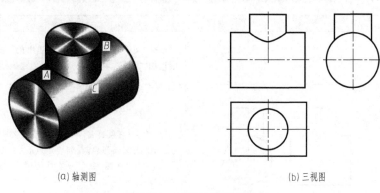

(a) 轴测图　　　　　　　　　　　　　(b) 三视图

图 3-11　两圆柱正交相贯

▌知识链接

相贯线是两曲面立体相交形成的空间封闭曲线，作图时，可采用简化画法，用圆弧来代替。也可以采用投影作图法，用样条曲线来代替。

样条曲线是一系列给定控制点合成的分段多项式曲线，常用于波浪线等曲线绘制。

[实例示范]

样条曲线画法举例见表 3-12。

表 3-12　样条曲线画法

步　骤	图　例	方　法
绘制样条线		（1）单击"样条曲线"命令或工具 ～ 启动命令； （2）命令提示："指定一个点或[对象（O）]："//在合适位置指定样条曲线的起点，"指定下一点："//指定样条曲线的第二点，"指定下一点或[闭合（C）/拟合公差（F）]＜起点切向＞："//依次指定样条曲线的第三点、第四点……按回车或空格结束指定点； （3）"指定起点切向："指定样条曲线起点切线方向； （4）"指定端点切向："//指定样条曲线端点切线方向

提示：起点和端点切向将影响样条曲线的形状。若在样条曲线的两端都指定切向，在当前光标与起点或端点之间出现一根拖曳线，拖动鼠标，切向发生变化。此时可以输入一点，也可以使用"切点"或"垂足"对象捕捉模式，使样条曲线与已有的对象相切或垂直。若以"回车"响应起点、端点切向，AutoCAD 将计算默认切向，如图 3-12 所示。

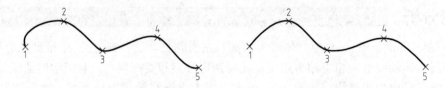

(a) 用指定点响应起(端)点　　　　　　　　(b) 用回车响应起(端)点

图 3-12　起点、端点切向对样条曲线形状的影响

▌**任务实施**

步　骤	图　例	方　法
一、创建新的图形		选择"文件"中的"新建"，在弹出的"选择样板"对话框中选用"模板"，单击"打开"按钮创建新的图形
二、绘制两圆柱相交的三视图	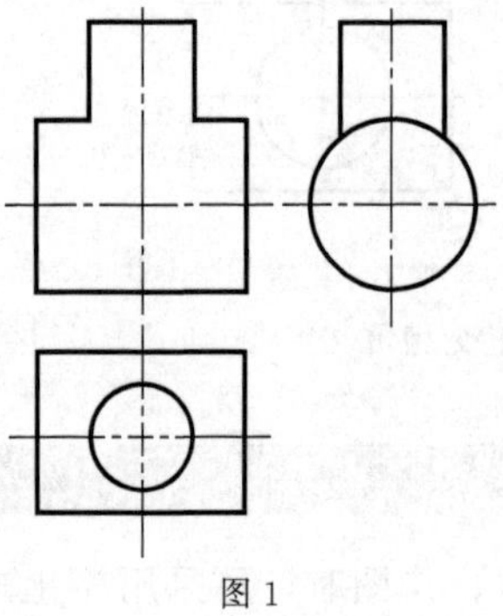 图1	(1)单击"对象特性"中的"当前层"列表框右边的下拉箭头，弹出图层列表，在列表中点取"中心线"图层； (2)利用"直线"命令或工具绘制主、俯、左 3 个视图的中心线； (3)选择"粗实线"图层，利用"圆""矩形""直线"命令或工具绘制主、俯、左 3 个视图的轮廓线，可打开"对象捕捉""对象跟踪"帮助绘图，修剪多余线段，完成如图 1 所示
三、绘制圆柱的主视图中的相贯线	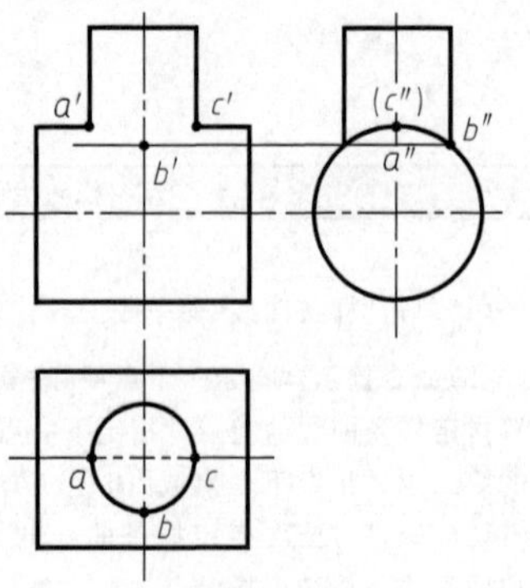 图2	利用"多行文字""直线"命令或工具，确定主、俯、左三个视图中的三个特殊点(A、B、C)的投影，如图 2 所示

步　骤	图　例	方　法
四、绘制相贯线	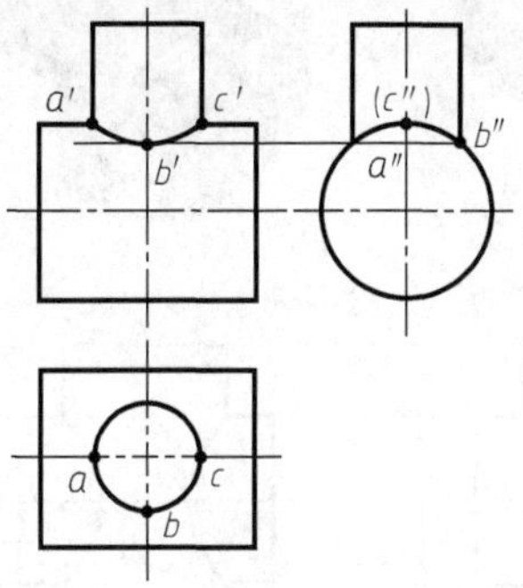 图 3	利用"圆弧"命令或工具,绘制主视图中的相贯线,依次选择点 a'、b'、c' 后,如图 3 所示
五、整理保存	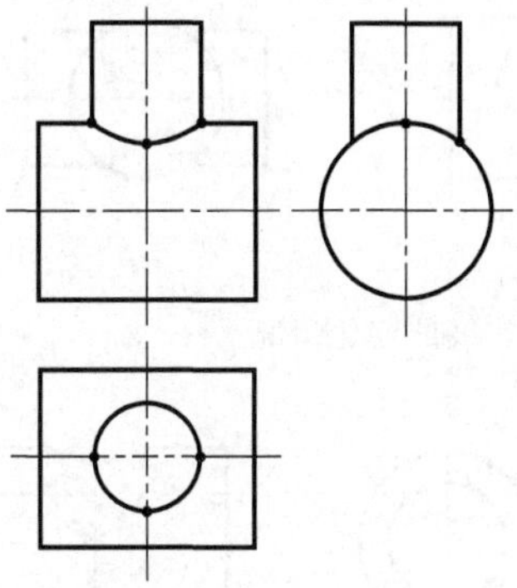 图 4	(1)利用"删除"命令或工具,删除主、左三个视图中的多余图线,如图 4 所示; (2)整理保存

知识拓展

一、两正交圆柱相贯,相贯线的变化情况

设竖直圆柱直径为 ϕ,水平圆柱直径为 ϕ_1,则有以下三种,如图 3-13 所示:

(1) 当 $\phi < \phi_1$ 时,相贯线正面投影为上下对称的曲线 [图 3-13 (a)];

(2) 当 $\phi = \phi_1$ 时,相贯线为两个相交的椭圆,其正面投影为正交的两条直线 [图 3-13 (b)];

(3) 当 $\phi > \phi_1$ 时,相贯线正面投影为左右对称的曲线 [图 3-13 (c)]。

二、圆柱穿孔的相贯线(见图 3-14)

(1) 当 $\phi < \phi_1$ 时,相贯线正面投影为上下对称的曲线 [图 3-14 (a)];

(2) 当 $\phi = \phi_1$ 时,相贯线为两个相交的椭圆,其正面投影为正交的两条直线 [图 3-14 (b)];

(3) 当 $\phi > \phi_1$ 时,相贯线正面投影为左右对称的曲线 [图 3-14 (c)]。

[实例示范]

如图 3-15 所示,绘制圆柱穿孔的相贯线。

分析:如图 3-15 所示,若在水平圆柱上穿孔,就出现了圆柱外表面与圆柱孔内表面的相贯线。这种相贯线可以看成是直立圆柱与水平圆柱相贯后,再把直立圆柱抽去而形成的。

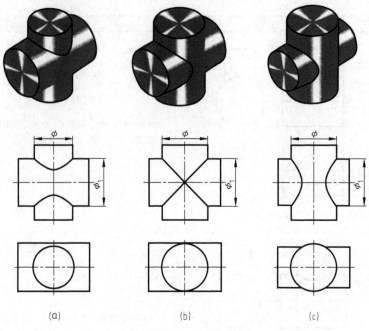

图 3-13 两正交圆柱相贯线的变化情况

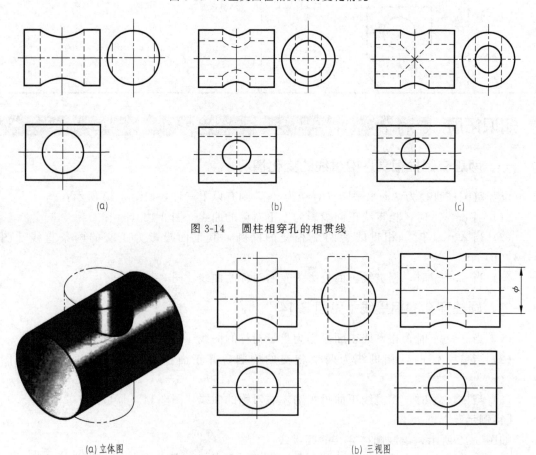

图 3-14 圆柱相穿孔的相贯线

(a) 立体图   (b) 三视图

图 3-15 圆柱穿孔后相贯线的投影

操作步骤见表 3-13。

表 3-13 圆柱穿孔的相贯线画法

步　骤	图　例	方　法
一、创建新图形		选择"文件"中的"新建",在弹出的"选择样板"对话框中选用"模板",单击"打开"按钮创建新的图形
二、绘制相交圆柱孔的三视图	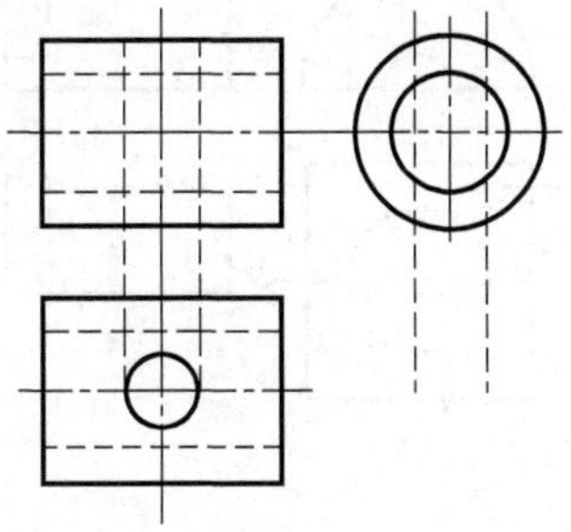 图 1 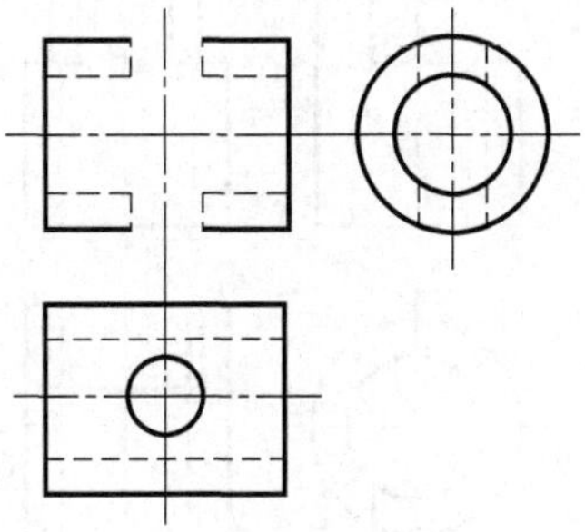 图 2	(1)单击"对象特性"中的"当前层",弹出图层列表,在列表中点取"中心线"图层; (2)利用"直线"命令绘制主、俯、左 3 个视图的中心线,如图 1 所示; (3)选择"粗实线"图层,利用"圆""矩形""直线"命令或工具绘制主、俯、左 3 个视图的轮廓线,选择"虚线"图层,利用"直线"命令或工具,绘制孔的主、左视图的虚线投影,如图 1 所示; (4)利用"修剪""删除"命令或工具,将孔的主、左视图的虚线投影修剪后,如图 2 所示
三、绘制相交圆柱孔的主视图中的相贯线	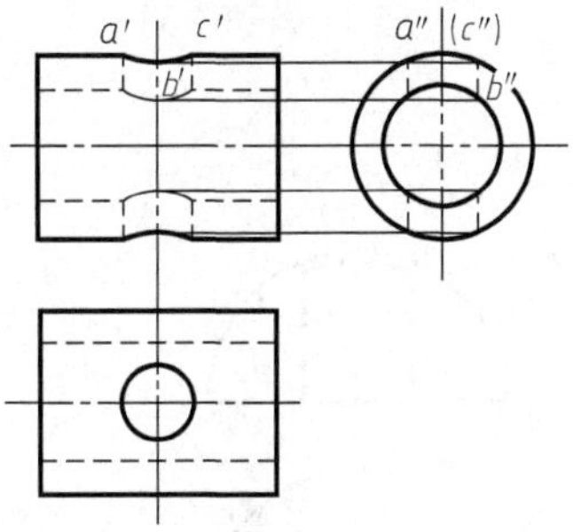 图 3	(1)选择"细实线"图层中,利用"直线"命令或工具绘制主、左视图的辅助线,保证高平齐,确定(A、B、C)三个点的投影,如图 3 所示; (2)利用"圆弧"命令或工具,绘制主视图中的相贯线,依次选择点 a'、b'、c' 后,如图 3 所示。同样的方法绘制其他三条相贯线
四、整理保存	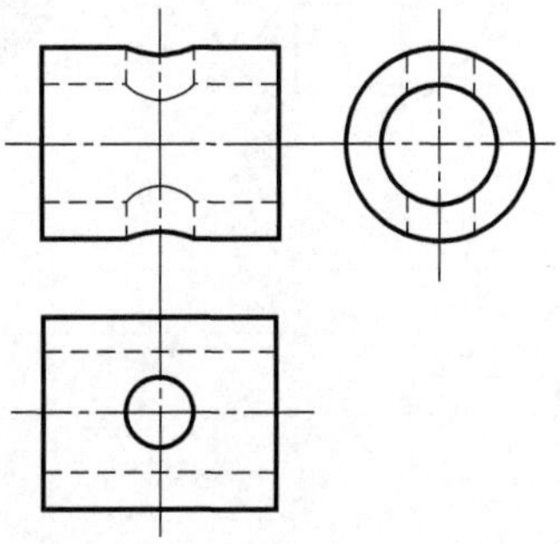 图 4	(1)利用"删除"命令或工具,删除主、左三个视图中的多余图线,如图 4 所示; (2)整理保存

拓展练习

一、看主、俯视图，选择正确的左视图画"√"

1.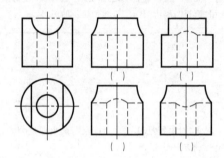

2.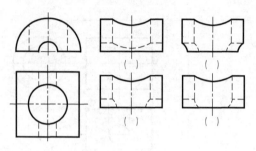

3.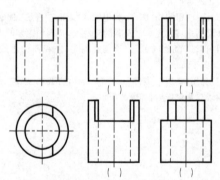

4.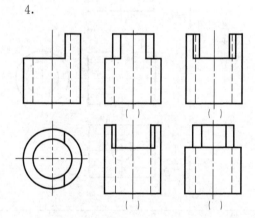

二、利用 AutoCAD 绘制三视图（尺寸自定）

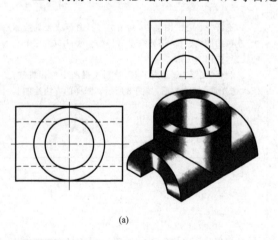

(a)

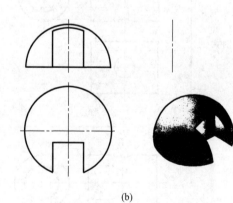

(b)

项目4
绘制组合体三视图

任务 1　绘制轴承座的三视图

▌任务分析

　　任何机器零件，从形体角度分析，都是由若干基本体按一定的相对位置经过叠加或多次切割形成的，这种由两个或两个以上的基本形体组合构成的整体称为组合体。图 4-1（a）所示支座可看成由几个基本体叠加而成的。图 4-1（b）所示架体可看成由长方体经过多次切割而成的。

(a) 叠加类　　　　　　　　　　　　　(b) 切割类

图 4-1　组合体的组合形式

　　如图 4-2 为轴承座立体图，要求绘制其三视图。

▌知识链接

一、表面连接形式

　　无论是哪种形式构成的组合体，各基本体之间都有一定的相对位置关系，并且各形体之间的表面也存在一定的连接关系，其连接形式可归纳为不共面、共面、相切和相交 4 种情况。

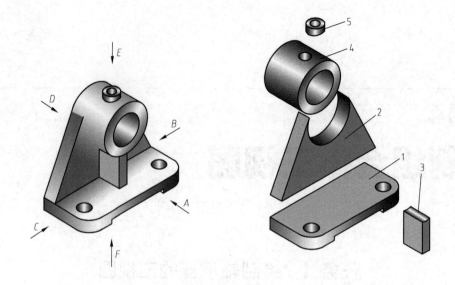

图 4-2 轴承座
1—底板；2—支承板；3—肋板；4—圆筒；5—凸台

1. 不共面

当两基本形体互相叠合时，除叠合处表面重合外，没有公共表面，在视图中两个形体之间有分界线，如图 4-3（a）所示。

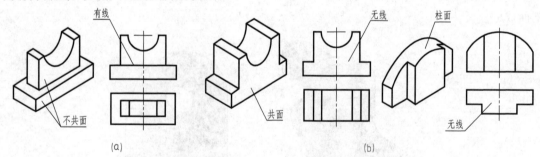

图 4-3 两表面不共面、共面的画法

2. 共面

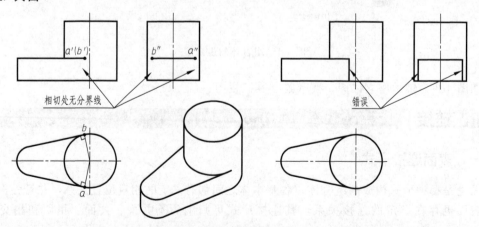

图 4-4 两表面相切的画法

当两基本形体具有互相连接的一个面（共平面或共曲面）时，它们之间没有分界线，在视图上也不可画出分界线，如图 4-3（b）所示。

3. 相切

当两基本形体的表面相切时，两表面在相切处光滑过渡，在视图上不应画出切线，如图 4-4 所示。

但有一种特殊情况必须注意，如图 4-5 所示，两个圆柱面相切，当圆柱面的公共切平面垂直于投影面时，应画出两个圆柱面的分界线。

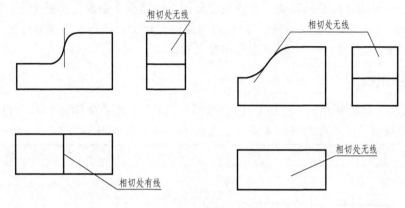

图 4-5　两表面相切的特殊情况

4. 相交

当两基本形体的表面相交时，相交处会产生不同形式的交线（截交线或相贯线），在视图中应画出这些交线的投影，如图 4-6 所示。

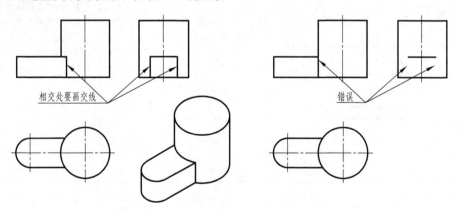

图 4-6　两表面相交的画法

二、主视图的选择

在三视图中，主视图是最主要的视图。主视图应能较全面地反映组合体各部分的形状特征及它们之间的相对位置，并使形体上主要平面平行于投影面，以便使投影能反映真实形状和便于作图，同时考虑组合体的自然安放位置，还要兼顾其他视图表达的清晰性，尽量减少视图中的虚线。主视图确定后，其他视图也随之确定。

任务实施

一、形体分析

按照形状特征，将组合体分解成若干个基本形体的组合，并分析其组合方式、相对位置，再进行画图和读图的方法称为形体分析法，形体分析法是指导画图和读图的基本方法。

从图 4-2 中可以看出，该轴承座由底板 1、支承板 2、肋板 3、圆筒 4 和凸台 5 五部分组成。支承板 2 与圆筒 4 外表面相切，叠放在底板 1 上；肋板 3 叠放在底板 1 上，其上与圆筒 4 外面相结合，后面与支承板 2 紧靠，两侧面与圆柱面相交；凸台 5 与圆筒 4 的内外圆柱面分别相贯，相贯线为空间曲线，整个组合体左右对称。

二、选择主视图

从图 4-2 中可以分析出，A、B 方向都比较好，均可作为主视图的方向，因从 A 方向看去，所得到的视图满足所述的基本要求，故选 A 作为主视图的投影方向。

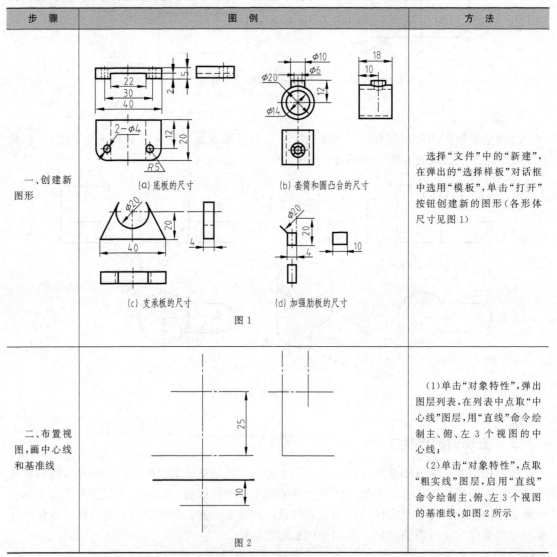

步　骤	图　例	方　法
一、创建新图形	(a) 底板的尺寸　　(b) 套筒和圆凸台的尺寸 (c) 支承板的尺寸　　(d) 加强肋板的尺寸 图 1	选择"文件"中的"新建"，在弹出的"选择样板"对话框中选用"模板"，单击"打开"按钮创建新的图形（各形体尺寸见图 1）
二、布置视图，画中心线和基准线	图 2	(1)单击"对象特性"，弹出图层列表，在列表中点取"中心线"图层，用"直线"命令绘制主、俯、左 3 个视图的中心线； (2)单击"对象特性"，点取"粗实线"图层，启用"直线"命令绘制主、俯、左 3 个视图的基准线，如图 2 所示

步 骤	图 例	方 法
三、画底板三视图	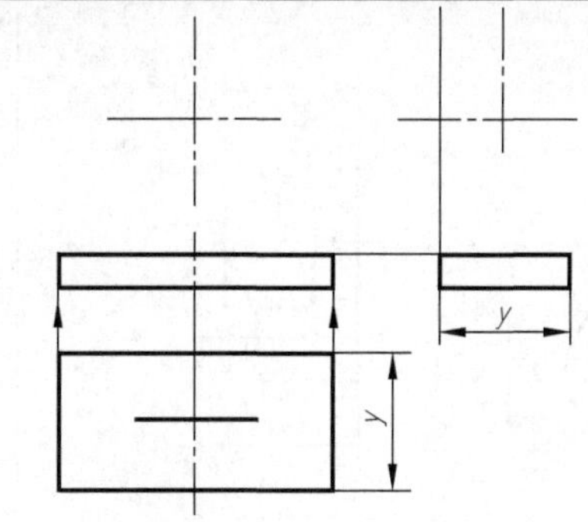 图 3	启用"矩形"命令或工具绘制底板主、俯、左 3 个视图，长方体长 40，宽 20，高 5，绘制结果如图 3 所示
四、画圆筒和凸台三视图	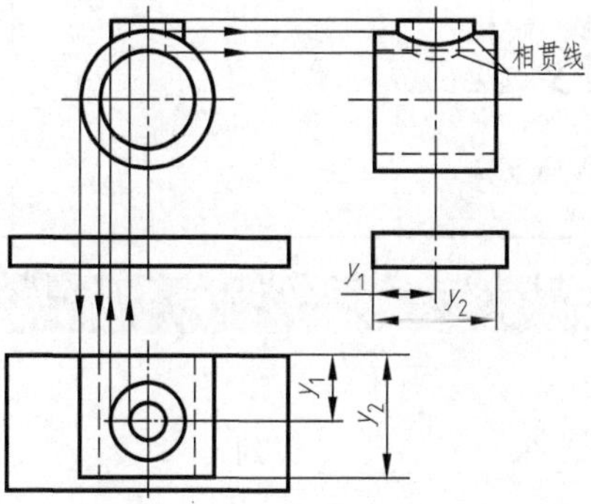 图 4 相贯线	(1)启用"圆"命令绘制底板主、俯、视图中的 $\phi14$、$\phi20$、$\phi6$、$\phi10$ 圆； (2)启用"矩形"命令绘制 $\phi10$、$\phi20$ 圆筒在俯、左视图中的矩形； (3)点取"虚线"层，启用"直线"命令绘制 $\phi6$、$\phi14$ 圆在视图中的虚线； (4)点取"粗实线"图层，启用"圆弧"命令绘制左视图中的 $\phi20$、$\phi10$ 圆的相贯线，点取"虚线"图层，启用"圆弧"命令或工具绘制左视图中的 $\phi14$、$\phi6$ 圆的相贯线； (5)启用"修剪"命令，删除多余线段
五、画出支承板和肋板的三视图	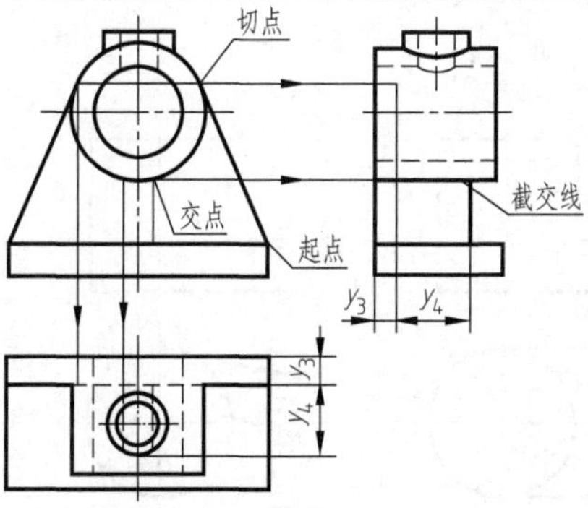 切点 交点 起点 截交线 图 5	(1)启用"直线"命令绘制支承板主三视图，注意：绘制支承板主视图斜线时，选取"起点"后，打开"对象捕捉"中的"切点"，捕捉 $\phi20$ 上的切点； (2)启用"直线"命令绘制加强板三视图，注意：绘制加强板左视图截交线时，打开"对象捕捉"中的"交点"后绘制直线，要保证高平齐； (3)启用"修剪"命令，删除多余线段，完成如图 5 所示
六、画底板上的圆角、圆孔和通槽的三视图	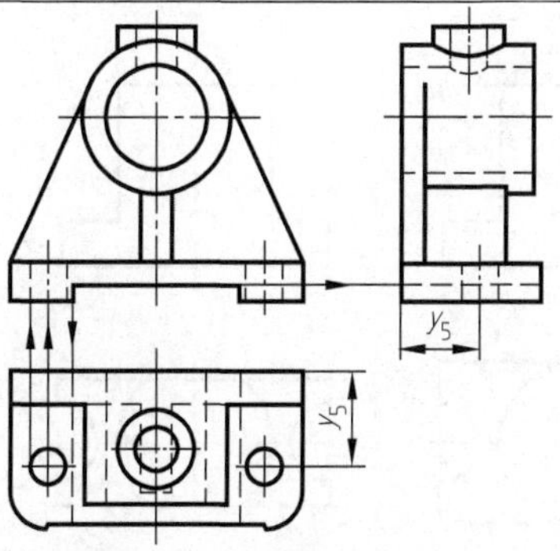 图 6	(1)启用"倒圆角"命令绘制底板俯视图的 $R5$ 圆角； (2)启用"圆"命令绘制底板俯视图的 $2\times\phi4$ 圆。点取"虚线"图层，启用"直线"命令或工具绘制 $2\times\phi4$ 圆在主、俯视图中的投影； (3)启用"直线"命令或工具绘制底板通槽的三视图，完成如图 6 所示

续表

步 骤	图 例	方 法
七、擦去多余图线、检查、整理保存	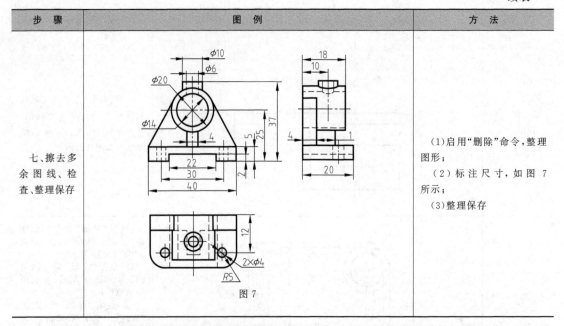 图 7	（1）启用"删除"命令，整理图形； （2）标注尺寸，如图 7 所示； （3）整理保存

拓展练习

一、填空题

1. 组合体分为：_____式组合体、_____式组合体。

2. 组合体表面的连接关系有：_____、_____、_____。

3. 绘制组合体视图时，将组合体分解为若干个基本体的方法叫_____法。

二、补画组合体视图中的交线

1.

2.

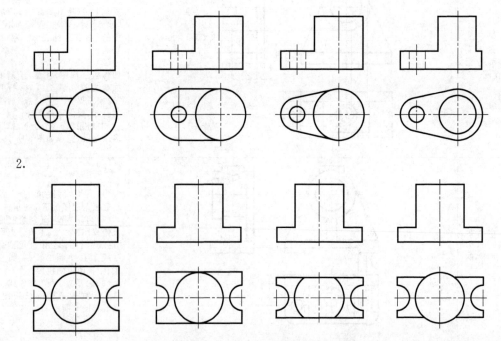

三、补全视图中所缺的图线，并在错误的图线上画"×"

1.

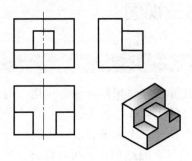

2.

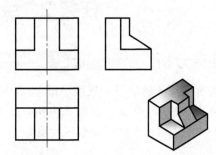

3.

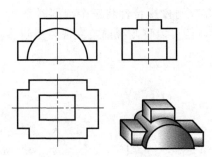

4.

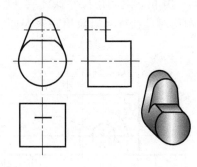

5.

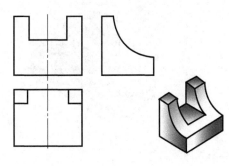

6.

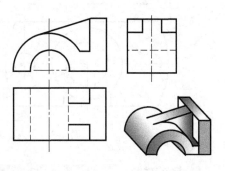

7.

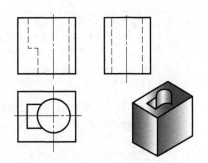

8.

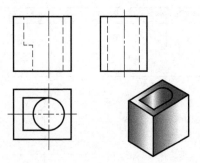

任务 2　绘制机座的三视图

▌任务分析

　　通过本任务的学习，巩固 AutoCAD 绘图中编辑、夹持点等知识点的综合运用。通过练习，完成如图 4-7 所示含有圆孔内相贯线和圆柱外相贯线的组合体三视图。

　　图 4-7 所示组合体可分解成由底板、铅垂圆柱、U 形凸台三个部分组成。绘制组合体三视图时，不一定要完全画完一个图后再画另一个图，而是可以通过形体分析，将其分解成几个部分，逐一完成。每一部分一般先绘制包含物体最多形体特征的特征视图，再根据"主俯视图长对正""主左视图高平齐"和"俯左视图宽相等"的投影特性将三个视图联系在一起绘制。其中宽相等除利用尺寸保证或利用偏移命令外，还可以将俯视图或左视图复制并旋转90°后，利用对象捕捉和对象追踪来保证。

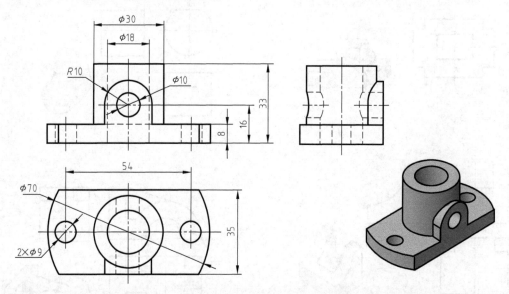

图 4-7　含内、外相贯线的组合体三视图及实体图

▌任务实施

步　骤	图　例	方　法
一、创建新图形		选择"文件"中的"新建"，在弹出的"选择样板"对话框中选用"模板"，单击"打开"按钮创建新的图形
二、绘制机座三视图的中心线	图1	(1)单击"对象特性"中的"当前层"，在弹出图层列表中点取"中心线"图层； 　　(2)用"直线"命令绘制主、俯、左 3 个视图的中心线，如图 1 所示

步　骤	图　例	方　法
三、绘制机座俯视图的轮廓线	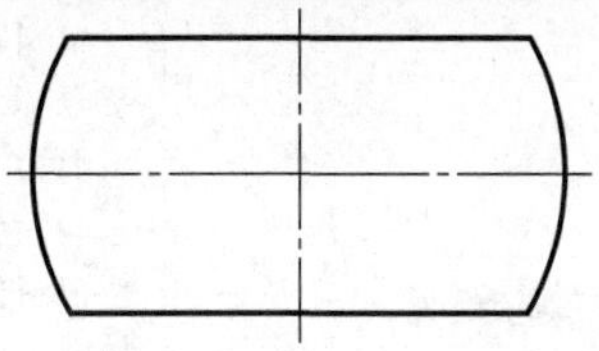 图 2 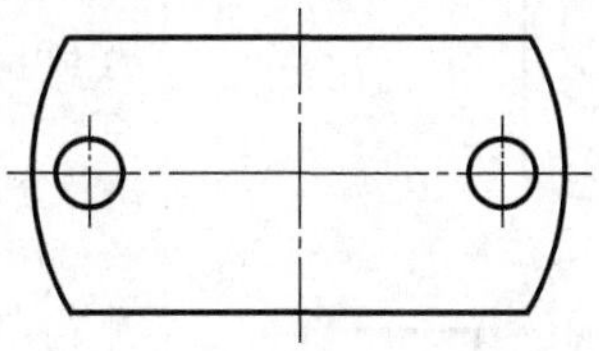 图 3	（1）选择"粗实线"图层，利用"圆"命令捕捉中心点绘制 $\phi70$ 的圆； （2）利用"偏移"命令，将水平中心线上下各偏移 17.5，绘制轮廓线； （3）利用"修剪"命令以两条水平轮廓线和圆为边界，修剪 $\phi70$ 圆多余的圆弧及线段，如图 2 所示； （4）利用"偏移"命令，将竖直中心线向左偏移 27，绘制 $\phi9$ 小圆中心线； （5）利用"圆"命令，捕捉交点绘制 $\phi9$ 小圆； （6）利用"镜像"命令，以垂直中心线为镜像线，镜像复制由 $\phi9$ 小圆及垂直中心线，如图 3 所示
四、绘制底板主视图	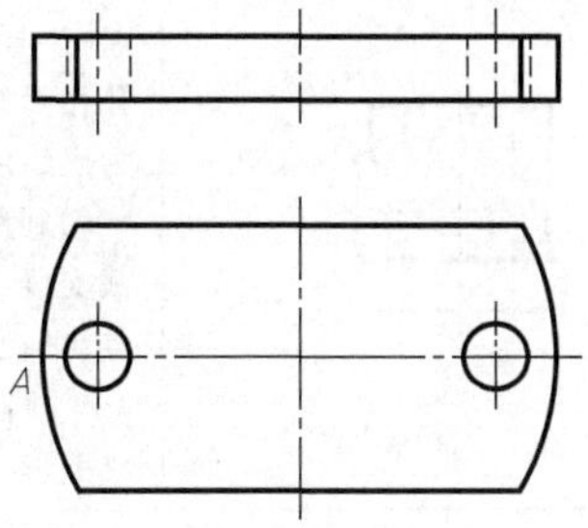 图 4	（1）利用"直线"命令，移动光标至点 A，出现端点标记及提示，向上移动光标至合适位置，单击鼠标；向右移动鼠标，输入 70，回车；向上移动鼠标，输入 8，回车；向左移动鼠标，输入 70，回车；封闭图形，完成图 4，形成主视图外轮廓； （2）利用"直线"命令和"对象捕捉追踪"功能绘制主视图上两条垂直截交线； （3）利用"直线"命令，绘制底板主视图上左侧 $\phi9$ 小圆的中心线和内轮廓线，分别将其改到相应的点画线和虚线图层上；并镜像复制，如图 4 所示
五、绘制圆柱筒主俯视图	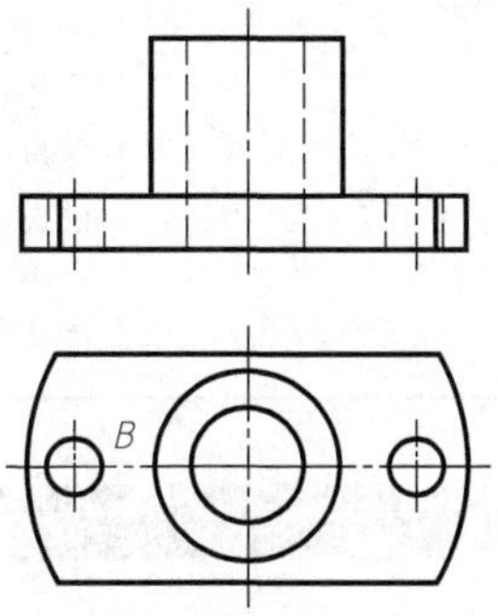 图 5	（1）利用"圆"命令，在俯视图上捕捉中心线交点，绘制圆柱及孔的俯视图中 $\phi30$、$\phi18$ 的同心圆； （2）单击"直线"命令，移动光标至象限点 B，向上移动光标至提示点，向上移动光标，输入 25。完成圆柱筒的左外轮廓，同法绘制其余内外轮廓线，内轮廓改为虚线层，如图 5 所示
六、U 形凸台主俯视图	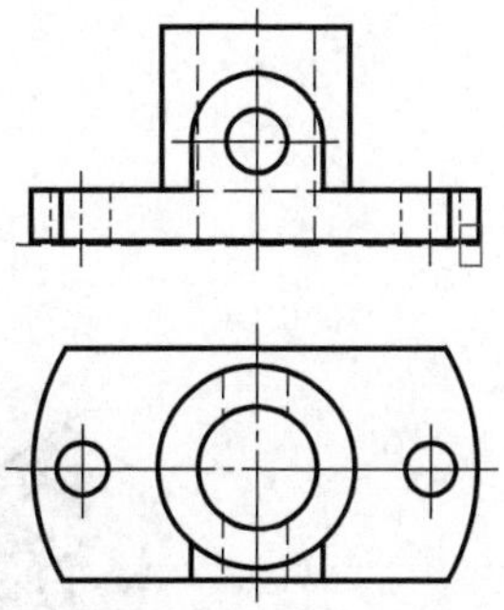 图 6	（1）"捕捉追踪"主视图底边中点，向上追踪 16，得到圆心，绘制 $\phi20$、$\phi10$ 的同心圆； （2）绘制 $\phi20$ 圆的两条垂直切线； （3）利用"圆"命令或工具，以上述两条切线为剪切边界，修剪 $\phi20$ 圆的下半部分； （4）在"中心线"图层，利用"直线"命令，绘制 $\phi20$ 圆水平中心线； （5）利用"打断"命令，将底板主视图上 C、D 点处打断，将 CD 线改成虚线，完成如图 6 所示

续表

步 骤	图 例	方 法
七、绘制左视图	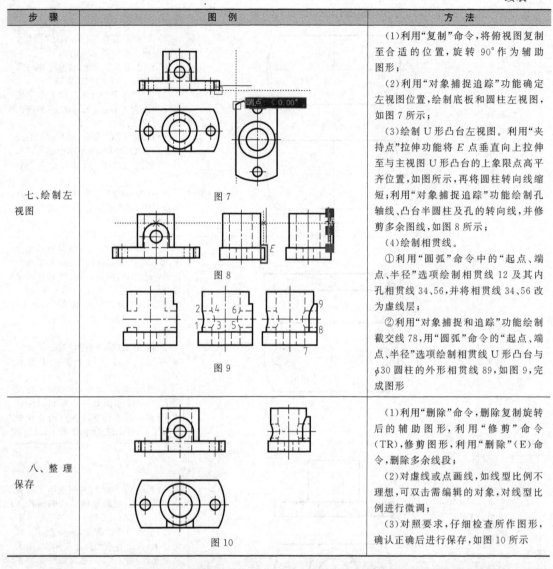 图 7 图 8 图 9	(1)利用"复制"命令,将俯视图复制至合适的位置,旋转 90°作为辅助图形; (2)利用"对象捕捉追踪"功能确定左视图位置,绘制底板和圆柱左视图,如图 7 所示; (3)绘制 U 形凸台左视图。利用"夹持点"拉伸功能将 E 点垂直向上拉伸至与主视图 U 形凸台的上象限点高平齐位置,如图所示,再将圆柱转向线缩短;利用"对象捕捉追踪"功能绘制孔轴线、凸台半圆柱及孔的转向线,并修剪多余图线,如图 8 所示; (4)绘制相贯线。 ①利用"圆弧"命令中的"起点、端点、半径"选项绘制相贯线 12 及其内孔相贯线 34、56,并将相贯线 34、56 改为虚线层; ②利用"对象捕捉和追踪"功能绘制截交线 78,用"圆弧"命令的"起点、端点、半径"选项绘制相贯线 U 形凸台与 $\phi30$ 圆柱的外形相贯线 89,如图 9,完成图形
八、整理保存	图 10	(1)利用"删除"命令,删除复制旋转后的辅助图形,利用"修剪"命令(TR),修剪图形,利用"删除"(E)命令,删除多余线段; (2)对虚线或点画线,如线型比例不理想,可双击需编辑的对象,对线型比例进行微调; (3)对照要求,仔细检查所作图形,确认正确后进行保存,如图 10 所示

拓展练习

看立体图,在下图空白处绘制组合体三视图草图,再用 AutoCAD 绘制三视图 (尺寸自定)。

1.

2.

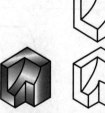

3.

4.

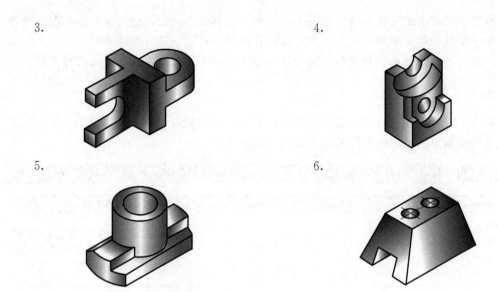

5.

6.

任务 **3** 绘制支座的三视图

▌ **任务分析**

如图 4-8（a）为支座立体图，试绘制其三视图，如图 4-8（b）所示。

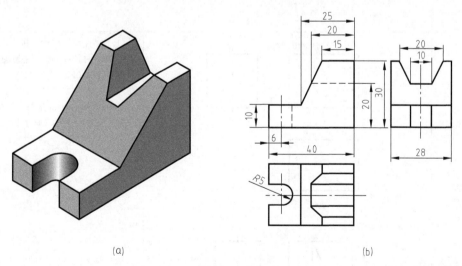

(a)   (b)

图 4-8 支座

一、形体分析

支座是在长方体的基础上经过多次切割后而成的，左上角用正垂面和水平面切去了一个梯形块，左下方中间切去了一个半圆柱体和长方体组合，右上方中间部分用侧垂面和水平面切去了一个梯形块。

首先画出切割之前的完整形体的三视图。按切割过程逐个减去被切去部分的视图（叠加类组合体是一部分一部分地加在一起，切割类组合体是一部分一部分地减去）。

注意：画图时，应先画被切割部分的特征视图，再画其他视图，三个视图同时作图。

二、选择主视图

将支座水平放置，使前后对称面平行于正投影面，将切割较大的部分置于左上方，以此确定主视图的投射方向，较好地反映出支座的形体特征。

任务实施

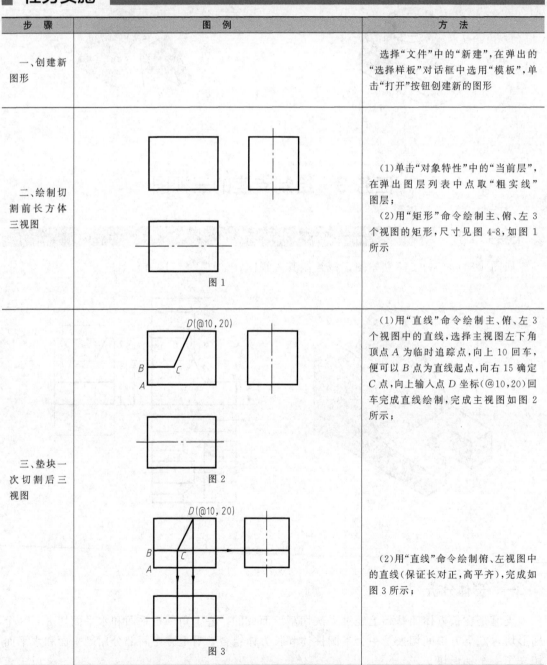

步　骤	图　例	方　法
一、创建新图形		选择"文件"中的"新建"，在弹出的"选择样板"对话框中选用"模板"，单击"打开"按钮创建新的图形
二、绘制切割前长方体三视图	图1	(1)单击"对象特性"中的"当前层"，在弹出图层列表中点取"粗实线"图层； (2)用"矩形"命令绘制主、俯、左3个视图的矩形，尺寸见图4-8，如图1所示
三、垫块一次切割后三视图	图2 图3	(1)用"直线"命令绘制主、俯、左3个视图中的直线，选择主视图左下角顶点 A 为临时追踪点，向上10回车，便可以 B 点为直线起点，向右15确定 C 点，向上输入点 D 坐标(@10,20)回车完成直线绘制，完成主视图如图2所示； (2)用"直线"命令绘制俯、左视图中的直线(保证长对正，高平齐)，完成如图3所示；

步　骤	图　例	方　法
三、垫块一次切割后三视图	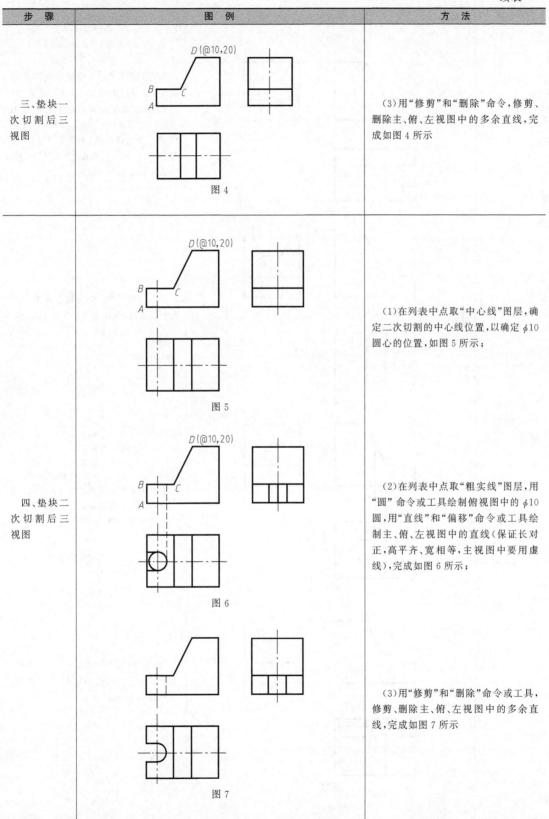 图 4	（3）用"修剪"和"删除"命令,修剪、删除主、俯、左视图中的多余直线,完成如图 4 所示
四、垫块二次切割后三视图	图 5 图 6 图 7	（1）在列表中点取"中心线"图层,确定二次切割的中心线位置,以确定 $\phi10$ 圆心的位置,如图 5 所示; （2）在列表中点取"粗实线"图层,用"圆"命令或工具绘制俯视图中的 $\phi10$ 圆,用"直线"和"偏移"命令或工具绘制主、俯、左视图中的直线（保证长对正,高平齐、宽相等,主视图中要用虚线）,完成如图 6 所示; （3）用"修剪"和"删除"命令或工具,修剪、删除主、俯、左视图中的多余直线,完成如图 7 所示

续表

步 骤	图 例	方 法
五、垫块三次切割后三视图	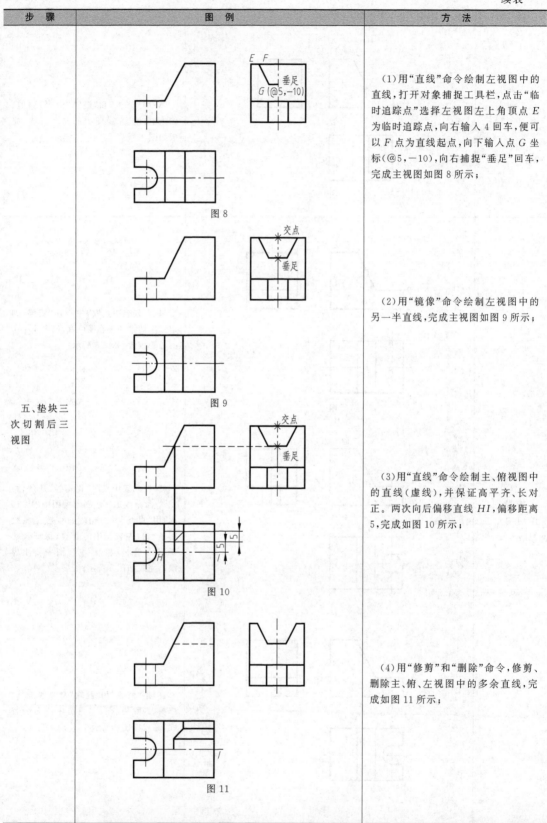	（1）用"直线"命令绘制左视图中的直线，打开对象捕捉工具栏，点击"临时追踪点"选择左视图左上角顶点 E 为临时追踪点，向右输入 4 回车，便可以 F 点为直线起点，向下输入点 G 坐标(@5,−10)，向右捕捉"垂足"回车，完成主视图如图 8 所示； （2）用"镜像"命令绘制左视图中的另一半直线，完成主视图如图 9 所示； （3）用"直线"命令绘制主、俯视图中的直线（虚线），并保证高平齐、长对正。两次向后偏移直线 HI，偏移距离5，完成如图 10 所示； （4）用"修剪"和"删除"命令，修剪、删除主、俯、左视图中的多余直线，完成如图 11 所示；

续表

步 骤	图 例	方 法
	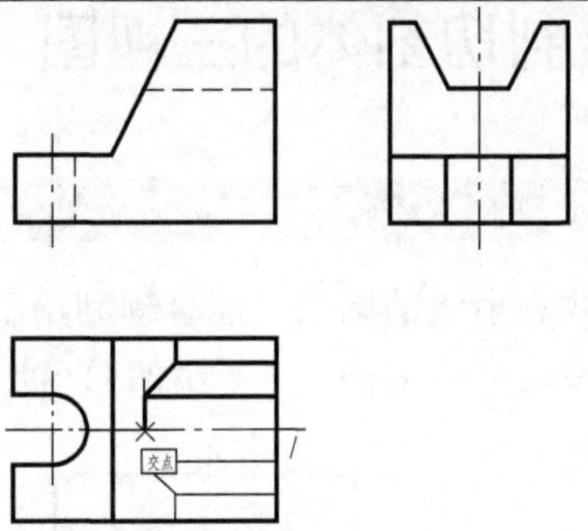 图 12	（5）用"镜像"命令绘制俯视图中的另一半直线,选择 I 为第一点,"交点"第二点,完成俯视图如图 12 所示
六、标注尺寸整理保存	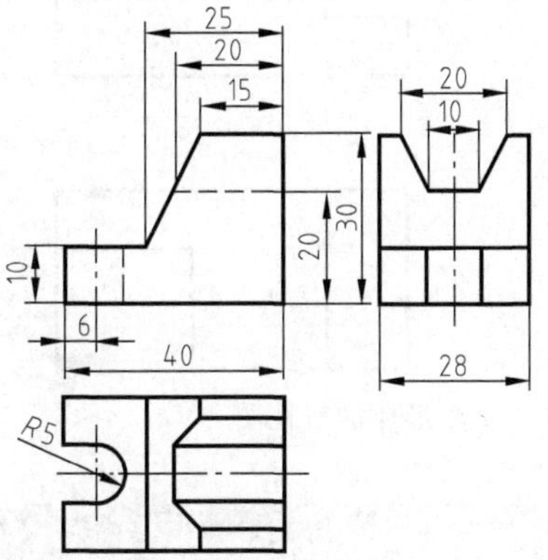 图 13	（1）在合适的位置标注尺寸,如图 13 所示; （2）修改整理保存

拓展练习

看立体图，在下图空白处绘制组合体三视图草图，再用 AutoCAD 绘制三视图（尺寸自定）。

1.

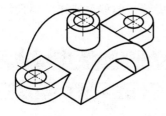

2.

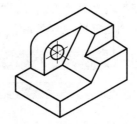

任务 4 绘制切割体的三视图

▌任务分析

通过本任务的学习，掌握初步构造线、射线的画法，能合理利用临时追踪点进行对象追踪作图，对三视图的画法能初步掌握，最终完成如图 4-9 所示的简单形体的三视图。

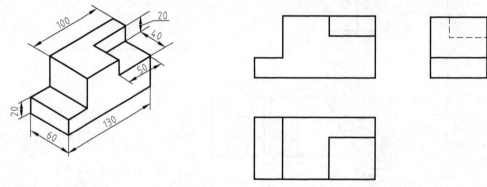

图 4-9 简单形体的三视图

▌知识链接

机械工程图样是用一组视图，采用适当的表达方法表示机器零件的内外结构形状，视图的绘制必须符合投影规律。三视图是机械图样中最基本的图形，是将物体放在三投影面体系中，分别向三个投影面投射所得到的图形，即主视图、俯视图、左视图。将三投影面体系展开在一个平面内，三视图之间应满足三等关系，即"主俯视图长对正，主左视图高平齐，俯左视图宽相等"，三等关系这个重要特性是绘图和读图的依据。

利用对象捕捉和对象追踪功能并结合极轴、正交等绘图辅助工具，比较容易保证三视图之间的"长对正"与"高平齐"。对"宽相等"可利用复制旋转、偏移等或作图辅助线来保证俯视图与左视图之间的相等关系。

▌任务实施

步 骤	图 例	方 法
一、创建新图形	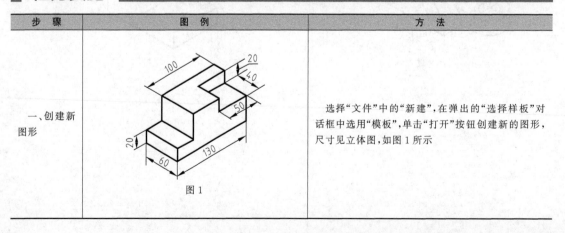 图 1	选择"文件"中的"新建"，在弹出的"选择样板"对话框中选用"模板"，单击"打开"按钮创建新的图形，尺寸见立体图，如图 1 所示

步　骤	图　例	方　法
二、绘制主视图	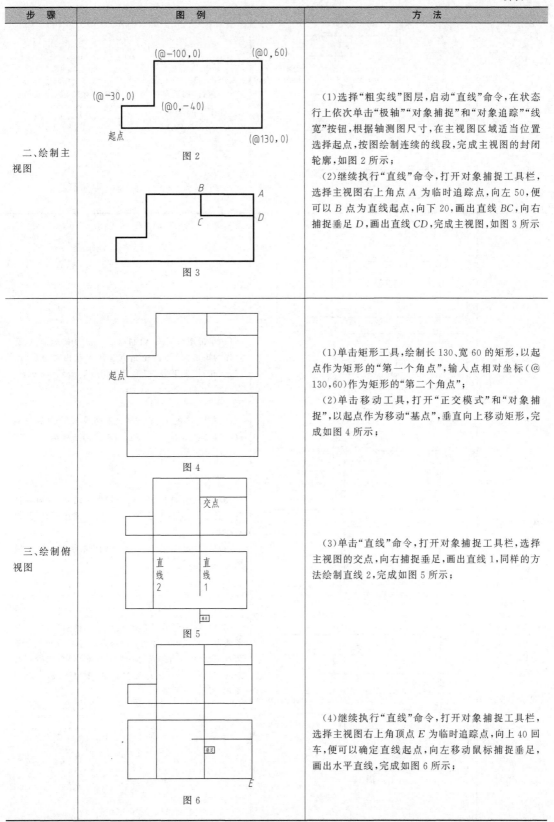	(1)选择"粗实线"图层,启动"直线"命令,在状态行上依次单击"极轴""对象捕捉"和"对象追踪""线宽"按钮,根据轴测图尺寸,在主视图区域适当位置选择起点,按图绘制连续的线段,完成主视图的封闭轮廓,如图 2 所示; (2)继续执行"直线"命令,打开对象捕捉工具栏,选择主视图右上角点 A 为临时追踪点,向左 50,便可以 B 点为直线起点,向下 20,画出直线 BC,向右捕捉垂足 D,画出直线 CD,完成主视图,如图 3 所示
三、绘制俯视图		(1)单击矩形工具,绘制长 130、宽 60 的矩形,以起点作为矩形的"第一个角点",输入点相对坐标(@130,60)作为矩形的"第二个角点"; (2)单击移动工具,打开"正交模式"和"对象捕捉",以起点作为移动"基点",垂直向上移动矩形,完成如图 4 所示; (3)单击"直线"命令,打开对象捕捉工具栏,选择主视图的交点,向右捕捉垂足,画出直线 1,同样的方法绘制直线 2,完成如图 5 所示; (4)继续执行"直线"命令,打开对象捕捉工具栏,选择主视图右上角顶点 E 为临时追踪点,向上 40 回车,便可以确定直线起点,向左移动鼠标捕捉垂足,画出水平直线,完成如图 6 所示;

步 骤	图 例	方 法
	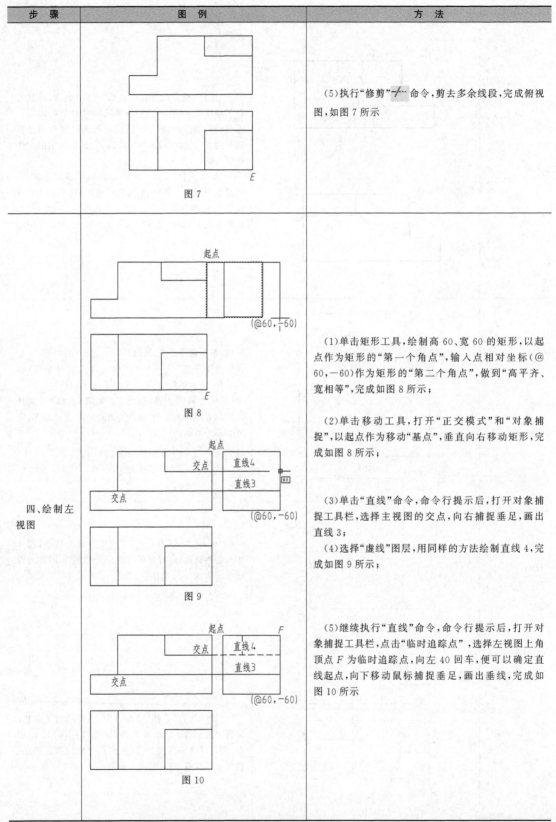	(5)执行"修剪" ⁻/⁻ 命令,剪去多余线段,完成俯视图,如图 7 所示
四、绘制左视图		(1)单击矩形工具,绘制高 60、宽 60 的矩形,以起点作为矩形的"第一个角点",输入点相对坐标((@60,−60)作为矩形的"第二个角点",做到"高平齐、宽相等",完成如图 8 所示; (2)单击移动工具,打开"正交模式"和"对象捕捉",以起点作为移动"基点",垂直向右移动矩形,完成如图 8 所示; (3)单击"直线"命令,命令行提示后,打开对象捕捉工具栏,选择主视图的交点,向右捕捉垂足,画出直线 3; (4)选择"虚线"图层,用同样的方法绘制直线 4,完成如图 9 所示; (5)继续执行"直线"命令,命令行提示后,打开对象捕捉工具栏,点击"临时追踪点",选择左视图上角顶点 F 为临时追踪点,向左 40 回车,便可以确定直线起点,向下移动鼠标捕捉垂足,画出垂线,完成如图 10 所示

续表

步　骤	图　例	方　法
五、整理保存	图 11	(1)执行"修剪"命令,剪去多余线段,完成视图; (2)单击删除工具,删除辅助直线、字母,完成如图11所示; (3)整理保存

拓展练习

看立体图，用 AutoCAD 绘制三视图，并标注尺寸。

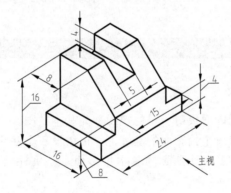

项目5

绘制机件其他外部视图

任务 1　绘制 L 形块的基本视图

▋ 任务分析

在许多情况下，如果仅仅采用三视图，许多结构的投影为细虚线，不利于看图和标注尺寸，采用不同方向投影的基本视图可以解决这一问题。图 5-1 为 L 形块的轴测图，试绘制其六个基本视图。

▋ 知识链接

一、基本视图的形成

定义：将机件向基本投影面投射所得的视图称为基本视图。

六个基本视图：在原有三个投影面的基础上，再增设三个互相垂直的投影面，构成一个正六面体（图 5-2），六面体的六个面称为基本投影面，将机件向六个投影面投射，得到六个基本视图：

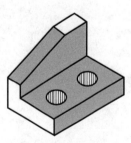

图 5-1　轴测图

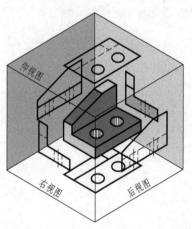

图 5-2　六个基本视图的形成

主视图，由前向后投射所得的视图；
后视图，由后向前投射所得的视图；
俯视图，由上向下投射所得的视图；
仰视图，由下向上投射所得的视图；
左视图，由左向右投射所得的视图；

右视图，由右向左投射所得的视图。

二、基本视图的配置和投影规律

1. 基本视图的展开

正投影面保持不动，其余各投影面按如图 5-3 所示方向展开。

2. 基本视图的配置

经展开后，各基本视图的位置如图 5-4 所示。

图 5-3　六个基本视图的形成

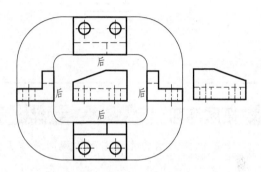

图 5-4　基本视图的配置

3. 基本视图的投影规律

主、俯、仰、后四个视图长对正；

主、左、右、后四个视图高平齐；

俯、仰、左、右四个视图宽相等。

任务实施

步　骤	图　例	方　法
一、创建新图形		选择"文件"中的"新建"，在弹出的"选择样板"对话框中选用"模板 1"，单机"打开"按钮创建新的图形
二、绘制 L 形块三视图	图 1	L 形块三视图绘制如图 1 所示，步骤略
三、绘制 L 形块右视图、仰视图、后视图	第一点 图 2	(1)用"镜像"命令绘制右视图，命令提示行步骤： 选择对象://框选 L 形块左视图，单击鼠标右键； 指定镜像第一点://选主视图底边中点为第一点； 指定镜像第二点://打开"正交"，将图放置在右视图合适位置，回车； (2)单击"特性匹配" ✏ 工具，根据右视图的投影关系，将线段修改虚线； (3)用同样的方法绘制仰视图、后视图

续表

步 骤	图 例	方 法
四、整 理保存	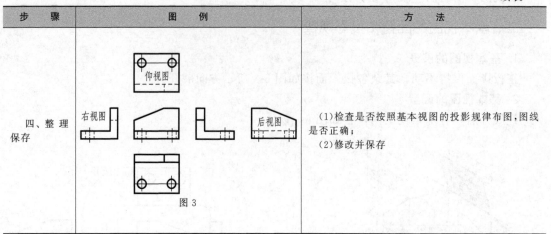图3	(1)检查是否按照基本视图的投影规律布图,图线是否正确; (2)修改并保存

拓展练习

一、选择正确的左视图和右视图并作 F 向视图

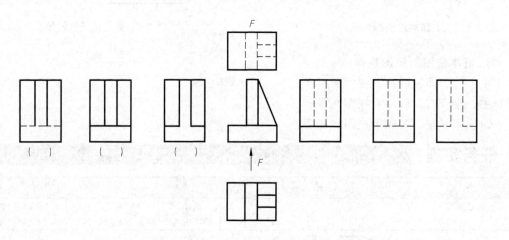

二、在下图所给位置补画所缺视图,并用 AutoCAD 绘出视图 (尺寸自定)

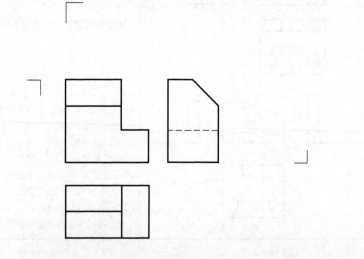

任务 **2**　绘制 L 形块的向视图

▌ **任务分析**

根据如图 5-1 所示 L 形块的轴测图，绘制 *A*、*B*、*C* 三个方向的向视图。

▌ **知识链接**

1. 定义

向视图是自由配置的视图，如图 5-5 所示。

2. 配置

在采用这种表达方式时，应在向视图的上方标注"×"（"×"为大写拉丁字母），在相应视图附近用箭头指明投射方向，并标注相同的字母，如图 5-5 所示。

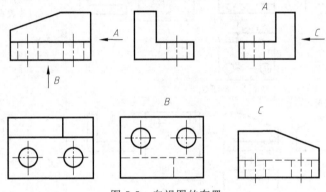

图 5-5　向视图的布置

注意事项：

（1）向视图可以自由配置，但不能平移，不能旋转配置。

（2）表示投影方向的箭头，应尽可能配置在主视图上，以使所获得视图与基本视图一致。表示后视图投影方向的箭头，应配置在左视图或右视图上。

▌ **任务实施**

步　骤	图　例	方　法
一、创建新图形		选择"文件"中的"新建"，在弹出的"选择样板"对话框中选用"模板1"，单击"打开"按钮创建新的图形
二、绘制 L 形块主、俯视图	图 1	绘制如图 1 所示，步骤略

续表

步　骤	图　例	方　法
三、绘制 L 形块 B、A、C 向的向视图	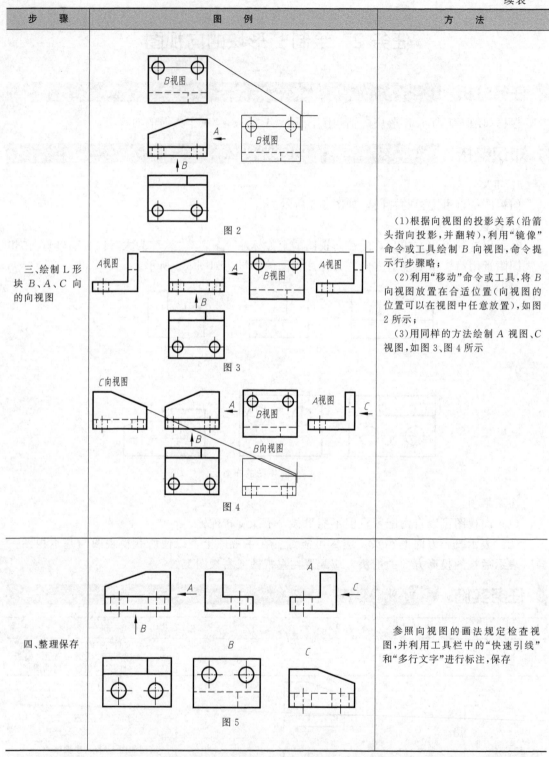 图 2 图 3 图 4	（1）根据向视图的投影关系（沿箭头指向投影，并翻转），利用"镜像"命令或工具绘制 B 向视图，命令提示行步骤略； （2）利用"移动"命令或工具，将 B 向视图放置在合适位置（向视图的位置可以在视图中任意放置），如图 2 所示； （3）用同样的方法绘制 A 视图、C 视图，如图 3、图 4 所示
四、整理保存	图 5	参照向视图的画法规定检查视图，并利用工具栏中的"快速引线"和"多行文字"进行标注，保存

拓展练习

利用 AutoCAD 在指定位置绘制 A、B、C 向视图。

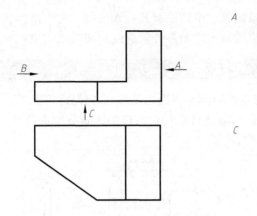

任务 3　绘制支座的局部视图

任务分析

　　图 5-6 为支座的轴测图及四个基本视图，试分析其表达方法中存在的问题，重新选择合理的表达方法，并绘制其相应的视图。如图 5-6 所示用主、俯两个基本视图已能将零件大部分形状表达清楚，只有圆筒左侧的凸缘部分没能表达清楚，如果再画一个完整的左视图，则显得有些重复。因此，在左视图中可以只画出凸缘部分，而省去其余部分，可以采用局部视图表达。

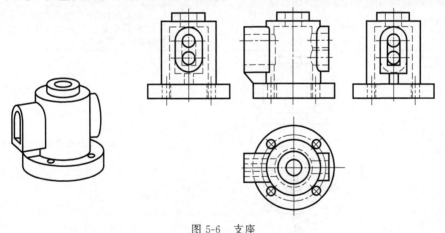

图 5-6　支座

知识链接

一、局部视图定义

局部视图是将机件的某一部分向基本投影面投射所得的视图。

二、局部视图的配置、 标注及画法

（1）局部视图可按基本视图配置；也可按向视图的配置形式配置适当位置。

（2）局部视图用带字母的箭头标明所表达的部位和投射方向，并在局部视图的上方标注

相应的字母（若局部视图按投影关系配置、中间没有其他视图时，可省略标注）。

（3）局部视图的断裂边界用波浪线表示，图形外轮廓线封闭时，波浪线可省略不画。

任务实施

确定表达方案：保留主视图、俯视图两基本视图，采用 A 向局部视图来表达左端凸台及肋板结构，采用 B 向局部视图来表达右端凸台结构，这样的表达方案既简练又能突出重点，如图 5-7 所示。

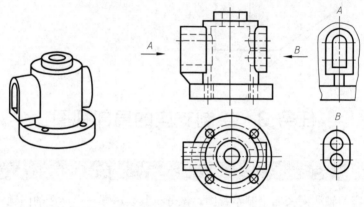

图 5-7　支座表达方案

绘制局部视图步骤如下：

步　骤	图　例	方　法
一、创建新图形		选择"文件"中的"新建"，在弹出的"选择样板"对话框中选用"模板 1"，单击"打开"按钮创建新的图形
二、绘制支座主、俯视图	图1	视图尺寸自定或教师提供，如图1所示
三、绘制支座 B 向局部视图	图2	（1）根据局部视图的投影关系（沿箭头指向投影，并翻转），绘制 B 向局部视图，命令提示行步骤：在"中心线"图层中利用"直线"命令或工具，捕捉 O_1 和 O_2 点绘制两条水平中心和一条垂线； （2）利用"圆"命令，捕捉圆心 O_1，并以 O_1C 的距离为半径绘制圆，如图 2 所示，利用"移动"将圆移至 O_3 交点处； （3）同样的方法绘制其他 3 个圆； （4）利用"修剪"命令或工具，修剪成如图 2 所示； （5）利用工具栏中的"多行文字"进行标注

续表

步 骤	图 例	方 法
四、绘制支座 A 向局部视图	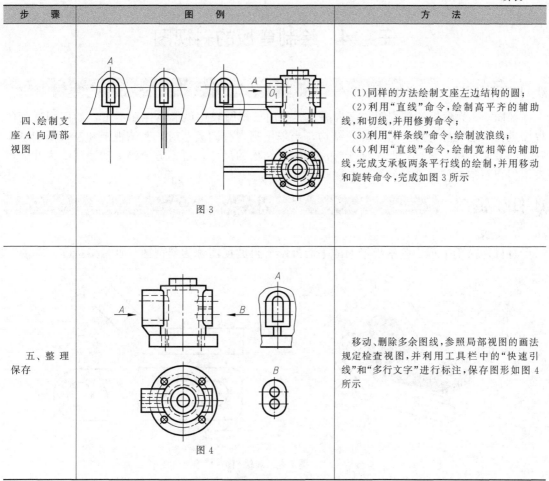图 3	(1)同样的方法绘制支座左边结构的圆； (2)利用"直线"命令，绘制高平齐的辅助线，和切线，并用修剪命令； (3)利用"样条线"命令，绘制波浪线； (4)利用"直线"命令，绘制宽相等的辅助线，完成支承板两条平行线的绘制，并用移动和旋转命令，完成如图 3 所示
五、整理保存	图 4	移动、删除多余图线，参照局部视图的画法规定检查视图，并利用工具栏中的"快速引线"和"多行文字"进行标注，保存图形如图 4 所示

拓展练习

利用 AutoCAD 在指定位置绘制局部视图。

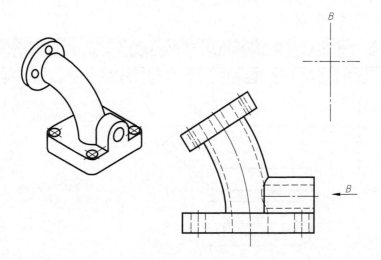

任务 4　绘制弯板的斜视图

▌ 任务分析

如图 5-8 为弯板的轴测图和三视图，明显用三视图表达该形体存在不足，如何用适当的视图进行表达呢？弯板上具有倾斜结构，当采用基本视图表达时，其俯视图和左视图均不反映它的真实形状。这样，既不便于标注其倾斜结构的尺寸，也不方便画图和读图。为此，可采用斜视图来专门表达倾斜部分的结构形状。

▌ 知识链接

1. 定义

将机件向不平行于基本投影面的平面投影所得的视图称为斜视图，如图 5-8（a）所示。

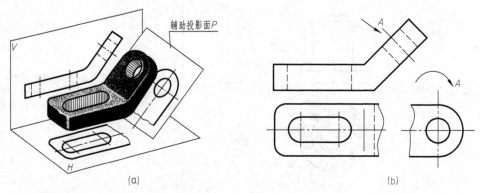

图 5-8　弯板

2. 斜视图的配置、标注及画法

（1）斜视图通常按向视图的配置形式配置并标注，即在斜视图的上方用字母标出视图的名称，在相应的视图附近用带有同样字母的箭头指明投射方向，如图 5-8（b）所示。

（2）必要时，允许将斜视图旋转配置，并加注旋转符号（旋转符号为半圆形，半径等于字体高度），如图 5-8（b）所示。

▌ 任务实施

步　骤	图　例	方　法
一、创建新图形		选择"文件"中的"新建"，在弹出的"选择样板"对话框中选用"模板 1"，单击"打开"按钮创建新的图形
二、绘制支座主、俯视图	图1	绘制步骤略（三视图尺寸自定或提供已知三视图），如图 1 所示

续表

步　骤	图　例	方　法
三、绘制支座 A 向斜视图	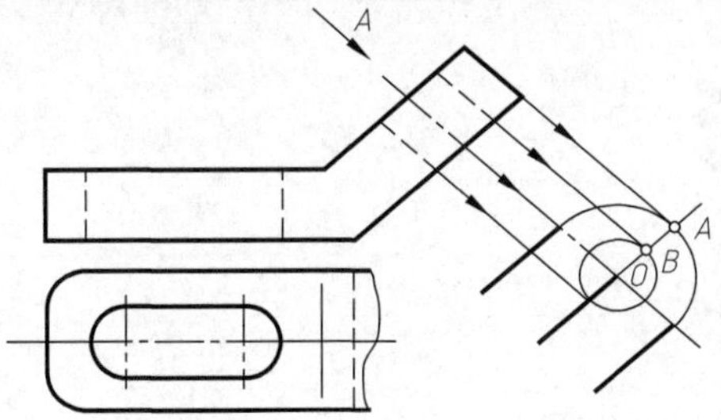 图 2 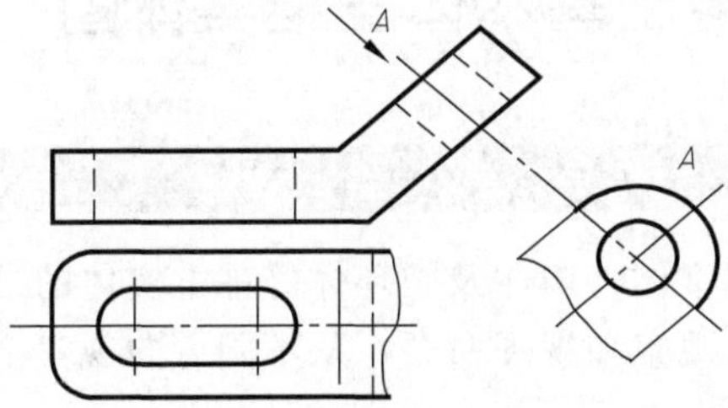 图 3	根据斜视图的投影关系（沿箭头指向投影，并翻转），绘制 A 向斜视图，命令提示行步骤略 　（1）在"中心线"图层中，利用"直线"命令，绘制两条中心线垂直并交于 O 点； 　（2）在"粗实线"图层中，利用"圆"命令，捕捉圆心 O，并以 OA、OB 的距离为半径绘制两个圆，如图 2 所示； 　（3）利用"直线"命令，以 O 点为起点沿中心线绘制如图 2 所示的斜线，利用"偏移"命令或工具，将斜线移至大圆"象限点"保证相切，如图 2 所示； 　（4）在"细实线"图层中，利用"样条曲线"命令，绘制波浪线，如图 3 所示； 　（5）利用"修剪"和"删除"命令，完成如图 3 所示
四、符号标注整理保存	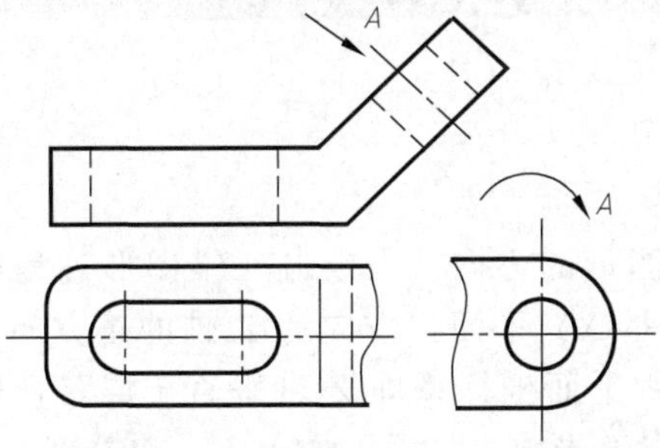 图 4	（1）利用"旋转"命令，将 A 向斜视图转至水平位置，用"快速引线"和"多行文字"进行标注，完成如图 4 所示； 　（2）整理保存

拓展练习

利用 AutoCAD 在指定位置绘制斜视图。

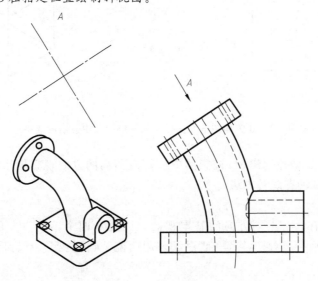

项目6

绘制立体图形

任务 1　绘制基本体三维实体图

▍任务分析

掌握长方体、球体、圆柱体、圆锥体、楔体及圆环体等基本实体的结构特点，学会绘制它们的三维实体图，并利用三维动态观察和视图命令，从不同方向观察基本体。

▍知识链接

一、三维物体的观测

1. 视图观测点

视图观测点（视点）是指观察图形的方向。在绘制三维图形过程中，常常要从不同方向观察图形，AutoCAD 默认视图是 XY 平面，方向为 Z 轴的正方向，看不到物体的高度。例如，绘制正方体时，如果使用平面坐标系即 Z 轴垂直于屏幕，此时仅能看到物体在 XY 平面上的投影。如果调整视点至当前坐标系的左上方，将看到一个三维物体，如图6-1 所示。

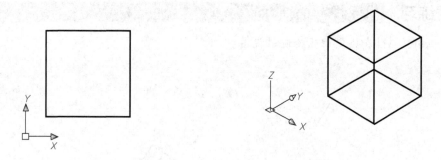

图 6-1　正方体在平面坐标系和三维视图中显示的效果

AutoCAD 提供了多种创建 3D 视图的方法，沿不同的方向观察模型，比较常用的是用视图观察模型和三维动态旋转方法。

2. 视图工具栏

视图工具栏中有六个不同方向的基本视图，以及从四个不同方向的等轴测视图的命令图标，如图 6-2 所示。对初学者一般建议采用西南等轴测视图，以保证和制图基本规定一致。

3. 三维动态观察器

单击"动态观察器"工具栏，如图 6-3 上的"自由动态观察"按钮，激活三维动态观察器视图，屏幕上出现弧线圈，当光标移至弧线圈内、外和四个控制点上时，会出现不同的光标形式：

光标位于观察球内时，拖动鼠标可旋转对象。

光标位于观察球外时，拖动鼠标可使对象通过观察球中心且垂直于屏幕轴转动。

光标位于观察球上下小圆时，拖动鼠标可使视图通过观察球中心水平轴旋转。

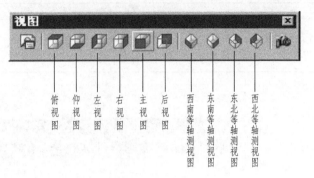

图 6-2　视图工具栏

光标位于观察球左右小圆时，拖动鼠标可使视图通过观察球中心垂直轴旋转。

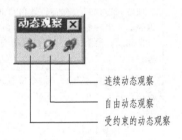

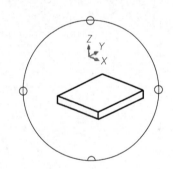

图 6-3　动态观察工具栏及三维动态观察器

二、视觉样式

在三维实体绘图过程中，为了使实体对象看起来更加清晰，可以使用"视图"中"视觉样式"命令中的子命令或"视觉样式"工具栏来观察对象，创建更加逼真的模型图像。其中包括二维线框、三维线框、三维隐藏、概念视觉等类型。可以通过图 6-4 比较不同视觉效果。

三维线框

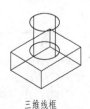

三维隐藏

真实视觉样式

概念视觉样式

图 6-4　视觉样式

任务实施

步 骤	图 例	方 法
一、创建新的图形		选择"文件"中的"新建",在弹出的"选择样板"对话框中选用"模板1",单击"打开"按钮创建新的图形
二、三维绘图设置		(1)在CAD经典模式下,调入"实体""实体编辑""视图""视觉样式""UCS"等工具栏; (2)绘制基本三维实体,在"UCS"工具栏切换到西南等轴测模式。使用"绘图"中"实体"子菜单中的命令或使用"实体"工具栏,可以很容易地绘制长方体、球体、圆柱体、圆锥体、楔体及圆环体等基本实体模型
三、绘制长方体	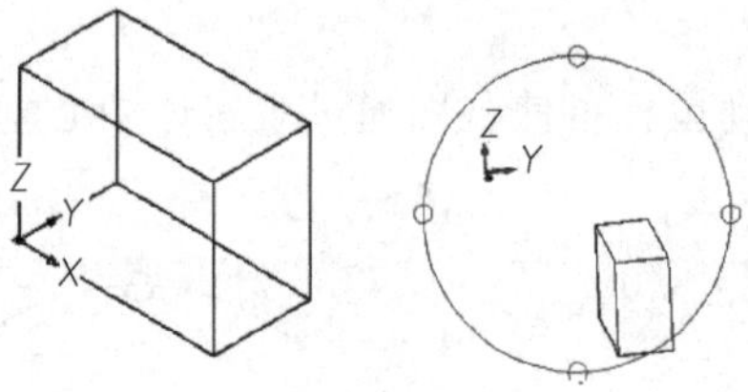	(1)启动"长方体"命令后,系统提示:指定长方体的角点或[中心点(CE)]<0,0,0>:捕捉目标点; (2)指定角点或[立方体(C)/长度(L)]:L 指定长度:70 ∠ //输入长方体的长度; 指定宽度:40 ∠ //输入长方体的宽度; 指定高度:60 ∠ //输入长方体的高度。 注意:输入的长、宽、高,数值可正可负,正值表示与坐标轴正方向相同,负值表示与正方向相反。绘制长方体通过三维视图观察器进行观察
四、绘制球体	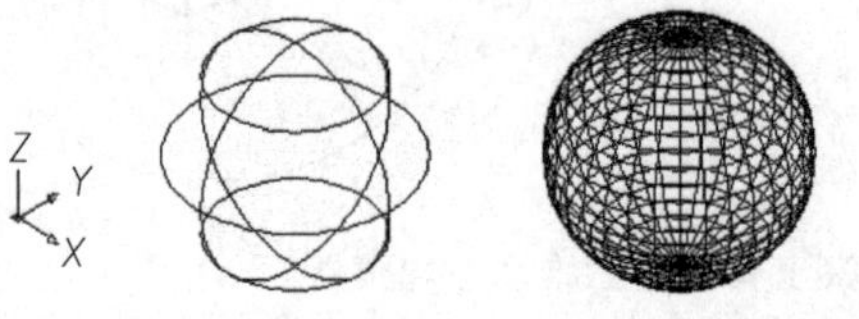 (a) ISOLINES=4 (b) ISOLINES=20	(1)启动"球体"命令后,系统提示如下:指定球体球心<0,0,0>:捕捉任意目标点为球心; (2)指定球体半径或[直径(D)]:30 ∠ //输入半径或直径值指定球体的大小。 注意:可以通过ISOLINES命令指定对象上每个面的轮廓线数目,如图所示为ISOLINES=4和ISOLINES=20的不同球体效果
五、绘制圆柱体	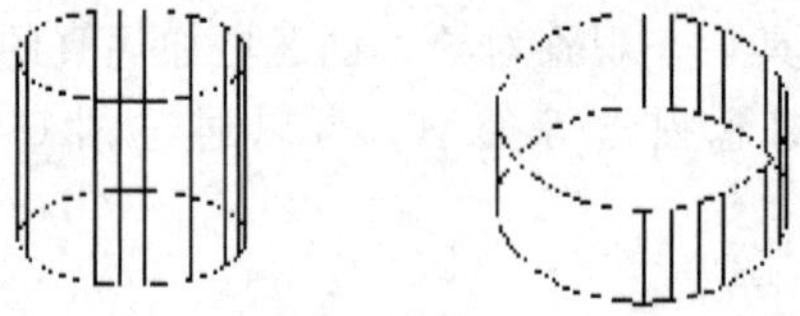	(1)启动"圆柱体"命令后,系统提示:指定圆柱体底面的中心点或[椭圆(E)]<0,0,0>:捕捉任意目标点为圆柱底面中心点; (2)指定圆柱体底面的半径或[直径(D)]:30 ∠ (3)指定圆柱体高度或[另一个圆心(c)]:50 ∠
六、绘制圆锥体	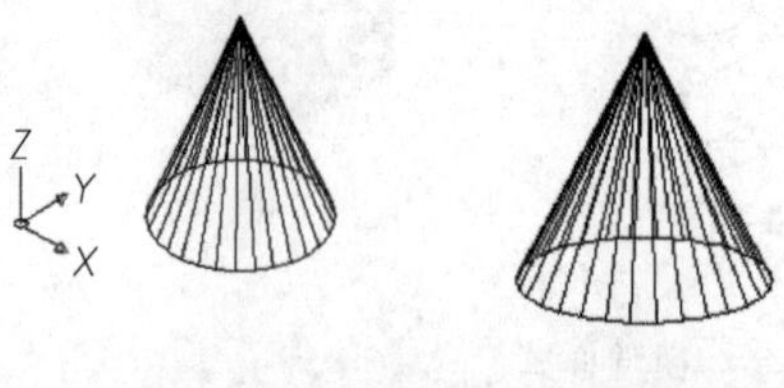	(1)启动"圆锥体"命令后,系统提示:指定圆锥体底面的中心点或[椭圆(E)]<0,0,0>://捕捉任意目标点作为圆锥底面中心点; (2)指定圆锥体底面的半径或[直径(D)]:30 ∠ (3)指定圆锥体高度或[顶点(A)]:50 ∠ 如图所示

续表

步　骤	图　例	方　法
七、绘制楔体	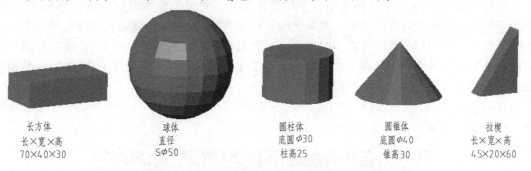	启动"楔体"命令后，系统提示如下： 楔体实际上是长方体的一半，其绘制方法与长方体类似，在此不再重复，如图所示
八、绘制圆环		(1)启动"圆环"命令后，系统提示：指定圆环中心<0,0,0>：捕捉任意目标点作为圆环的中心点； (2)指定圆环体半径或[直径(D)]：25 ↙ (3)指定圆管半径或[直径(D)]：5 ↙ 如图所示

▌拓展练习

运用实体工具和"渲染"及"平面着色"绘制如图所示的立体。

长方体
长×宽×高
70×40×30

球体
直径
S φ50

圆柱体
底圆 φ30
柱高25

圆锥体
底圆 φ40
锥高30

拉楔
长×宽×高
45×20×60

任务 **2**　绘制正六棱柱三维实体图

▌任务分析

　　通过本任务的学习，熟悉世界坐标系和用户坐标系的基本概念，并初步掌握通过拉伸、旋转等方法完成特征三维造型，以及 AutoCAD 中常用的有 3 种布尔运算，最终完成如图6-5

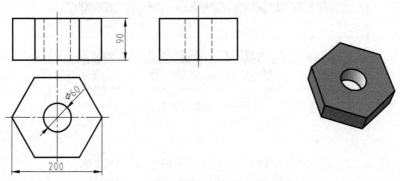

图 6-5　正六棱柱三视图及三维实体图

所示的正六棱柱平面体三维实体作图。

■ 知识链接

一、世界坐标系和用户坐标系

AutoCAD 在作图时，为确定平面或空间点位置的坐标，建立了由在空间上两两互相垂直的 X、Y、Z 三轴组成的三维笛卡儿直角坐标系，原点默认为（0，0，0），分为世界坐标系（WCS）和用户坐标系（UCS）。图 6-6 表示的是不同坐标系下的图标。

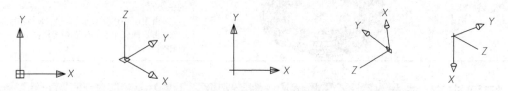

图 6-6　不同坐标系下的图标

缺省状态时，AutoCAD 的坐标系是世界坐标系。世界坐标系是唯一的，固定不变的，对于二维绘图，在大多数情况下，世界坐标系就能满足作图需要，但若是创建三维模型，就不太方便了，因为用户常需要在不同平面或是沿某个方向绘制结构。而 CAD 规定绘图平面只能为 XY 坐标平面。因此在三维实体建模的作图过程中，要经常通过 UCS 旋转或移动来变换坐标系统，便于三维实体的构建。

可以通过"UCS"命令或 UCS 菜单栏，可以完成 UCS 平移、新建坐标方向、旋转等功能。UCS 命令中有许多选项，具体内容如图 6-7 所示。

图 6-7　UCS 命令

二、三维造型

在 AutoCAD 中，可以将一些二维平面图形进行编辑，然后通过拉伸、旋转等转化成三维实体图形。如图 6-8 所示。

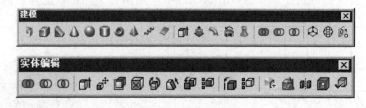

图 6-8　三维实体造型

1. 拉伸（EXTRUDE）

通过指定拉伸高度和沿路径拉伸可以将二维图形生成三维实体。

作为拉伸对象的二维图形包括闭合多段线、多边形、三维多段线、圆、椭圆和面域。而作为拉伸路径的二维图形可以封合，也可以不封合，若拉伸闭合对象，则生成实体，否则生成曲面。启动拉伸命令有如下三种方法：

※菜单命令："绘图"→"建模"→"拉伸"。

※工具栏：

※命令：EXTRUDE。

（1）直接拉伸矩形、正多边形、圆、椭圆等封闭图形生成三维实体。

矩形、正多边形必须是一次画出的整体才可以直接拉伸，如是由几个线段组成的图形，则需用到多段线或面域来闭合图形。

执行拉伸实体命令后，系统提示如下：

选择对象：选择二维对象。

指定拉伸高度或［路径（P）］：输入拉伸高度。当输入的拉伸高度为负值，则实体将沿着 Z 轴的负方向进行拉伸。

路径（P）：用户可以沿指定路径拉伸对象。作为拉伸路径的对象可以是直线、圆弧、多段线和样条曲线等。

指定拉伸的倾斜角度＜0＞：输入拉伸实体的侧面倾斜角度，即拉伸实体的侧面与垂直方向的夹角，默认值为 0°。

如拉伸二维对象圆、椭圆、正六边形、封闭的样条曲线生成三维实体效果如图 6-9 所示。

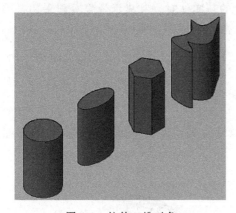

图 6-9　拉伸二维对象

图 6-10　多段线边界创建

（2）拉伸封闭的多段线生成三维实体。

① 用多段线命令绘制一个任意的封闭图形。

② 用直线命令绘制一个任意的封闭图形，将其创建为多段线。

③ 单击下拉菜单"绘图/边界"或在命令行输入"BOUNDARY"弹出"边界创建"对话框（图 6-10），在"对象类型"选择框中选择"多段线"，单击"确定"按钮，返回到绘图区，命令行提示"拾取内部点"，用鼠标单击封闭图形内任意一点，回车，命令行提示"BOUNDARY 已创建 1 个多段线"，多段线创建完成。

（3）拉伸面域生成三维实体。

面域是使用形成闭合环的对象创建的二维闭合区域。环可以是直线、多段线、圆、圆弧、椭圆、椭圆弧和样条曲线的组合。组成环的对象必须闭合，或通过与其他对象共享端点而形成闭合的区域。

图 6-11　面域边界创建

2. 创建面域

① 工具栏：绘图—单击"面域"图标，命令行提示"选择对象"时，框选整个图形，或单击选定图形的每一条边，回车即可。

② 下拉菜单：绘图—边界（B）……弹出"边界创建"对话框。在"对象类型"选择框中选择"面域"，单击"确定"按钮，返回到绘图区，命令行提示"拾取内部点"，用鼠标单击封闭图形内任意一点，回车。命令行提示"BOUNDARY 已创建 1 个面域"，面域创建完成。如图 6-11 所示。

③ 命令行：BOUNDARY。

三、利用布尔运算绘制实体

在 AutoCAD 中常用的有 3 种布尔运算，它们分别是并集、差集和交集运算，使用这 3 种布尔运算可以创建出复杂的三维实体。

1. 并集运算

并集运算是指从两个或多个实体或面域的并集创建复合实体或面域。主要用于将多个相交或相接触的对象组合在一起。当组合一些不相交的新实体时，其显示效果看起来还是多个实体，但它们实际上也被当作一个对象。启动并集命令方式有三种：

※菜单命令："修改"→"实体编辑"→"并集"。

※工具栏：◎。

※命令：UNION。

执行并集运算命令后，系统提示如下：

选择对象：选择进行并集运算的对象，然后按回车键，即可得到并集运算效果。如图 6-12 所示。

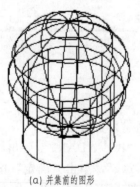　　

(a) 并集前的图形　　　　　　　　　　　(b) 并集后的效果

图 6-12　并集运算

2. 差集运算

差集运算是指从一个实体或者面域中删除其和另一个实体或者面域相交的部分从而得到一个新的实体，启动差集命令有如下三种方法：

※菜单命令："修改"→"实体编辑"→"差集"。

※工具栏：⬤⬤。

※命令：SUBTRACT。

执行差集运算命令后，系统提示如下：

（1）选择要从中减去的实体或面域…

（2）选择对象：选择从中减去的实体或者面域。

（3）选择要减去的实体或面域…

（4）选择对象：选择要减去的实体或者面域，然后按回车键，即可得到差集运算效果。如图 6-13 所示。

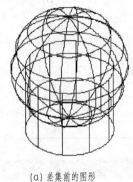

(a) 差集前的图形　　　　　　　　　　　　　(b) 差集后的效果

图 6-13　差集运算

3. 交集运算

交集运算是指从两个或多个实体或面域的交集创建复合实体或面域并删除交集以外的部分。启动交集命令有如下三种方法：

※菜单命令："修改"→"实体编辑"→"交集"。

※工具栏：⬤⬤。

※命令：INTERSECT。

交集运算命令后，系统提示如下：

选择对象：选择进行交集运算的对象，然后按回车键，即可得到交集运算效果，如图 6-14 所示。

(a) 交集前的图形　　　　　　　　　　　　(b) 交集后的效果

图 6-14　交集运算

■ 任务实施

步 骤	图 例	方 法
一、启动 CAD 创建新文件		单击"文件"中"新建"命令,在弹出的"选择样板"对话框中选用"模板 1",单击"打开"按钮
二、绘制正六棱柱图形	图1　图2 图3　图4	(1)绘制俯视图,将 O 层设为当前图层,通过正多边形命令,按三视图尺寸绘制特征视图——俯视图,其中正六边形内接于圆(半径 100),空心小圆直径 60,如图 1 所示; (2)切换视点,点击视图工具栏,采用东南等轴测视图角度观察,将六棱柱俯视图转为空间模式,如图 2 所示; (3)拉伸线框,由于正六边形和圆都是封闭图形,可以直接进行拉伸,否则需要转成多段线或面域后再拉伸;选取正六边形和圆,点击"实体工具栏"中"拉伸"图标,或输入命令 EXTRUDE,拉伸高度 90,如图 3 所示; (4)布尔运算,点击"实体编辑"中"差集",从六棱柱实体中删除中心圆柱部分从而得到一个空心六棱柱实体,结果如图 4 所示
三、整理保存		整理保存绘图文件

■ 拓展练习

1. 运用布尔运算、拉伸绘制螺栓毛坯实体（正六边形内接于圆半径 100，厚度 50，圆柱直径 60，厚度 90）并对实体进行"渲染"及"平面着色"，如图 1 所示。

2. 运用布尔运算、拉伸、旋转绘制两圆柱体相交，设置消隐显示如图 2 所示。

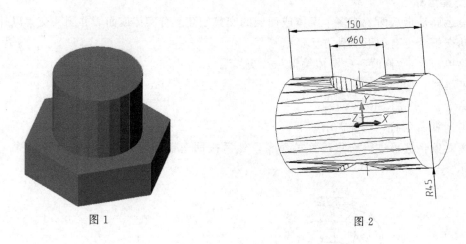

图1　　　　　　　　图2

任务 3　用 AutoCAD 绘制连接板正等轴测图

■ 任务分析

使用 AutoCAD 绘制连接板正等轴测图，并通过本任务的学习，了解轴测图与一般平面图的绘制区别，掌握正等轴测投影模式下轴线和椭圆的作图方式，按如图 6-15 所示的尺寸完成图 6-16 所示的轴测图。

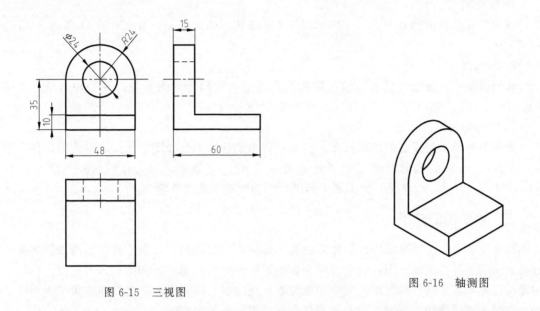

图 6-15　三视图

图 6-16　轴测图

■ 知识链接

一、轴测图的形成

图 6-17（a）表示在空间的投射情况，其投影即为常见的轴测图，投影面 *P* 称为轴测投影面，如图 6-17（b）所示。由于轴测图能同时反映出物体长、宽、高三个方向的形状，所以具有立体感。

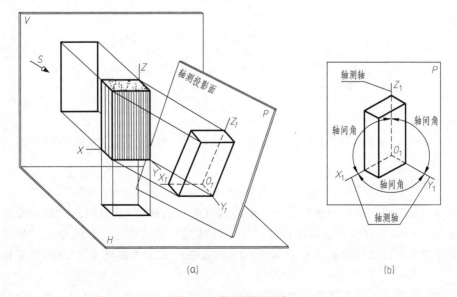

（a）　　　　　　　　　　（b）

图 6-17　轴测图的形成

二、轴间角和轴向伸缩系数

1. 轴测轴

直角坐标轴在轴测投影面上的投影称为轴测轴，如图 6-17（b）中的 O_1X_1、O_1Y_1、O_1Z_1 轴。

2. 轴间角

轴测投影中，任意两根坐标轴在轴测投影面上的投影之间的夹角，称为轴间角，如图 6-17（b）中的 $\angle X_1O_1Y_1 = \angle Y_1O_1Z_1 = \angle X_1O_1Z_1 = 120°$。

3. 轴向伸缩系数

直角坐标轴轴测投影的单位长度，与相应直角坐标轴单位长度的比值，称为轴向伸缩系数。X、Y、Z 轴的轴向伸缩系数，分别用 p_1、q_1、r_1 表示，即 $p_1 = O_1X_1/OX$；$q_1 = O_1Y_1/OY$；$r_1 = O_1Z_1/OZ$。为了便于作图，轴向伸缩系数简化为 1。

三、轴测图的分类

根据投射方向和轴测投影面的相对位置，轴测图分为两类：投射方向和轴测投影面垂直所得的轴测图称为正轴测图；投射方向和轴测投影面倾斜所得的轴测图称为斜测图。轴间角和轴向伸缩系数是绘制轴测图的两个主要参数。正（斜）轴测图按轴向伸缩系数是否相等又分为等测、二等测和不等测三种。本书仅介绍常用的正等轴测图。

四、正等轴测图的坐标系统

绘制一般零件图，坐标轴之间的夹角都是成 90° 的，而在轴测图中，坐标轴之间的夹角为 120°，如图 6-18 所示。因此在轴测图中，虽然物体上互相平行的线，轴测图上仍然平行，但是，长方形的轴测图图形变为平行四边形。长方体的可见边都是按相对于水平线 30°、90° 和 150° 来排列的，如图 6-19 所示。

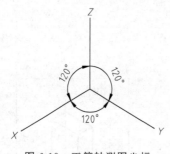

图 6-18　正等轴测图坐标

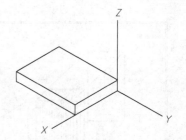

图 6-19　长方体轴测投影视图

五、轴测模式的设置

选择"工具"中"草图设置"命令，或右键点击"捕捉"，系统弹出"草图设置"对话框，如图 6-20 所示。在该对话框中选中"等轴测捕捉"单选按钮，然后单击"确定"按钮即可。此时屏幕上的光标由如图 6-21 所示的标准捕捉模式变为如图 6-22 所示的等轴测捕捉模式。

在轴测投影模式下切换等轴测绘制平面最简单的方法就是连续按下 F5 键，命令行中依次显示"等轴测平面上"、"等轴测平面左"和"等轴测平面右"。此时启动"正交"模式，绘制出来的直线一定和对应轴线相平行，移动屏幕上的图形实体时，拾取的实体也是轴测线移动。如图 6-23 中的（a）、（b）和（c）所示分别为"等轴测平面上""等轴测面左"和"等轴测面右"。

图 6-20 设置轴测模式

图 6-21 标准模式下的光标 　　　　图 6-22 等轴测模式下的光标

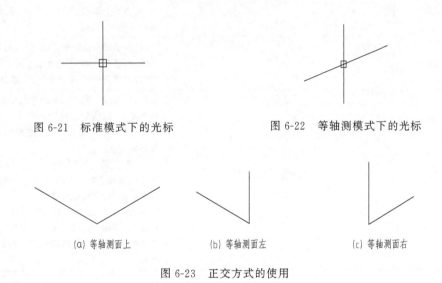

(a) 等轴测面上 　　　　(b) 等轴测面左 　　　　(c) 等轴测面右

图 6-23 正交方式的使用

六、等轴测模式下椭圆的画法

在等轴测图中，圆是以椭圆的形式显示的，而圆弧也是以椭圆弧的形式显示的。因此，绘制圆时应使用椭圆命令。在 AutoCAD 中调用"椭圆"命令的方法有以下三种方式：

※单击"绘图"工具栏中的椭圆命令按钮◯；

※选择下拉菜单"绘图｜椭圆｜中心点"或"轴、端点"命令；

※在命令行中键入"ellipse"按下回车键。

[实例示范]

等轴测模式下绘制椭圆见表 6-1。

表 6-1 等轴测模式下绘制椭圆

步　骤	图　例	方　法
一、设置轴测模式	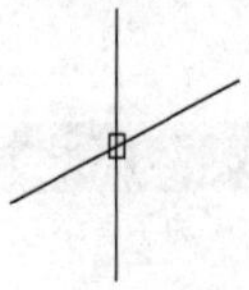	轴测模式设置,等轴测模式下的光标可 F5 切换
二、绘制图形	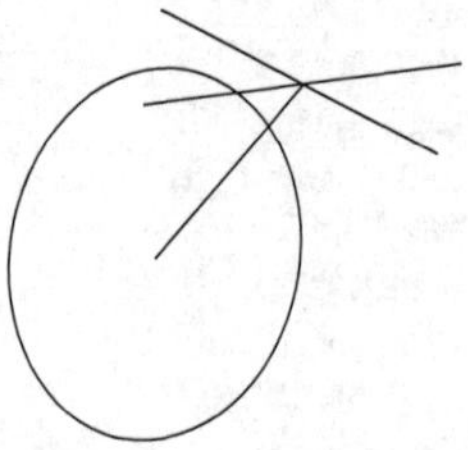	(1)启动椭圆命令,指定椭圆轴的端点或[圆弧(A)\中心点(C)\等轴测圆(I)]:输入"I"按下回车键; (2)指定等轴测圆的圆心:捕捉圆心点; (3)指定等轴测圆的半径或[直径(D)]:输入半径或(直径)

任务实施

步　骤	图　例	方　法
一、创建图形		选择"文件"中的"新建",在弹出的"选择样板"对话框中选用"模板",单击"打开"按钮创建新的图形
二、作图准备		(1)激活轴测投影模式:在【草图设置】对话框中选中【等轴测捕捉】单选按钮; (2)激活正交、对象捕捉、对象追踪等模式
三、绘轴测轴	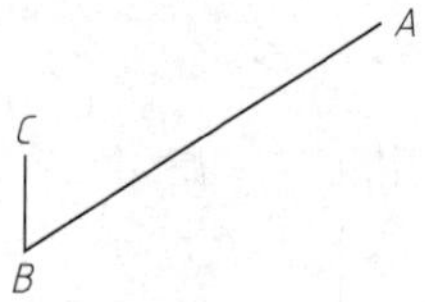 图 1	(1)连续按下 F5 键,至命令行中显示"等轴测平面右",选择"直线"命令,命令行的操作如下:命令:line 指定第一点:在绘图区适当位置拾取一点 A; (2)指定下一点或[放弃(U)]:向 X 轴方向拖动光标到适当位置,输入直线长度值"48",按下回车键,完成直线段 AB; (3)指定下一点或[放弃(U)]:向 Z 轴方向拖动光标到适当位置,输入直线长度值"10",按下回车键,完成直线段 BC。完成后如图 1 所示
四、绘制轴测图（侧面）	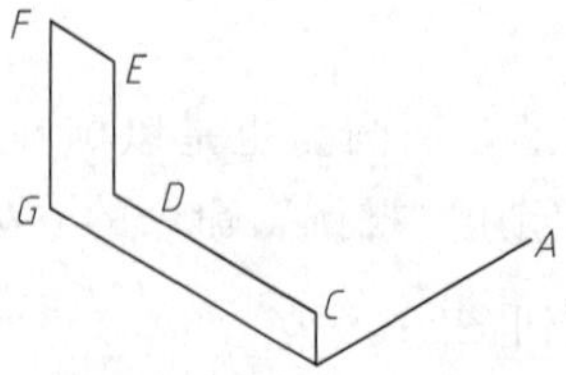 图 2	(1)连续按下 F5 键,直到命令行中显示"<等轴测平面左>"为止。继续"直线"命令:line 指定第一点:在绘图区适当位置拾取一点 C; (2)指定一点[放弃(U)]:向 Y 轴反向拖动光标到适当位置,长度值"45",按回车,完成直线段 CD; (3)指定下一点[放弃(U)]:向 Z 轴方向拖动光标到适当位置,长度值"25",按回车,完成直线段 DE; (4)同理完成 EF、FG、GB。结束操作,如图 2 所示

步骤	图　例	方　法
五、绘制轴测图（复制棱边）	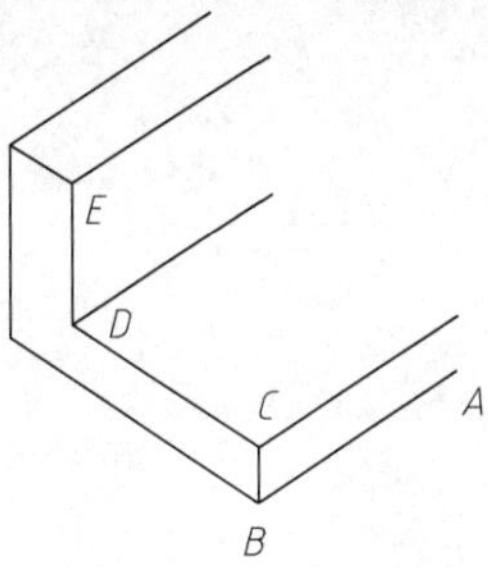 图 3	（1）启动选择"复制"命令； （2）选择对象：选择如图 2 所示的线段 BA，按回车键，结束对象操作选择； （3）指定基点[位移(D)]＜位移＞：捕捉端点 B； （4）指定第二个点：捕捉 C、D、E、F 点，按回车键，结束操作如图 3 所示
六、绘制轴测图（封闭轮廓）	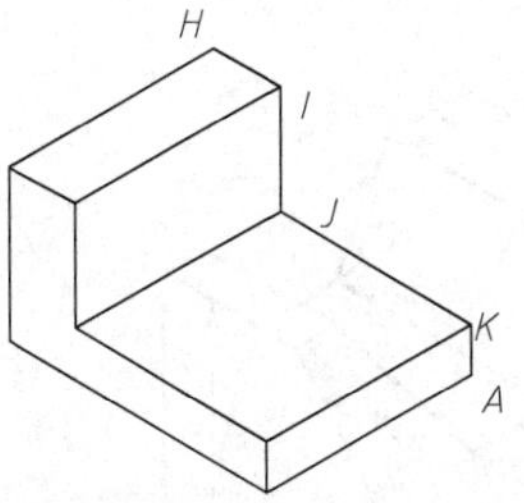 图 4	选择"直线"命令，以 H 点为起点，利用"对象捕捉"捕捉相应端点，完成直线 HI、IJ、JK、KA 的绘制，绘制效果如图 4 所示
七、绘制轴测圆弧	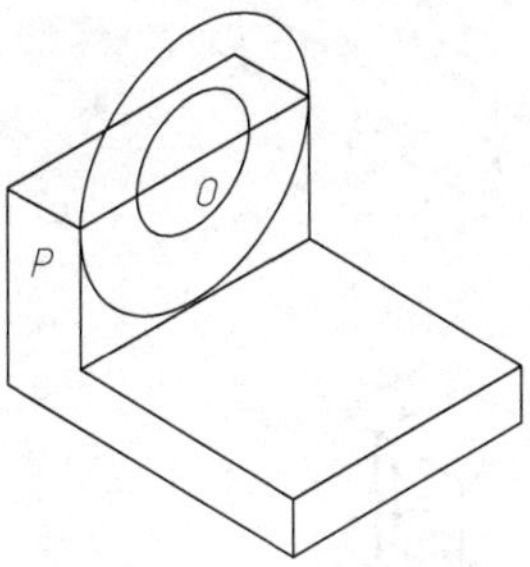 图 5	（1）连续按下 F5 键，直到命令行中显示"＜等轴测平面右＞"为止，启动椭圆命令； （2）指定椭圆轴的端点或[圆弧(A)\中心点(C)\等轴测圆(I)]：输入"I"按回车切换到等轴测圆模式； （3）指定等轴测圆的圆心：捕捉图 5 的顶边中点 O； （4）指定等轴测圆的半径或[直径(D)]：捕捉图 5 所示的顶边端点 P，结果如图 5 所示； （5）重复"椭圆"命令，以 O 点为圆心，绘制半径为 12 的同心小椭圆，结果如图 5 所示
八、绘制两椭圆的公切线	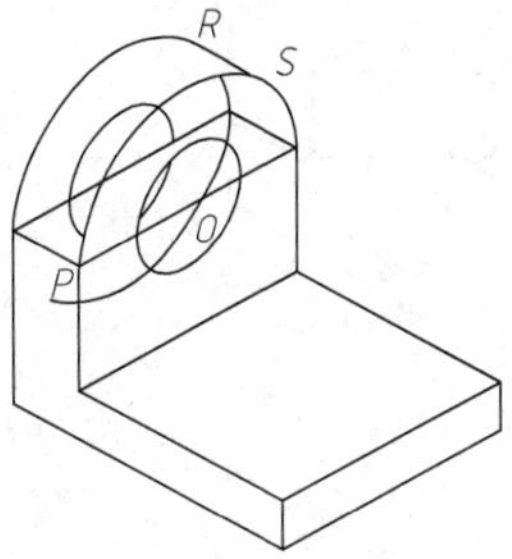 图 6	（1）选择"直线"命令，命令：line 指定第一点：输入"tan"或打开捕捉，捕捉椭圆上的切点 R； （2）指定下一点：捕捉另一椭圆上的切点 S； （3）指定下一点：回车，结束操作，如图 6 所示
九、整理保存	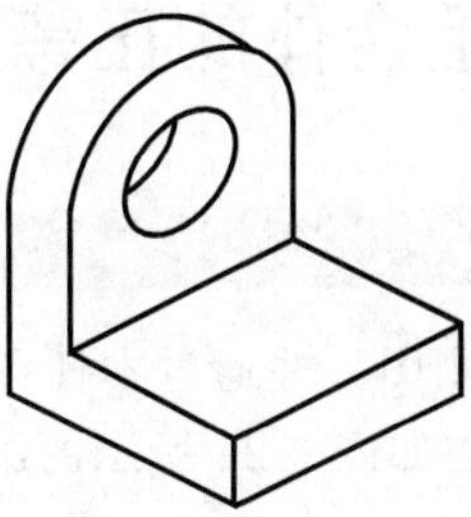 图 7	（1）选择"修剪"命令，对需消影的椭圆轮廓进行修剪，结果如图 7 所示； （2）整理保存

▮ 拓展练习

1. 简述轴间角、轴向伸缩系数。

2. 根据轴测图用 AutoCAD 绘制三视图。

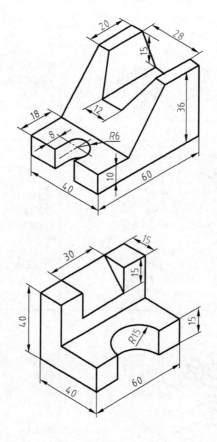

任务 4 绘制机座组合体的正等轴测图

▮ 任务分析

  绘制如图 6-24 所示机座组合体的正等轴测图，并通过本任务的学习，进一步掌握正等轴测投影模式下组合体轴测图的作图方式，按如图 6-24 所示的组合体三视图及尺寸完成图 6-25 所示的轴测图。

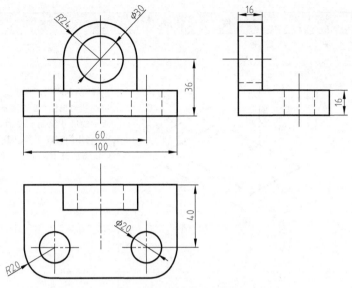

图 6-24 组合体三视图

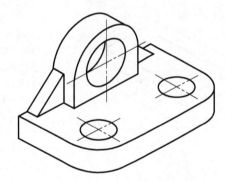

图 6-25 组合体轴测图

任务实施

步 骤	图 例	方 法
一、创建新图形		选择"文件"中的"新建",在弹出的"选择样板"对话框中选用"模板 1",单击"打开"按钮创建新的图形
二、作图准备	主视图　Z_1　左视图 120°　120° 120° X_1　Y_1 俯视图 图 1	(1)设置轴测捕捉。选择【工具】|【草图设置】命令,或右键点击"栅格",系统弹出【草图设置】对话框。在该对话框中选中【等轴测捕捉】单选按钮,其余参数接受系统的默认设置,然后单击【确定】按钮即可。此时屏幕上的光标由标准捕捉模式变为等轴测捕捉模式。 (2)在绘制轴测图之前利用直线工具可绘制坐标线,并单击"绘图"工具栏中的"多行文字"按钮,标出坐标名称,如图 1 所示

步　　骤	图　　例	方　　法
三、绘制轴测图（底板）	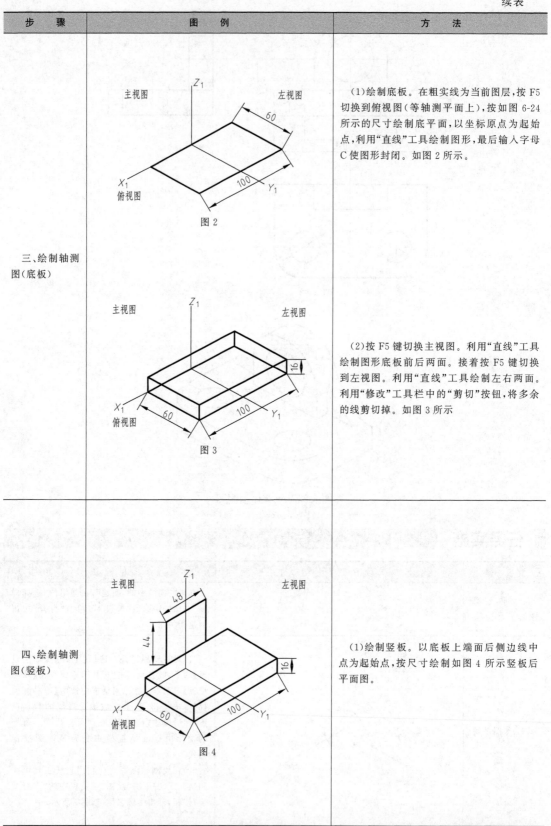	（1）绘制底板。在粗实线为当前图层，按 F5 切换到俯视图（等轴测平面上），按如图 6-24 所示的尺寸绘制底平面，以坐标原点为起始点，利用"直线"工具绘制图形，最后输入字母 C 使图形封闭。如图 2 所示。 （2）按 F5 键切换主视图。利用"直线"工具绘制图形底板前后两面。接着按 F5 键切换到左视图。利用"直线"工具绘制左右两面。利用"修改"工具栏中的"剪切"按钮，将多余的线剪切掉。如图 3 所示
四、绘制轴测图（竖板）		（1）绘制竖板。以底板上端面后侧边线中点为起始点，按尺寸绘制如图 4 所示竖板后平面图。

步　骤	图　例	方　法
四、绘制轴测图（竖板）	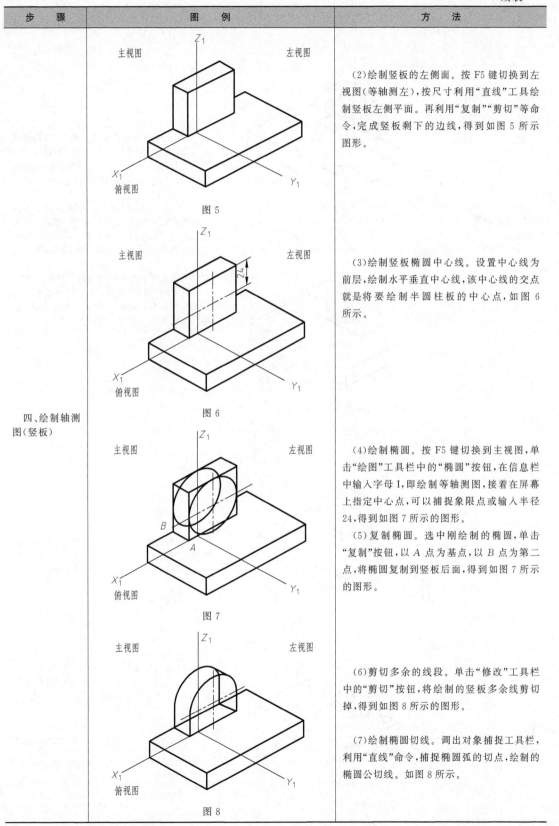	（2）绘制竖板的左侧面。按 F5 键切换到左视图（等轴测左），按尺寸利用"直线"工具绘制竖板左侧平面。再利用"复制""剪切"等命令，完成竖板剩下的边线，得到如图 5 所示图形。 （3）绘制竖板椭圆中心线。设置中心线为前层，绘制水平垂直中心线，该中心线的交点就是将要绘制半圆柱板的中心点，如图 6 所示。 （4）绘制椭圆。按 F5 键切换到主视图，单击"绘图"工具栏中的"椭圆"按钮，在信息栏中输入字母 I，即绘制等轴测图，接着在屏幕上指定中心点，可以捕捉象限点或输入半径 24，得到如图 7 所示的图形。 （5）复制椭圆。选中刚绘制的椭圆，单击"复制"按钮，以 A 点为基点，以 B 点为第二点，将椭圆复制到竖板后面，得到如图 7 所示的图形。 （6）剪切多余的线段。单击"修改"工具栏中的"剪切"按钮，将绘制的竖板多余线剪切掉，得到如图 8 所示的图形。 （7）绘制椭圆切线。调出对象捕捉工具栏，利用"直线"命令，捕捉椭圆弧的切点，绘制的椭圆公切线。如图 8 所示。

续表

步　　骤	图　　例	方　　法
四、绘制轴测 图(竖板)	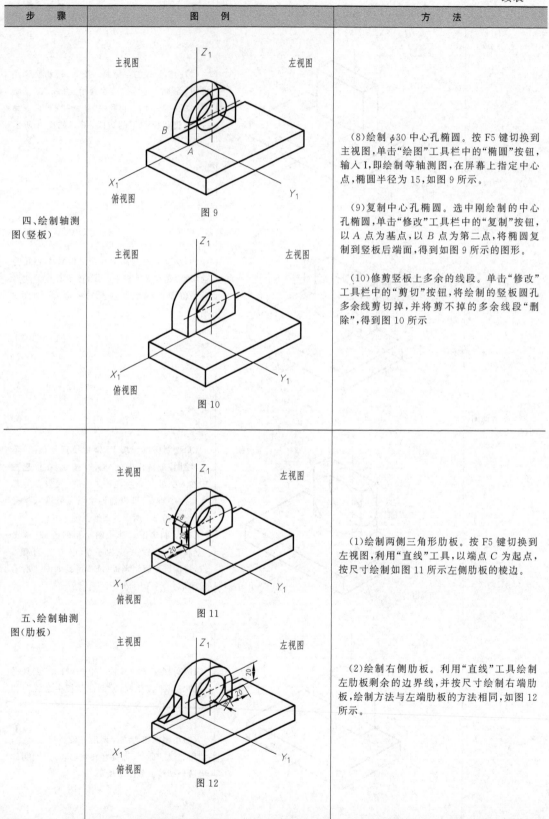	（8）绘制 φ30 中心孔椭圆。按 F5 键切换到主视图，单击"绘图"工具栏中的"椭圆"按钮，输入 I，即绘制等轴测图，在屏幕上指定中心点，椭圆半径为 15，如图 9 所示。 （9）复制中心孔椭圆。选中刚绘制的中心孔椭圆，单击"修改"工具栏中的"复制"按钮，以 A 点为基点，以 B 点为第二点，将椭圆复制到竖板后端面，得到如图 9 所示的图形。 （10）修剪竖板上多余的线段。单击"修改"工具栏中的"剪切"按钮，将绘制的竖板圆孔多余线剪切掉，并将剪不掉的多余线段"删除"，得到图 10 所示
五、绘制轴测 图(肋板)		（1）绘制两侧三角形肋板。按 F5 键切换到左视图，利用"直线"工具，以端点 C 为起点，按尺寸绘制如图 11 所示左侧肋板的棱边。 （2）绘制右侧肋板。利用"直线"工具绘制左肋板剩余的边界线，并按尺寸绘制右端肋板，绘制方法与左端肋板的方法相同，如图 12 所示。

步　骤	图　例	方　法
	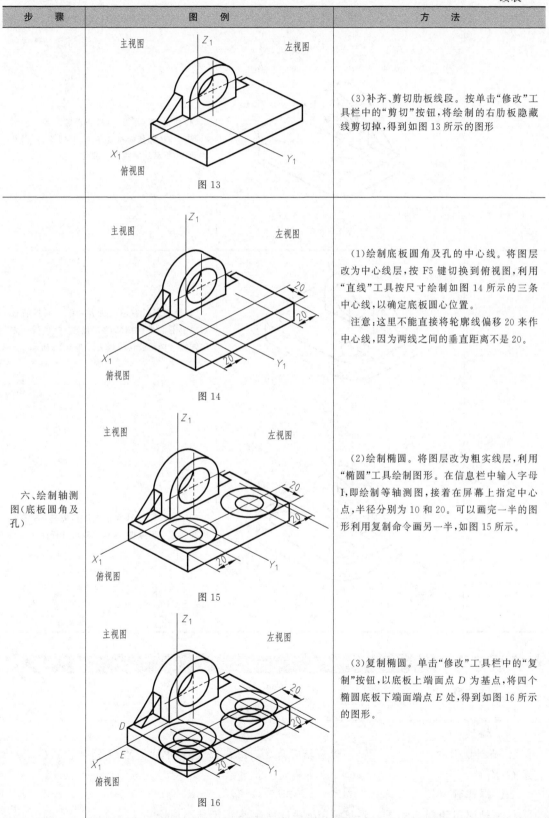 主视图　　　Z_1　　左视图 图 13	（3）补齐、剪切肋板线段。按单击"修改"工具栏中的"剪切"按钮，将绘制的右肋板隐藏线剪切掉，得到如图 13 所示的图形
六、绘制轴测图（底板圆角及孔）	主视图　　　Z_1　　左视图 图 14	（1）绘制底板圆角及孔的中心线。将图层改为中心线层，按 F5 键切换到俯视图，利用"直线"工具按尺寸绘制如图 14 所示的三条中心线，以确定底板圆心位置。 注意：这里不能直接将轮廓线偏移 20 来作中心线，因为两线之间的垂直距离不是 20。
	主视图　　　Z_1　　左视图 图 15	（2）绘制椭圆。将图层改为粗实线层，利用"椭圆"工具绘制图形。在信息栏中输入字母 I，即绘制等轴测图，接着在屏幕上指定中心点，半径分别为 10 和 20。可以画完一半的图形利用复制命令画另一半，如图 15 所示。
	主视图　　　Z_1　　左视图 图 16	（3）复制椭圆。单击"修改"工具栏中的"复制"按钮，以底板上端面点 D 为基点，将四个椭圆底板下端面端点 E 处，得到如图 16 所示的图形。

续表

步　骤	图　例	方　法
	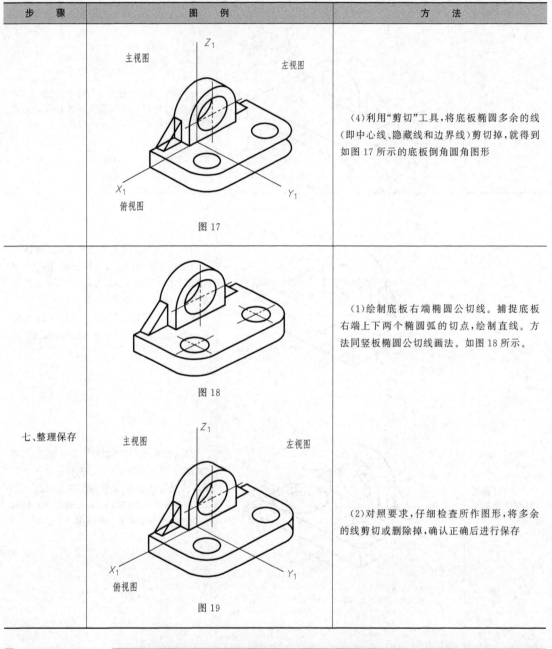	（4）利用"剪切"工具，将底板椭圆多余的线（即中心线、隐藏线和边界线）剪切掉，就得到如图 17 所示的底板倒角圆角图形
		（1）绘制底板右端椭圆公切线。捕捉底板右端上下两个椭圆弧的切点，绘制直线。方法同竖板椭圆公切线画法。如图 18 所示。
七、整理保存		（2）对照要求，仔细检查所作图形，将多余的线剪切或删除掉，确认正确后进行保存

拓展练习

一、填空题

1. ＿＿＿＿＿＿＿＿＿＿＿＿＿＿＿＿＿＿称为轴测轴，用字母表示为＿＿＿＿＿、＿＿＿＿＿、＿＿＿＿＿轴。

2. 轴测投影中，＿＿＿＿＿＿，称为轴间角，如图 6-17（b）中的 $\angle X_1O_1Y_1 = \angle Y_1O_1Z_1 = \angle X_1O_1Z_1 = $ ＿＿＿＿＿＿。

二、操作题

根据轴测图绘制三视图，再用 AutoCAD 绘制其正等轴测图。

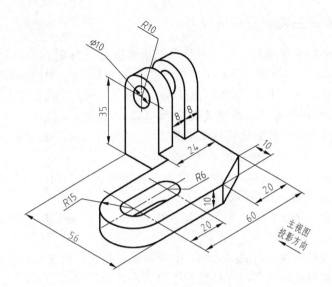

任务 5 绘制轴承座组合体三维造型

▌任务分析

运用 AutoCAD 绘制如图 6-26 所示的轴承座组合体三维造型，并通过本任务的学习，巩固 AutoCAD 基本绘图命令中直线、圆和矩形等相关命令及作图方法；掌握点的形式、对象捕捉点的设置，练习轴承座的三视图与三维实体图的绘制。

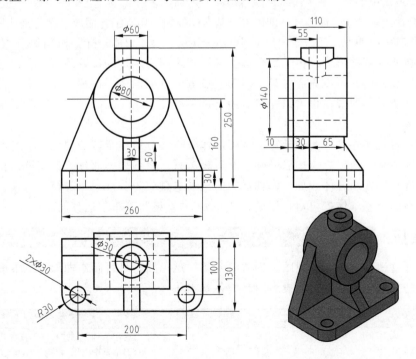

图 6-26 轴承座的三视图与三维实体图

一、识读轴承座三视图及分析尺寸

主视图最能反映轴承座形状，该视图反映了轴承座总长为 260，总高为 250，轴支承孔高为 160，孔径为 $\phi80$。该视图还反映了底板厚 30，肋板厚 30，加油套筒外径为 $\phi60$。俯视图反映了轴承座的总宽度为 l30。该视图还反映了底板上 $2\times\phi30$ 孔孔距为 200，距后端面则为 100，底板有 $R30$ 倒圆角，加油套筒孔径为 $\phi30$。左视图反映了轴承座的轴套直径为 $\phi140$，长为 110，后端面位置距离板侧距离为 10，立板厚 30，加油套筒距轴套后端面距离为 55。综上所述，五个基本体的尺寸及位置如下。

（1）底板：底板为 $260\times130\times30$ 的长方体，前端倒 $R30$ 圆角。在距离后侧 100 处，对称分布两个 $\phi30$ 安装圆孔，孔距为 200。

（2）轴套：轴套为 $\phi140\times110$ 的水平圆柱内挖去 $\phi80$ 同轴圆孔，位置距水平面高 160，后端面在立板后 10。

（3）立板：立板板厚 30，下端宽 260，上端与轴套相切，位置与底板后侧平齐。

（4）肋板：肋板与立板共同起支承轴套作用，板厚 30，底部宽 100（130−30＝100），上部宽 65，上表面与轴套底面吻合。

（5）加油套筒：外径 $\phi60$，孔 $\phi30$，安装后总高为 250。

二、理清组合体构型思路

组合体的构型包括分解和集合两个过程。把一个组合体分解为若干基本体（即形体分析），只是一种认识问题的方法。同一个组合体可能有不同的分解方法，这取决个人的习惯和看问题的角度。采用计算机构形时，还要考虑到便于集合操作。组合体构型的一般步骤为：

（1）运用形体分析法，充分了解组合体的形状、结构特点，将其分解为便于结构、便于布尔运算的基本体或简单形体。轴承座组合体结构较为复杂，它由底板、立板、肋板、轴套和加油套筒五部分组合而成，属于合体零件，即由多个基本体叠加、切割组合而成。无论是认识理解其三视图还是制作其一维造型，都需要学会应用形体分析法，会用形体分析法来"拆分"零件。

（2）构造所分解的形体。由于组合体上各形体之间有一定的位置关系，所以必须搞清形体的空间位置和方向。可以先通过某些特殊视点方向（如前视、仰视、左视等）构造形体在平移或旋转到所需的位置。也可以先建立适合的用户坐标系（UCS），然后直接在所需的位置上构造形体。

（3）按一定的顺序进行布尔运算。运行形体分析法分解组合体的同时，就已经确定了各形体间的运算关系。所以，应按已经确定的运算关系，将各形体通过并集运算、交集运算和差集运算，逐步形成组合体。如制作轴承座的三维造型应先分别制作底板、立板、肋板、轴套和加油套筒五个基本体，再对它们进行"并集""差集"等布尔运算而成。

▌ 任务实施

本任务通过识读轴承座三视图、理清组合体构型思路，最后制作轴承座三维造型。组合体造型制作的关键是选择适合的投影面制作各基本体。

步　　骤	图　　例	方　　法
一、创建图形		选择"文件"中的"新建"，在弹出的"选择样板"对话框中选用"模板 1"，单击"打开"按钮创建新的图形

续表

步　骤	图　例	方　法
二、制作底板	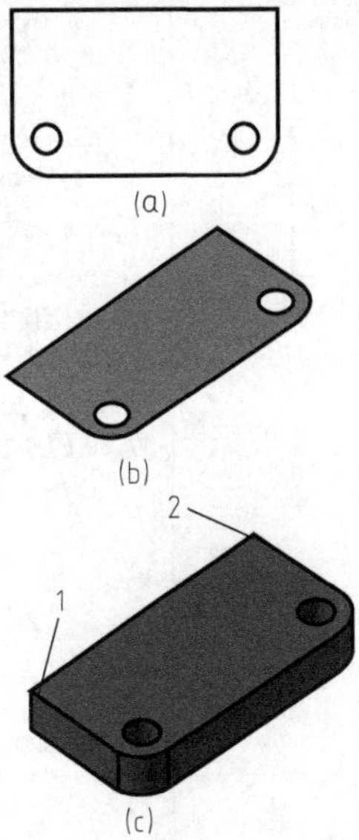 (a) (b) 2 1 (c) 图 1	(1)按长 260、宽 130 尺寸绘制矩形,用"倒圆角"命令倒前面两个 R30 圆角; (2)利用捕捉工具栏中的"捕捉"按钮,从基点:长方形左后端点<偏移>:100,画出水平中心线,再以中心线与长方形两侧端点为基点分别向中间<偏移>:30,三线交点得到 2×φ30 中心,输入"画圆"命令"C",捕捉焦点为圆心,半径为15,画出 2×φ30 圆,删除辅助线,得图 1(a)所示图形; (3)单击工具栏中的"面域"按钮,"窗选"图中所有图形,系统会提示"已创建 3 个面域"; (4)单击工具栏中的"差集"按钮,在"选择要从中减去的实体或面域"提示下,单击长方体边框,在"选择去减去的实体或面域"提示下,选两个 φ30 的圆。单击"视图"工具栏中的"西南等轴测"按钮,再单击"着色"工具中按钮 ,显示结果如图 1(b)所示; (5)输入命令"ext","拉伸"上述面域至高30,显示结果如图 1(c)所示
三、制作立板和轴套	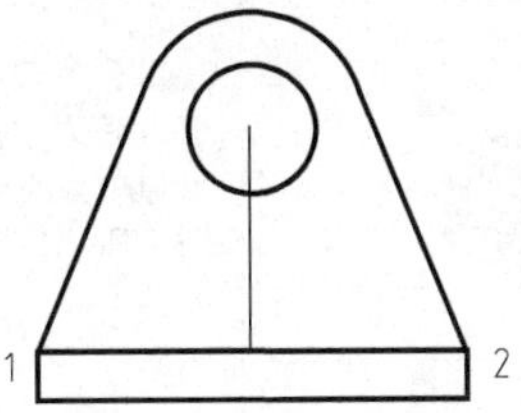 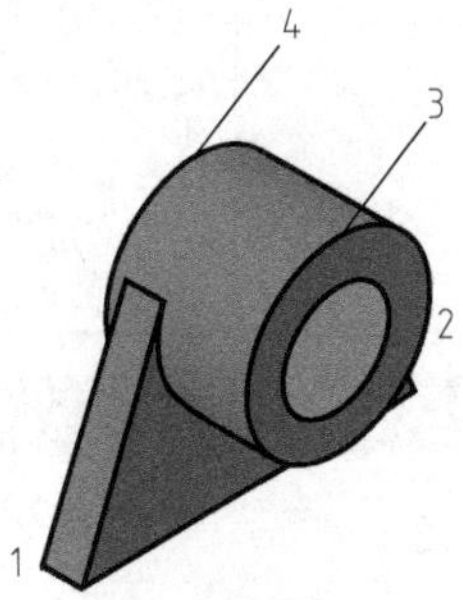 1 2 图 2 4 3 2 1 图 3	(1)单击"二维线框"按钮,再单击"前视"按钮,然后单击"西南等轴测"按钮,在"前视"投影面绘图,"正交"打开; (2)自点 1 到点 2 画直线 12,捕捉直线 12 中点,向上画线 130(160-30=130,30 为底板厚度)的直线 12; (3)以竖线端点为圆心,以 R40、R70 为半径画同心圆; (4)自端点 1 画直线,下一点捕捉 φ140 圆左"切点"画切线;同样自端点 2 画直线捕捉 φ140 圆右"切点"以两切点为边界,"修剪"φ140 下部,得如图 2 所示; (5)制作立板,将直线 12、两切线、φ140 圆上部圆弧作成面域,向前拉伸,厚度30; (6)制作轴套内、外圆柱。重画 φ140 圆,并向前拉伸,长为 110。向前拉伸 φ80 的圆长为 120(稍长,容易选择)。删除竖线。用"移动"命令将 φ140 和 φ80 圆柱沿轴线方向向后移动 40mm。单击工具栏中的"并集",分别选择立板与外圆柱,并通过"差集",选择内圆柱,减去实体。结果如图 3 所示
四、制作加油套筒	 图 4	(1)在圆柱上方前后"象限点"3、4 间画直线 34; (2)在"H 面"制作 φ60、φ30 同心圆,旋转"UCS",用"移动"命令将两圆向上移动 20(90-70=20),再次旋转"UCS",拉伸大圆高50(250-160-40=50),拉伸小圆高90,再通过布尔运算合并套筒与轴套,显示结果如图 4 所示

续表

步　骤	图　例	方　法
五、制作肋板	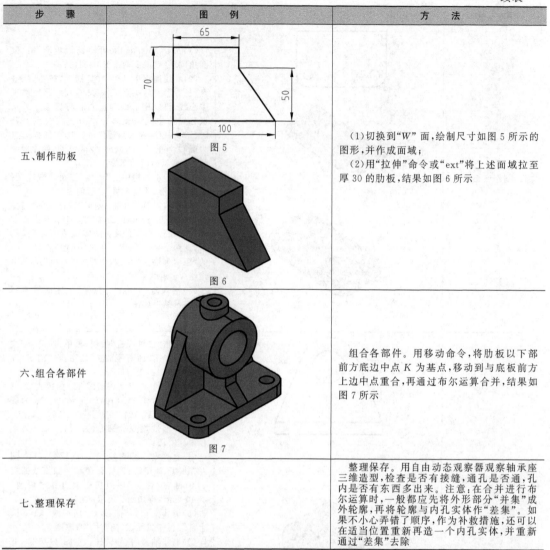图 5 图 6	(1)切换到"W"面,绘制尺寸如图 5 所示的图形,并作成面域; (2)用"拉伸"命令或"ext"将上述面域拉至厚 30 的肋板,结果如图 6 所示
六、组合各部件	图 7	组合各部件。用移动命令,将肋板以下部前方底边中点 K 为基点,移动到与底板前方上边中点重合,再通过布尔运算合并,结果如图 7 所示
七、整理保存		整理保存。用自由动态观察器观察轴承座三维造型,检查是否有接缝,通孔是否通,孔内是否有东西多出来。注意:在合并进行布尔运算时,一般都应先将外形部分"并集"成外轮廓,再将轮廓与内孔实体作"差集"。如果不小心弄错了顺序,作为补救措施,还可以在适当位置重新再造一个内孔实体,并重新通过"差集"去除

拓展练习

1. 根据轴测图及标注尺寸,绘制三维造型图。

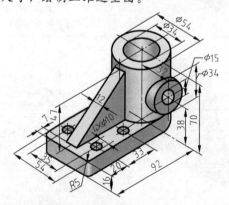

2. 根据所给三视图的尺寸,绘制三维造型图。

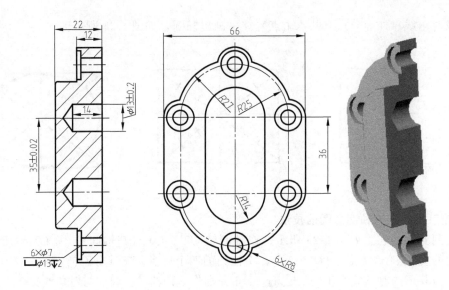

任务 **6**　徒手绘制接头轴测草图

▌ **任务分析**

　　本次任务的要求是学会不用绘图仪器和工具，通过目测形体各部分的尺寸和比例，在徒手画出接头平面视图的基础上徒手绘制接头正等轴测草图。

　　根据如图 6-27（a）所示接头的主、俯视图，应先画出立方体的轴测图，然后采用切割法画出三个四棱柱。在正等轴测图中，平行轴测投影面的矩形均为菱形，平行轴测投影面的圆均为椭圆，如图 6-27（b）所示，画出椭圆的外切菱形，再画出椭圆。

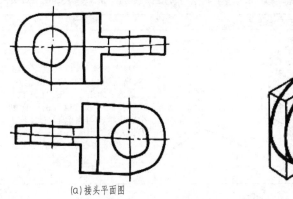

(a) 接头平面图　　　　　　　　　　　(b) 接头轴测图

图 6-27　接头

▌ **知识链接**

一、徒手画草图基本技法

1. 徒手绘制平面椭圆的技法

根据已知的长短轴定出四个端点，画椭圆的外切矩形，将矩形的对角线六等分，过长短轴端点及对角线靠外等分点（共八个点）徒手画出椭圆，如图 6-28 所示。

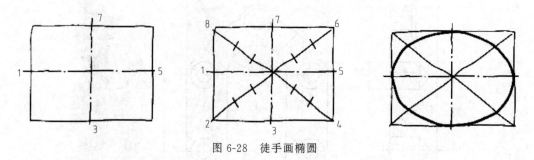

图 6-28　徒手画椭圆

2. 徒手绘制正等轴测椭圆的技法

正等测椭圆的画法如图 6-29 所示；作轴测轴 OX、OY（其轴间角 $\angle XOY = 120°$），根据已知圆的直径 D 作菱形，得 1、3、5、7 椭圆的四个切点。三等分 $O5$，并过 M 作 OX 轴平行线，与菱形的对角线交于 4、6。过 4、6 分别作 OY 轴平行线，与对角线交于 2、8。光滑连接上述八点即为正等测椭圆的近似图形。

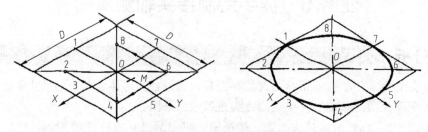

图 6-29　徒手绘制正等测椭圆

任务实施

图　　　例	方　　　法
一、画出未切之前的形体（长方体）	（1）先画轴测轴 OX、OY、OZ，确定长、宽、高的方向和位置。根据总长、总宽、总高徒手画出轴测图，见图 1（技法是：画线时要目视笔尖运行的方向和终点，小指压住纸面匀速运笔，自左向右画出，完成长方体的绘制）； （2）画出左右端切割后的交线
二、绘制左、右两端圆头部分	（1）画左、右两端圆头部分的曲线，画弧是要首先确定圆弧的切点（技法见徒手绘制正等轴测椭圆）然后进行连接，见图 2； （2）画圆柱孔，首先确定孔的坐标位置，画出孔的中心线，根据孔的半径确定四个点，画出菱形线框，根据菱形画出椭圆孔； （3）检查描深可见轮廓线，完成见图 2

拓展练习

1. 徒手绘制圆柱的正等轴测图。

(1)

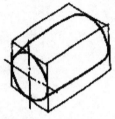

(2)

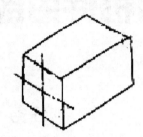

(3)

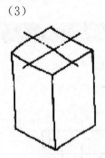

(4)

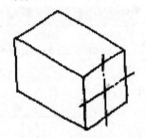

2. 徒手补画三视图中的漏线（在给出的轴测图轮廓内徒手完成轴测草图）。

(1)

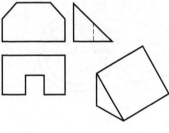

(2)

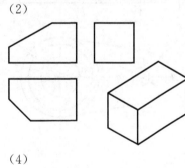

(3)

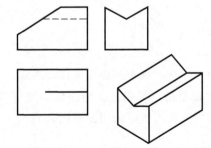

(4)

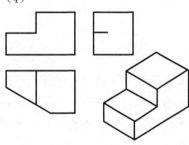

项目7
绘制机件内部图形

任务 1 绘制机座剖视图

■ 任务分析

　　看懂如图 7-1（a）所示机件的两视图，将主视图绘制成剖视图，如图 7-1（b）所示。

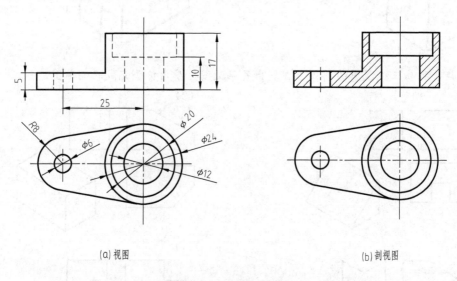

(a) 视图　　　　　　　　　　　　　　　　　　(b) 剖视图

图 7-1 机件视图与剖视图

　　用视图表达机件形状时，机件上不可见的内部结构（如孔、槽等）要用细虚线表示，如图 7-1（a）所示机件的主视图。如果机件的内部结构比较复杂，视图上会出现较多细虚线，既不便于画图和读图，也不便于标注尺寸。为此，可按国家标准规定采用剖视图来表达机件的内部形状。

■ 知识链接

一、剖视图形成

　　假想用剖切面剖开机件，将处在观察者和剖切面之间的部分移去，而将其余部分向投影面投射所得的图形，称为剖视图，简称剖视。剖视图的形成过程如图 7-2 所示。

二、绘制剖视图

1. 确定剖切面的位置

选取平行于正面的对称面为剖切面。在相应的另一个视图上用短粗线标注出剖切位置，如图 7-3 所示。

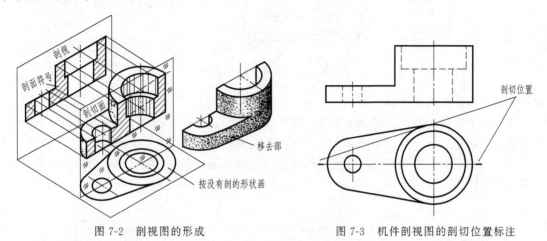

图 7-2　剖视图的形成　　　　　　　　图 7-3　机件剖视图的剖切位置标注

2. 画剖视图

移开机件的前半部分，将剖切面截切机件所得断面及机件后半部分向正面投射，如图 7-2 所示。

注意：剖视图是假想剖开机件得到的，因此，当机件的一个视图画成剖视图时，其他视图仍应完整画出，不要漏画剖切面后面的可见轮廓线。

3. 画剖面符号

画金属材料剖面符号用 45°间隔均匀细实线，左右方向均可，称其剖面线，如图 7-4 所示。

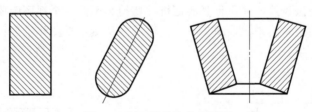

图 7-4　剖面线的角度及间隔

4. 剖视图的配置与标注

基本视图的配置规定同样适用于剖视图，剖视图也可按投影关系配置，必要时可根据图面布局将剖视图配置在其他适当位置，但需要进行适当标注。

剖切符号：表示剖切面的位置，在剖切面有起讫和转折处画上短粗线，如图 7-5 所示。

箭头：表示剖切后投影的方向，一般在剖切符号的两端，用箭头表示，如图 7-5 所示。

剖视图名称：在剖视图上方用大写字母标出"X—X"，并在剖切符号的一侧注上同样字母。同时有几个剖视图时，其名称按字母顺序排列，如图 7-5 所示。

5. 规定

（1）剖视图按基本视图配置，中间无图隔开可省箭头。过对称面剖切可省标注剖切位置

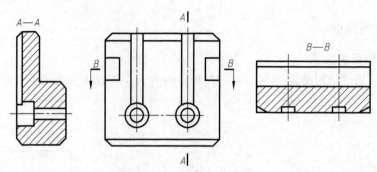

图 7-5 剖视图的配置与标注

和剖视图名称，如图 7-1（b）所示。

（2）对于机件的肋、轮辐及薄壁等，如按纵向剖切，这些结构都不画剖面符号，而用粗实线将它与邻接部分分开，如图 7-6 所示为肋板的规定画法。

（3）剖切平面后方的可见部分应全部画出，不能遗漏。图 7-7 中漏画了台阶面的投影线和键槽的轮廓线。

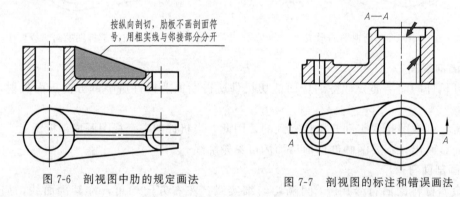

图 7-6 剖视图中肋的规定画法

图 7-7 剖视图的标注和错误画法

6. 注意事项

（1）因为剖切是假想的，并不是真的把机件切掉，因此一个视图画成了剖视图以后，其他视图仍然应该完整地画出来，如图 7-8（a）所示。虽然主视图作了剖视，但俯视图仍应完整画出，不能只画一半。

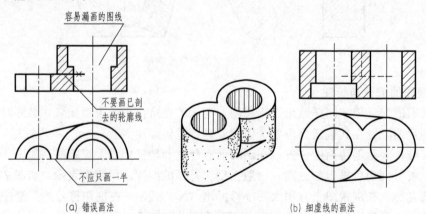

图 7-8 绘制剖视图的注意事项

（2）剖切后，留在剖切平面之后的部分，应全部向投影面投影，用粗实线表达可见投影。图 7-8（a）中箭头所指的位置是画剖视图时容易漏画图线的地方，应特别注意。

（3）为使图形清晰，剖视图中的不可见结构，在其他视图已表达清楚时，剖视图中的细虚线一般省略不画，如 7-8（a）所示。对尚未表达清楚的，虚线不可省略，如图 7-8（b）所示。

任务实施

步 骤	图 例	方 法
一、创建新图形		选择"文件"中的"新建"，在弹出的"选择样板"对话框中选用"模板 1"，单击"打开"创建新的图形
二、绘制机座主、俯视图	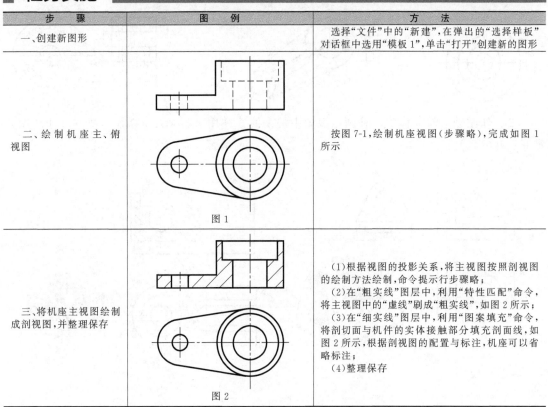图 1	按图 7-1，绘制机座视图（步骤略），完成如图 1 所示
三、将机座主视图绘制成剖视图，并整理保存	图 2	（1）根据视图的投影关系，将主视图按照剖视图的绘制方法绘制，命令提示行步骤略； （2）在"粗实线"图层中，利用"特性匹配"命令，将主视图中的"虚线"刷成"粗实线"，如图 2 所示； （3）在"细实线"图层中，利用"图案填充"命令，将剖切面与机件的实体接触部分填充剖面线，如图 2 所示，根据剖视图的配置与标注，机座可以省略标注； （4）整理保存

拓展练习

一、填空题

1. 剖视图是 _____。

2. 绘制剖视图时选取剖切面后，在相应的另一个视图上用 _____ 标志出剖切位置。

二、选择正确的主视图，在括号内打"√"

1.

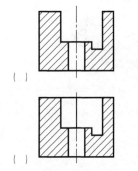

（ ）

2.

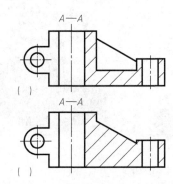

A—A

（ ）

A—A

（ ）

3.

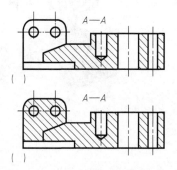

A—A

（ ）

A—A

（ ）

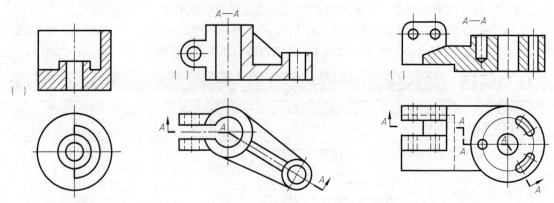

三、作图题（看立体图，补画主视图中的漏线，并用 AutoCAD 绘制三视图尺寸从图中量取，并取整）

1.   2.

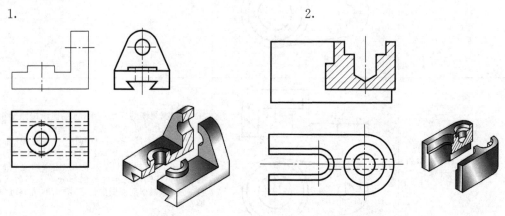

任务 2　绘制机件的半剖视图

▌任务分析

看懂如图 7-9（b）所示机件的两视图，将主、俯视图绘制成半剖视图。

(a) 立体图

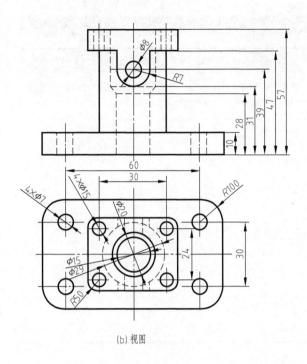

(b) 视图

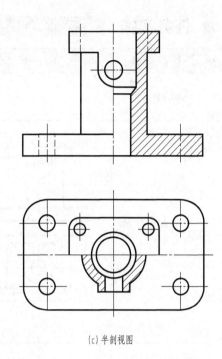

(c) 半剖视图

图 7-9 机件的立体图、视图与半剖视图

该机件的主体部分是一个圆柱筒，上、下底板上分别有四个小圆柱孔，圆筒的上方有小凸台。如果采用全剖视图，则无法表达小凸台的形状。怎样剖切才能既表达内部形状又保留外部形状呢？可以采用半剖视图进行表达。

知识链接

一、半剖视图的概念

当机件具有对称平面时，向垂直于对称平面的投影面上投射所得的图形，可以以对称中心线为界，一半画成剖视图，另一半画成视图，这种剖视图称为半剖视图。

半剖视图既表达了机件的内部形状，又保留了外部形状，常用于表达内、外形状都比较复杂的对称机件。图 7-9 所示机件，左右对称，前后也对称，所以主、俯视图都可以画成半剖视图，前后对称也可画半剖视图。

二、半剖视图的配置和标注

半剖视图的配置和标注与全剖视图相同。

三、画半剖视图注意事项

（1）半个外部视图与半个剖视图用点画线分界。

（2）剖视表达清楚的内部结构，在半个外形图上省略虚线。

（3）没有剖开的小孔等内部结构，在半个外部视图上还应画出虚线。

（4）没有剖开的小孔，在半个剖视图上仅画出轴线。

任务实施

步　骤	图　例	方　法
一、创建新图形		选择"文件"中的"新建",在弹出的"选择样板"对话框中选用"模板 1",单击"打开"按钮创建新的图形。
二、绘制机件主、俯视图	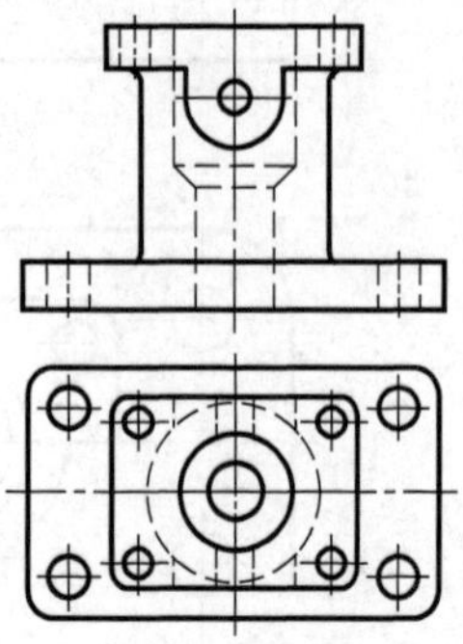 图 1	1.(视图尺寸见图 7-9)机件视图绘制步骤略,结果如图 1 所示
三、将机件主视图绘制成半剖视图	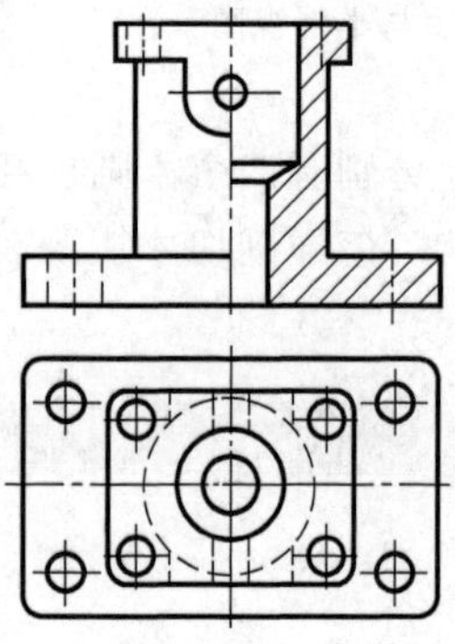 图 2	(1)利用"特性匹配"命令,将主视图中右半边的"虚线"刷成"粗实线",再利用"删除"命令,将主视图中右半边视图中的多余轮廓线和左半边视图中的"虚线"删除; (2)在"细实线"图层中,利用"图案填充"命令,将剖切面与机件的实体接触部分填充剖面线; (3)根据剖视图的配置与标注,机座主视图可以省略标注,如图 2 所示
四、将机件俯视图绘制成半剖视图,并整理保存	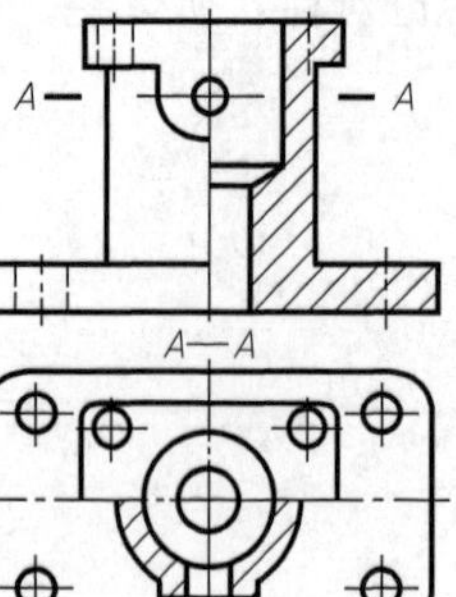 图 3	(1)利用"特性匹配"命令,将俯视图中前半边的"虚线"刷成"粗实线",再利用"删除"命令,将俯视图中后半边视图中的"虚线"删除; (2)利用"图案填充"命令,将剖切面与机件的实体接触部分填充剖面线; (3)利用"直线"命令,在主视图中绘制短粗线的标注剖切符号表示剖切位置,利用"多行文字"命令,在主、俯视图标注剖切字母 A—A,表示投影方向的箭头可以省略,如图 3 所示; (4)整理保存

拓展练习

一、选择正确的主视图，在括号内打"√"。

1.　　　　　　2.　　　　　　3.　　　　　　4.

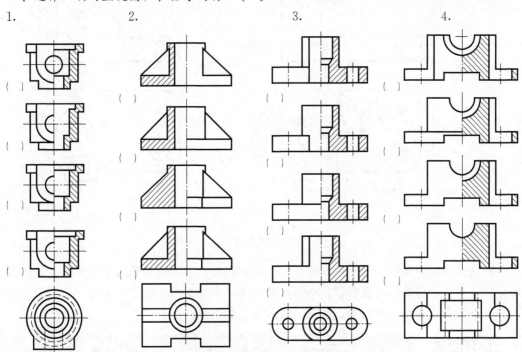

二、作图题（看立体图，补画主视图中的漏线，并用 AutoCAD 绘制三视图尺寸从图中量取，并取整）。

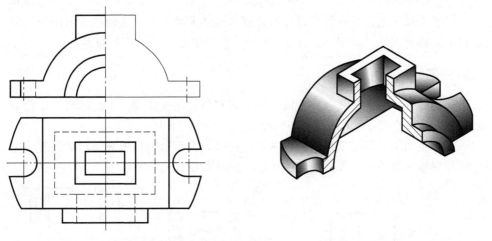

任务 **3**　绘制底座的局部剖视图

任务分析

看懂如图 7-10（a）所示底座的两视图，用恰当的方法表达机件的内外结构。

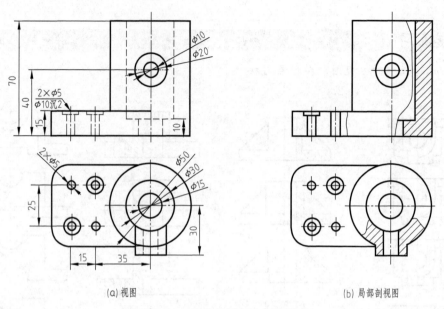

图 7-10   底座的视图和剖视图

底座由三部分组成：大圆筒、底板和小圆柱凸台。主视图若采用全剖视图，虽然大孔可得到充分表达，但缺点也很明显：小凸台被剖掉，底板上的小孔没有表达。又由于结构不对称，也不适合采用半剖视表达。这时，可采用局部剖视图。

知识链接

一、定义

用剖切平面局部地剖开机件，以显示这部分内部形状，并用波浪线表示剖切范围，这样的图形称为局部剖视图。如图 7-10（b）所示，主、视图均采用局部剖视图。

二、画法

（1）部剖视图可用波浪线分界，波浪线应画在机件的实体上，不能超出实体轮廓线，也不能画在机件的中空处，如图 7-11（a）所示。

（2）一个视图中，局部剖视图的数量不宜过多，在不影响外形表达的情况下，可采用大面积的局部剖视，以减少局部剖视图的数量，如图 7-11（b）所示。

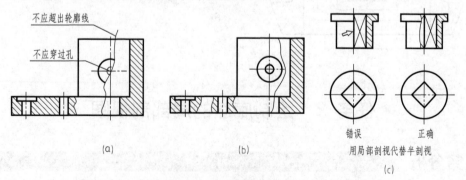

图 7-11   局部视图注意事项

（3）浪线不应画在轮廓线的延长线上，也不能用轮廓线代替，或与图样其他图线重合，如图 7-11（c）所示。

（4）当机件的轮廓与对称中心线重合，不宜采用半剖，可用局部视，如图 7-11（c）所示。

任务实施

步　骤	图　例	方　法
一、创建新图形		选择"文件"中的"新建"，在弹出的"选择样板"对话框中选用"模板1"，单击"打开"按钮创建新的图形
二、绘制机件主、俯视图	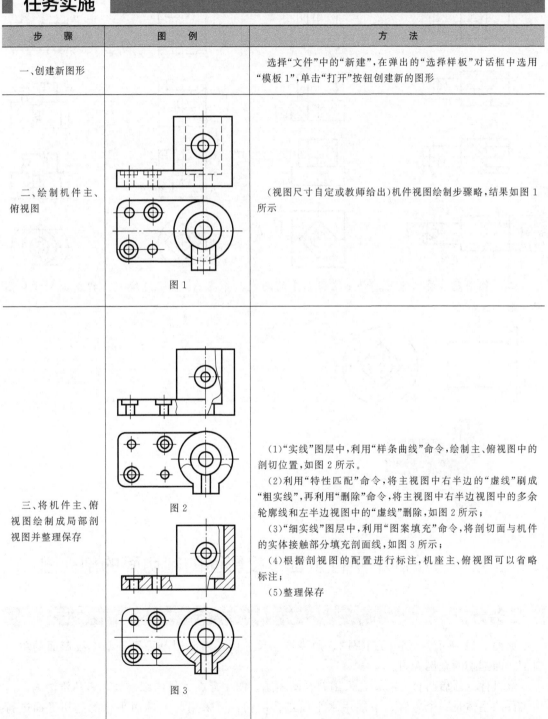图 1	（视图尺寸自定或教师给出）机件视图绘制步骤略，结果如图 1 所示
三、将机件主、俯视图绘制成局部剖视图并整理保存	图 2 图 3	（1）"实线"图层中，利用"样条曲线"命令，绘制主、俯视图中的剖切位置，如图 2 所示。 （2）利用"特性匹配"命令，将主视图中右半边的"虚线"刷成"粗实线"，再利用"删除"命令，将主视图中右半边视图中的多余轮廓线和左半边视图中的"虚线"删除，如图 2 所示。 （3）"细实线"图层中，利用"图案填充"命令，将剖切面与机件的实体接触部分填充剖面线，如图 3 所示； （4）根据剖视图的配置进行标注，机座主、俯视图可以省略标注； （5）整理保存

拓展练习

一、选择正确的主视图，在括号内打"√"

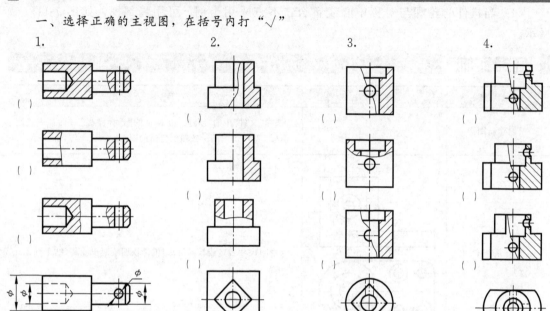

1.　　　　　　2.　　　　　　3.　　　　　　4.

二、作图题（看立体图，补画主视图中的漏线，并用 AutoCAD 绘制三视图，尺寸从图中量取，并取整）

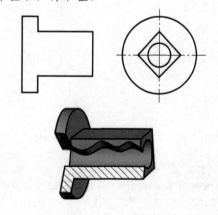

任务 4　绘制不平行于基本投影面的剖切面的剖视图

任务分析

　　如图 7-12 所示为弯管的剖视图、斜视图、尺寸图，绘制用不平行于基本投影面的单一斜剖切面剖切的全剖视图。

　　该机件的前后凸台上的小孔采用斜视图表达，图中存在大量的细虚线，表达不清晰。由于机件的主体是一个弯管，不能用水平面进行剖切，可采用与上端面平行的剖切平面进行剖切。

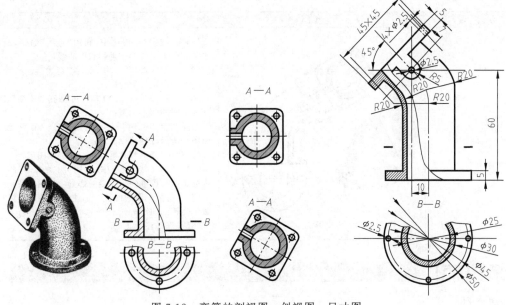

图 7-12　弯管的剖视图、斜视图、尺寸图

知识链接

一、剖切面的种类

单一剖切平面、几个平行的剖切平面、几个相交的剖切平面。

二、单一剖切面

1. 平行于基本投影面的单一剖切平面

在前面，学过的全剖视图、半剖视图和局部剖视图都采用单一剖切平面剖切得到，图 7-12 中的 $B—B$ 是平行于基本投影面的单一剖切平面。

2. 不平行于基本投影面的单一剖切平面

如图 7-12 中的 $A—A$，这种剖视图一般应与倾斜部分保持投影关系，但也可配置在其他位置。

任务实施

步　骤	图　例	方　法
一、绘制机件主、俯视图	图1	（1）（视图尺寸自定或教师给出）弯管视图绘制步骤略，结果如图 1 所示； （2）根据给定的剖切位置绘制 $A—A$ 剖视图，如图 1 所示

续表

步　骤	图　例	方　法
二、绘制 A—A 剖视图、并保存	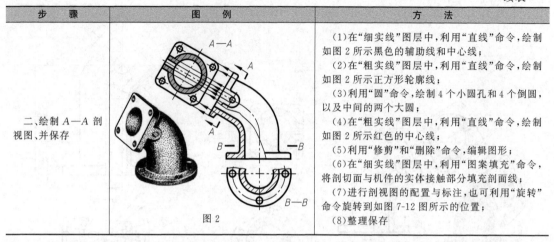 图 2	（1）在"细实线"图层中，利用"直线"命令，绘制如图 2 所示黑色的辅助线和中心线； （2）在"粗实线"图层中，利用"直线"命令，绘制如图 2 所示正方形轮廓线； （3）利用"圆"命令，绘制 4 个小圆孔和 4 个倒圆，以及中间的两个大圆； （4）在"粗实线"图层中，利用"直线"命令，绘制如图 2 所示红色的中心线； （5）利用"修剪"和"删除"命令，编辑图形； （6）在"细实线"图层中，利用"图案填充"命令，将剖切面与机件的实体接触部分填充剖面线； （7）进行剖视图的配置与标注，也可利用"旋转"命令旋转到如图 7-12 图所示的位置； （8）整理保存

■ 拓展练习

填空题

1. 剖切面的种类：_____、_____、_____。

2. 单一剖切平面有：_____、_____。

3. 剖视图标注三要素：_____、_____、_____。

任务 5　绘制几个平行于剖切平面的全剖视图

■ 任务分析

看图 7-13（a），将主视图改画为用几个平行的剖切平面剖切的全剖视图，如图 7-13

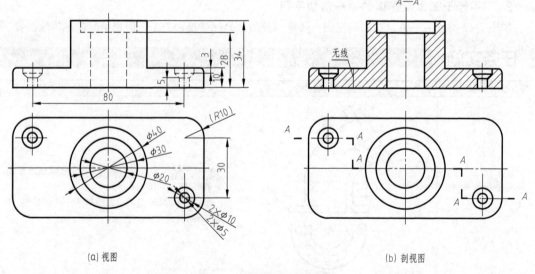

(a) 视图　　　　　　　　　　　　　　　　　　(b) 剖视图

图 7-13　端盖视图和剖视图

（b）所示。

　　由图 7-13（a）可知，该机件的内部结构有
两组：一个较大的沉孔和一对较小的沉孔。其
轴线不在同一个正平面上，不能用单一的正平
面进行剖切，可采用两个相互平行的剖切平面
进行剖切。

　　如图 7-14 所示，如果用正平面作为单一的
剖切面在机件的前后对称平面处剖开，则左、
右两个小孔不能剖到。若采用两个平行的剖切
平面将机件剖开，则可同时将机件的大孔、左
右两个小孔当中的一个的内部结构表达清楚，
如图7-13（b）中的 *A—A* 剖视。

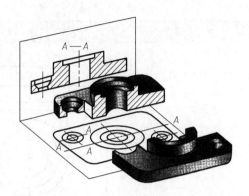

图 7-14　用几个平行剖切平面剖切的全剖视图

▌知识链接

　　绘制几个平行于剖切平面的全剖视图注意事项：

　　（1）不要画出两个剖切平面转折处的投影，如图 7-15（a）主视图；同时，转折处也不
应与图上轮廓线重合，如图 7-15（a）俯视图。

　　（2）一般视图中不允许出现不完整要素，仅当两要素在图形上具有公共对称中心线或轴
线才行，如图 7-15 所示，该图以中心对称线为界，各画一半。

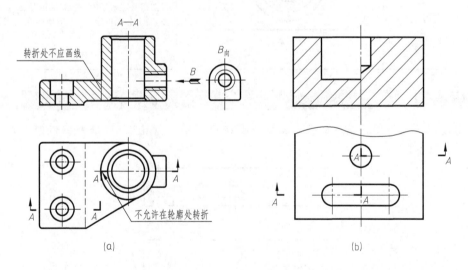

图 7-15　几个平行于剖切平面的全剖视图

▌任务实施

步　骤	图　例	方　法
一、创建新图形		选择"文件"中的"新建"，在弹出的"选择样板"对话框中选用"模板 1"，单击"打开"创建新图形

续表

步　骤	图　例	方　法
二、绘制底座主、俯视图	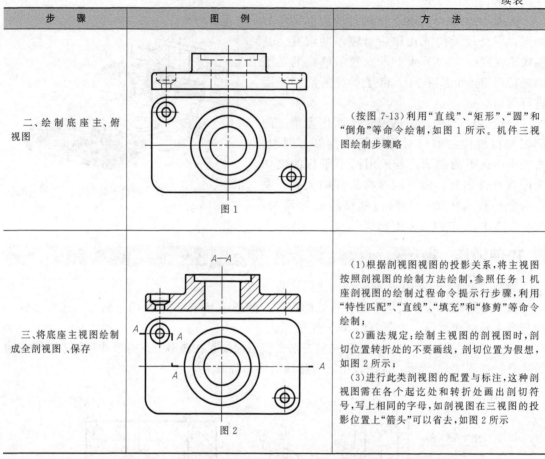图 1	（按图 7-13）利用"直线"、"矩形"、"圆"和"倒角"等命令绘制，如图 1 所示。机件三视图绘制步骤略
三、将底座主视图绘制成全剖视图、保存	*A—A*　图 2	（1）根据剖视图视图的投影关系，将主视图按照剖视图的绘制方法绘制，参照任务 1 机座剖视图的绘制过程命令提示行步骤，利用"特性匹配"、"直线"、"填充"和"修剪"等命令绘制； （2）画法规定：绘制主视图的剖视图时，剖切位置转折处的不要画线，剖切位置为假想，如图 2 所示； （3）进行此类剖视图的配置与标注，这种剖视图需在各个起讫处和转折处画出剖切符号，写上相同的字母，如剖视图在三视图的投影位置上"箭头"可以省去，如图 2 所示

■ 拓展练习

作图题（将主视图在合适的位置画出全剖视图，并用 AutoCAD 绘制剖视图，尺寸从图中量取，并取整）

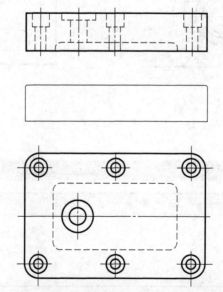

任务 6 绘制两个相交剖切面的全剖视图

任务分析

如图 7-16 连杆的主俯视图，将俯视图改画为两个相交剖切面的全剖视图。

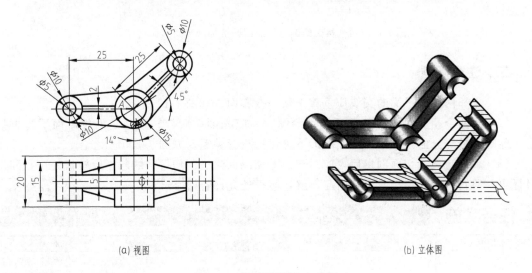

(a) 视图   (b) 立体图

图 7-16 连杆视图和立体图

由图可知，该机件的内部结构分布在两个相交的平面上，不能用单一的水平面进行剖切。可考虑采用两相交剖切面进行剖切绘制全剖视图。

知识链接

一、形成

用两个相交的剖切平面剖开机件，并将被倾斜平面切着的结构要素及有关部分旋转到与选定的投影面平行，再投影得到的图形，如图 7-17 所示为剖视图形成过程。

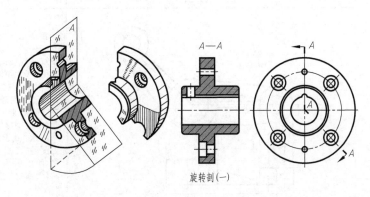

旋转剖(一)

图 7-17

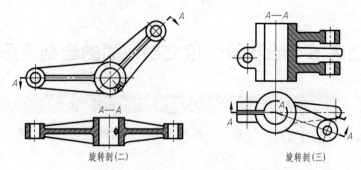

图 7-17　两个相交的剖切平面剖开机件剖视图形成过程

二、注意问题

（1）相邻两剖切平面的交线应垂直于某一投影面，如图 7-17 所示。

（2）用两个相交的剖切面剖开机件绘图时，应先剖切后旋转至选定的投影面平行再投影，此时旋转部分的某些结构与原图形不再保持投影关系，如图 7-17 所示。

（3）采用这种剖切面剖切后，应对剖视图加以标注。剖切符号的起讫及转折处用相同字母标出，但转折处间狭小又不致引起误解，转折处允许省略字母。

▌ 任务实施

步骤	图　例	方　法
一、创建新图形		选择"文件"中的"新建"，在弹出的"选择样板"对话框中选用"模板 1"，单击"打开"按钮创建新图形
二、机件外部主、俯视图		按图 7-16 尺寸绘制主、俯视图，绘图步骤略。主要观察俯视图，并不能反映机件的真实尺寸，需要剖视图补充
三、将机件俯视图绘制成剖视图		根据给定的剖切位置 A—A 及剖视图的投影关系，将俯视图按照剖视图绘制，利用主、俯视图"长对正"的投影关系，在"粗实线"图层中，利用"直线"命令，绘制辅助线及轮廓线。在"虚线"图层中，利用"直线"命令，绘制虚线。注意：由于俯视图绘制成剖视图后"交线 1、交线 2"将被擦除，所以后面的图形中不再绘制，仅在这里标注说明，如图例所示

续表

步骤	图 例	方 法
	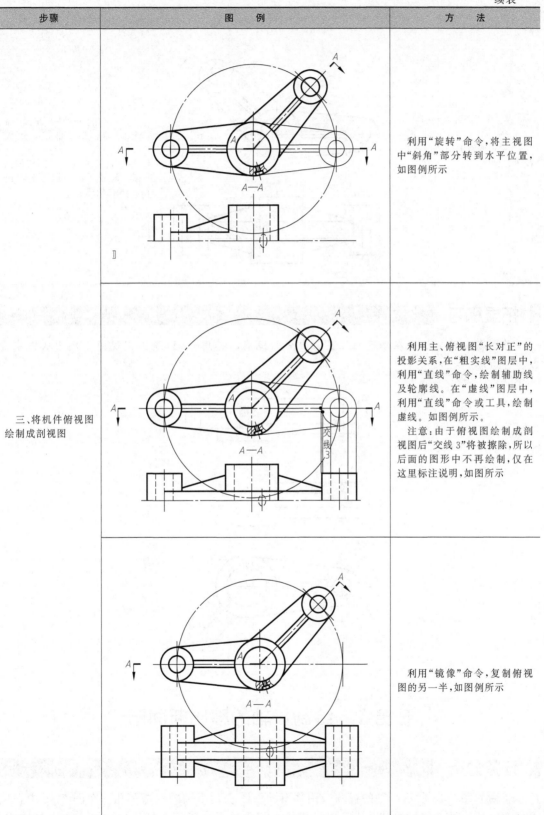	利用"旋转"命令，将主视图中"斜角"部分转到水平位置，如图例所示
三、将机件俯视图绘制成剖视图		利用主、俯视图"长对正"的投影关系，在"粗实线"图层中，利用"直线"命令，绘制辅助线及轮廓线。在"虚线"图层中，利用"直线"命令或工具，绘制虚线。如图例所示。 注意：由于俯视图绘制成剖视图后"交线 3"将被擦除，所以后面的图形中不再绘制，仅在这里标注说明，如图所示
		利用"镜像"命令，复制俯视图的另一半，如图例所示

续表

步骤	图 例	方 法
四、完成俯视图剖视图的绘制	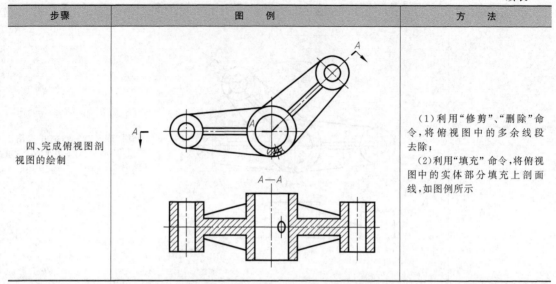	（1）利用"修剪"、"删除"命令，将俯视图中的多余线段去除； （2）利用"填充"命令，将俯视图中的实体部分填充上剖面线，如图例所示

▌拓展练习

作图题（将主视图在合适的位置画出全剖视图，并用 CAD 绘制剖视图，尺寸从图中量取，并取整）

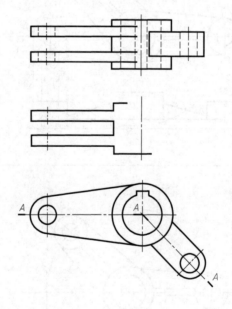

任务 7　绘制长轴的移出断面图

▌任务分析

看懂如图 7-18 所示小轴的视图，用移出断面图表达小轴的键槽和孔。在图 7-18 中，用左视图表达小轴的键槽深度和小孔是否贯通，不清晰，也不便于标注尺寸。这些内部结构，比较适合用断面图表达。

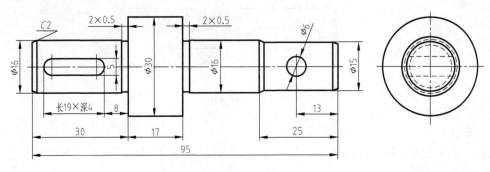

图 7-18 小轴视图

知识链接

一、认识断面图

1. 概念

假想用剖切面将机件的某处切断，仅画出其断面的图形，称为断面图，简称断面，如图 7-19 所示。

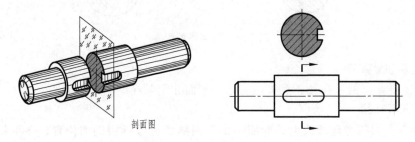

剖面图

图 7-19 断面图的形成

2. 断面图与剖视图的区别

举例：一起来观察下面机件的剖视图、断面图，如图 7-20 所示。

（1）相同处：都有剖面符号即剖面线。

（2）不同处：断面图只画出断面形状，剖视图要画出剖切面后所有可见投影。

根据断面图配置位置不同，可分为移出断面图和重合断面图。

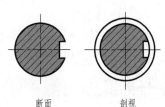

断面   剖视

图 7-20 移出断面图与
剖视图的区别

二、画移出断面图

1. 定义

画在视图轮廓外的断面图，称为移出断面图，如图 7-21 断面图。

2. 画法

轮廓线用粗实线画出，如图 7-22 断面图。

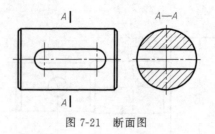

图 7-21 断面图

3. 配置

应尽量画在剖切符号延长线上，如图 7-22 所示，必要时也可配置在其他适当位置（如图 7-22 中 *B—B*）。

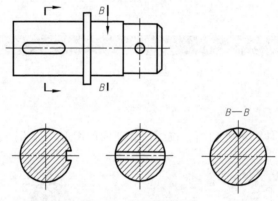

图 7-22 断面图的配置

4. 标注及注意事项

断面图三要素：剖切符号、箭头、名称，下面介绍其在断面图的应用。

（1）图形不对称

① 未画在剖切符号延长线上的断面图，要用剖切符号标明剖切位置，在剖切符号附近写上字母，用箭头表明投射方向，并在断面的上方注出名称×—×。

② 画在剖切延长线上的断面图，要用剖切符号标明剖切位置，用箭头表明投射方向。

（2）图形对称

① 画在剖切符号延长线上的断面图，可不加任何标注，但应用细点画线画出剖切线。

② 未画在剖切符号延长线上的断面图，须注出剖切符号和字母。

▍任务实施

步骤	图 例	方 法
一、创建新图形		选择"文件"中的"新建"，在弹出的"选择样板"对话框中选用"模板 1"，单击"打开"按钮创建新的图形
二、绘制长轴的主视图		（1）（主视图尺寸见图 7-18）机座主视图绘制步骤略； （2）根据给定的剖切位置绘制 *A—A* 剖视图

续表

步骤	图　例	方　法
三、绘制长轴断面图(1)		(1)在"中心线"图层中,利用"直线"命令,绘制中心线; (2)在"粗实线"图层中,利用"圆"命令,绘制与左边台阶等大的圆,利用"移动"命令,将圆移动到中心线交点处,如图例所示; (3)利用"移动"命令,将键槽的两条平行线和中心线移动至大圆的圆心处; (4)在"粗实线"图层中,利用"直线"命令,绘制槽深 5 的垂线,如图例所示; (5)利用"修剪"和"删除"命令,编辑图形; (6)在"细实线"图层中,利用"图案填充"命令,将剖切面与机件的实体接触部分填充剖面线,进行剖视图的配置与标注,如图例所示
四、绘制长轴断面图(2),整理保存		(1)重复以上绘制断面图的步骤,绘制第二个位置的断面图,如图例所示; (2)根据断面图的标注规定此断面图可以省略标注; (3)将断面图"移动"到合适的位置,如图例所示; (4)整理保存

知识拓展

观察下面的支承板结构,如何绘制如图 7-23 所示的重合断面图呢?

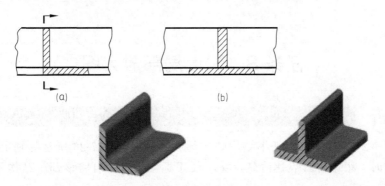

(a)　　　　　　　　　(b)

图 7-23　重合断面图

一、画法

（1）重合断面的轮廓线用细实线画出（图 7-24）。

（2）当视图中的轮廓线与重合断面图的图形重叠时，视图中的轮廓线仍需完整地画出，不能间断（图 7-25）。

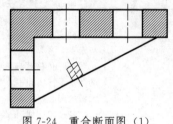

图 7-24 重合断面图（1）

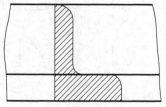

图 7-25 重合断面图（2）

二、标注

重合断面图均不必标注。

▌ 拓展练习

一、填空题

1. 什么是断面图：＿＿＿＿＿＿＿＿＿＿＿＿＿＿＿＿＿＿＿＿＿＿＿＿＿。

2. 断面图分哪两种：＿＿＿＿＿＿＿＿＿＿＿、＿＿＿＿＿＿＿＿＿＿。

二、作图题

根据给定主视图的剖切位置 Ⅰ～Ⅴ，绘制断面图，其中键槽深 4mm，并用 AutoCAD 绘制剖视图，尺寸从图中量取，并取整。

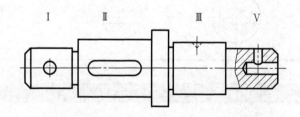

任务 **8** 识读局部放大图

▌ 任务分析

识读如图 7-26 所示的轴上细小结构的局部放大图。如图 7-26 所示的轴上有细小结构，用原比例画图时，很难将其表达清楚，又不便于标注尺寸，可将该部分结构用局部放大图表达。

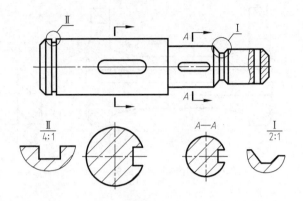

图 7-26　轴局部放大图

任务实施

一、认识局部放大图

将机件的部分结构用大于原图形所采用的比例画出的图形，称为局部放大图。

二、认识局部放大图的画法

（1）局部放大图可以画成视图、剖视图和断面图，与被放大部分的表达方式无关。

（2）绘制局部放大图时，应在视图上用细实线圈出被放大部位（螺纹牙型和齿轮的齿形除外），并将局部放大图配置在被放大部位的附近。

（3）当同一机件上有几个被放大的部分时，应用罗马数字编号，并在局部放大图上方注出相应的罗马数字和所采用的比例，如图 7-26 所示。

三、 注意事项

（1）仅有一处局部放大图时，只需标注比例即可，如图 7-27 所示。

（2）必要时可用几个局部放大图表达同一个被放大部位的结构，如图 7-28 所示。

（3）同一机件上不同部位的局部放大图，当图形相同或对称时，只需画出一个，如图 7-29 所示。

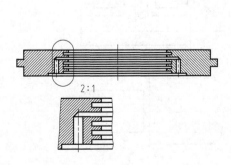

图 7-27　仅一处局部放大图

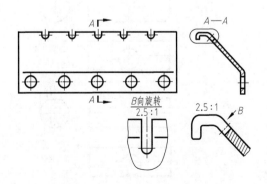

图 7-28　多处局部放大图

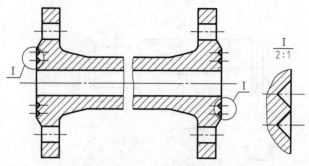

图 7-29　相同或对称的局部放大图

▌ 知识拓展

一、常见结构的规定画法

1. 认识肋板剖切的画法

对于机件的肋、轮辐及薄壁等，如按纵向剖切，这些结构都不画剖面符号，而用粗实线将它与其邻接部分分开，如图 7-30 所示。

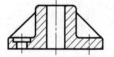

2. 认识均布肋、孔剖切的画法

当零件回转体上均匀分布的肋、轮辐、孔等结构不处于剖切平面上时，可将这些结构旋转到剖切平面上画出，如图 7-30 所示。

3. 认识均布孔的简化画法

如图 7-30 所示，俯视图上有三个小阶梯孔的投影，图中只画左侧一个，主视图上也只画了一个，其余只绘制中心线或轴线。这是因为国家标准规定：按一定规律分布的相同结构，可只画一个，其余只表示其中心位置。

图 7-30　肋板、孔剖
切规定画法

二、机件上某些交线和投影的简化画法

（1）在不至于引起误解时，图形中的过渡线、相贯线可以简化，可用圆弧和直线代替非圆弧曲线，如图 7-31 所示。

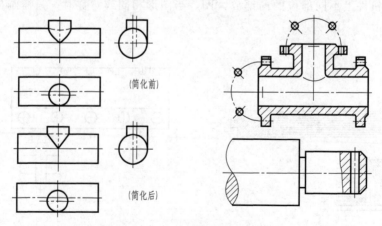

（简化前）

（简化后）

图 7-31　过渡线、相贯线简化画法

（2）与投影面倾斜角度小于或等于 30°的圆或圆弧，其投影可用圆或圆弧代替真实投影的椭圆，如图 7-32 所示。

（3）当回转体零件上的平面在图形中不能充分表达时，可用两条相交的细实线表示这些平面，如图 7-33 所示。

（4）在不致引起误解的情况下，剖面符号可省略，也可用点阵或涂色代替剖面符号。如图 7-34 所示。

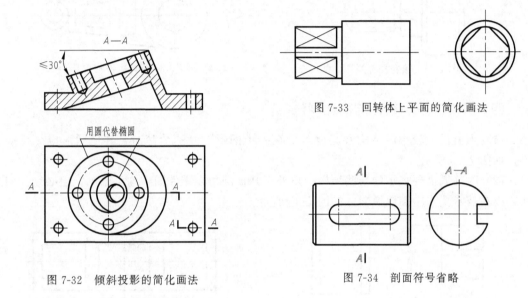

图 7-33 回转体上平面的简化画法

图 7-32 倾斜投影的简化画法

图 7-34 剖面符号省略

三、相同结构的简化画法

（1）当机件具有若干直径相同且成规律分布的孔（圆孔、螺孔、沉孔等），可以仅画出一个或几个，其余只需表示其中心位置，如图 7-35（a）所示。

（2）当机件上具有相同结构（齿、槽等），并按一定规律分布时，应尽可能减少相同结构的重复绘制，只需画出几个完整的结构，其余用细实线连接，如图 7-35（b）所示。

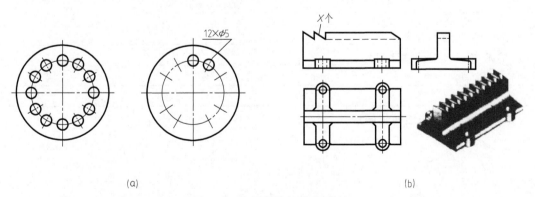

(a)　　　　　　　　　　　　　(b)

图 7-35 相同结构的简化画法

（3）网状物、编织物或机件上的滚花部分，可在轮廓线附近用细实线局部画出方法表示，也可省略不画，如图 7-36 所示。

（4）较长机件（轴、杆、型材、连杆等）沿长度方向的形状一致或按一定规律变化时，可断开后缩短绘制，但尺寸仍按机件的设计要求标注，如图 7-37 所示。

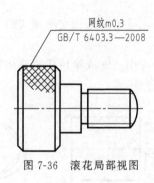

图 7-36 滚花局部视图

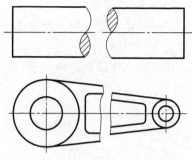

图 7-37 较长机件的简化画法

四、机件上较小结构的简化画法

（1）当机件上较小的结构及斜度等已在一个图形中表达清楚时，其他图形应简化或省略，如图 7-38 所示。

（2）除确属需要表示的某些结构圆角外，其他圆角在零件图中均可不画，但必须注明尺寸，或在技术要求中加以说明，如图 7-39 所示。

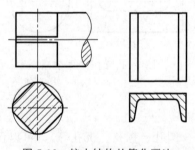

图 7-38 较小结构的简化画法

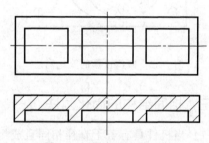

图 7-39 圆角的省略画法

拓展练习

一、填空题

1. 什么是局部放大图：_____。

2. 局部放大图的画法规定：_____

_____。

二、简述机件表达简化画法

项目8
绘制标准件与常用件

任务 1　绘制螺栓、螺母连接视图

▌ 任务分析

如图 8-1 所示的六角螺栓和六角头螺母，常用于板类零件的连接，如何绘制它们的单个视图及连接视图呢？

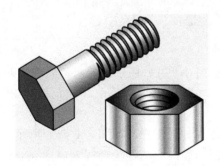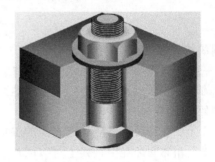

图 8-1　六角螺栓和六角头螺母立体图

螺栓由六角形头部和杆身组成，杆身上加工有螺纹。螺母外部形状为六角螺母，其中间有螺纹孔。螺纹的真实形状比较复杂，不需要画出真实投影，而是按照标准化的规定绘制。

▌ 知识链接

一、螺纹的结构和要素

1. 牙型

在通过螺纹轴线的剖面上，螺纹的轮廓形状，称为螺纹牙型。常见的螺纹牙型有三角形、梯形、锯齿形等。如图 8-2 所示。

2. 直径

（1）大径　螺纹的最大直径，又称公称直径，即与外螺纹的牙顶或内螺纹的牙底相重合的假想圆柱面的直径。外螺纹的大径用"d"表示，内螺纹的大径用"D"表示。

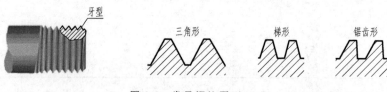

图 8-2 常见螺纹牙型

（2）小径 螺纹的最小直径，即与外螺纹的牙底或内螺纹的牙顶相重合的假想圆柱面的直径。外螺纹的小径用"d_1"表示，内螺纹的小径用"D_1"表示。

（3）中径 在大径和小径之间有一假想圆柱面，在其母线上牙型的沟槽宽度和凸起宽度相等，此假想圆柱面的直径称为中径，外螺纹中径用"d_2"表示，内螺纹中径用"D_2"表示。

（4）顶径和底径 外螺纹的大径和内螺纹的小径，又称顶径；外螺纹的小径和内螺纹的大径，又称底径。如图 8-3 所示。

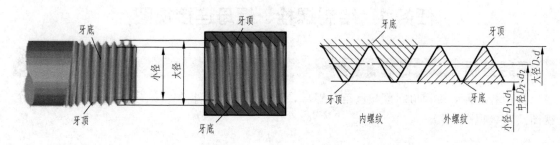

图 8-3 螺纹的直径

3. 螺纹的线数 n

沿一条螺旋线形成的螺纹叫做单线螺纹，如图 8-4（a）所示；沿两条或两条以上在轴向等距分布的螺旋线所形成的螺纹叫做多线螺纹，如图 8-4（b）所示。

4. 螺距 P 和导程 P_h

相邻两牙在中径线上对应两点之间的轴向距离称为螺距。如图 8-4（a）所示，$P_h = P$。同一螺旋线上相邻两牙在中径线上对应两点之间的轴向距离称为导程。如图 8-4（b）所示，$P_h = 2P$。

5. 螺纹的旋向

螺纹分左旋和右旋两种，顺时针旋转时旋入的螺纹，称为右旋螺纹；逆时针旋转时旋入的螺纹，称为左旋螺纹，如图 8-5 所示，常用的螺纹为右旋螺纹。

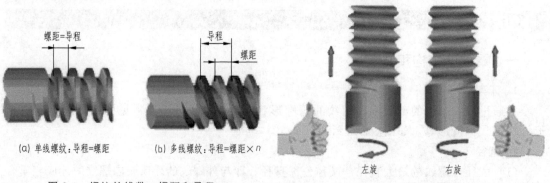

图 8-4 螺纹的线数、螺距和导程　　　　图 8-5 螺纹的旋向

内外螺纹必须成对配合使用，只有当上述五个要素完全相同时，内外螺纹才能相互旋合。

二、螺纹的标注

1. 普通螺纹、梯形螺纹、锯齿形螺纹的标注内容及格式

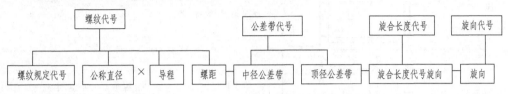

（1）螺纹规定代号　见表 8-1。

表 8-1　螺纹规定代号

螺纹类别	规定代号	螺纹类别		规定代号
普通螺纹	M	非螺纹密封管螺纹		G
小螺纹	S	螺纹密封管螺纹	圆锥管螺纹	R
梯形螺纹	T$_r$		圆锥内螺纹	R$_C$
锯齿形螺纹	B		圆柱内螺纹	R$_P$

（2）公称直径　一般为螺纹的大径。

（3）导程、螺距　单线普通螺纹粗牙不标注，单线细牙只标注螺距数值，不注写"P"字样。梯形螺纹若为多线螺纹须标注导程（螺距）。

（4）旋向　左旋时要标注"LH"，右旋时不标注。

（5）公差带代号　公差带代号由表示其大小的公差等级数字和表示其位置的基本偏差代号所组成。一般要同时注出中径在前、顶径在后的两项公差带代号。中径和顶径公差带代号相同时，只注一个。代号中的字母，外螺纹用小写字母，内螺纹用大写字母。

内外螺纹旋合在一起时，标注中的公差带代号用斜线分开。

（6）旋合长度代号　两个相互配合的螺纹，沿其轴线方向相互旋合部分的长度称为旋合长度。螺纹的旋合长度分为短、中、长三组，分别用代号 S、N、L 表示，中等旋合长度 N不标注。

2. 管螺纹的标注内容及格式

管螺纹规定代号	尺寸代号	公差等级代号	旋向

（1）螺纹规定代号　详见表 8-2。

表 8-2　常用螺纹标注示例

螺纹类别		标注示例	标记说明
普通螺纹	粗牙	M24—5g6g	普通粗牙螺纹，公称直径为 24mm，右旋，中径公差带 5g，顶径公差带 6g，中等旋合长度
	细牙	M26×1.5—6h—40	普通细牙螺纹，公称直径为 26mm，右旋，中径、顶径公差带 6h，旋合长度 40mm

续表

螺纹类别	标注示例	标记说明
梯形螺纹	Tr20×14(P7)LH-8e-L	梯形螺纹,大径 20mm,导程为 14mm,双线,左旋中径公差带为 8e,长旋合长度
锯齿形螺纹	B40×5LH-7H	锯齿形螺纹,大径为 40mm 螺距为 5,左旋,中径公差带 7H,单线,中等旋合长度
非螺纹密封管螺纹	G3/4A	非螺纹密封管螺纹,尺寸代号 3/4,右旋,螺纹中径公差等级 A
55°密封管螺纹	Rc1/2	55°密封管螺纹,尺寸代号 1/2,右旋

（2）尺寸代号　用 1/2、3/4、1…表示，代表管子的内径，单位为英寸。

（3）公差等级代号　非螺纹密封管螺纹的外螺纹有 A、B 两种，非螺纹密封管螺纹的内螺纹，以及螺纹密封管螺纹的内外螺纹只有一种公差等级，所以不加标注。

（4）旋向　左旋标注"LH"，右旋时不标注。

三、螺纹的规定画法

国家标准 GB/T 4459.1—1995 中统一规定了螺纹的画法，螺纹结构要素均已标准化，故绘图时不必画出螺纹的真实投影。

（1）外螺纹的画法：大径粗实线，小径细实线，在投影为圆的视图中表示大径的圆用粗实线画，表示小径的圆用细实线画 3/4 圈，倒角的圆可省略不画，如图 8-6 所示。

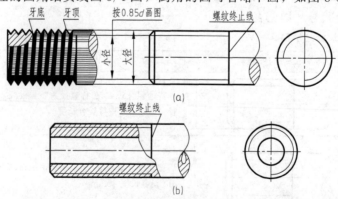

图 8-6　外螺纹的画法

（2）内螺纹的画法：内螺纹一般用剖视图画出，如图 8-7 所示。

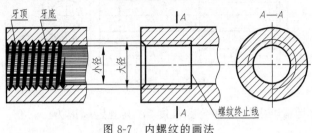

图 8-7　内螺纹的画法

（3）当需要表示螺纹收尾时，螺尾部分的牙底用与轴线成 30°的细实线绘制。一般情况下不画出螺纹的收尾。

（4）绘制不穿通螺纹孔时，一般应将钻孔深度与螺纹深度分别画出，钻头前端形成 120°锥顶角。图 8-8 所示为螺纹盲孔的加工原理及画法。

（5）牙型表示，如图 8-9 所示。

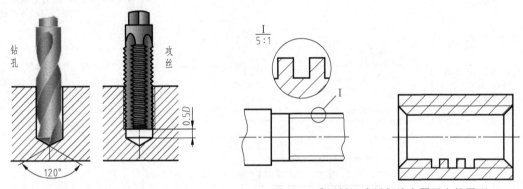

图 8-8　螺纹盲孔的加工原理及画法　　　　图 8-9　采用剖视或局部放大图画出的牙型

（6）螺纹连接的画法。内外螺纹的连接以剖视图表示时，其旋合部分按外螺纹画出，其余各部分仍按各自画法表示。当剖切平面通过螺杆轴线时，螺杆按不剖绘制。内外螺纹大径和小径线，必须分别位于同一条直线上。传动螺纹应在旋合处用局部剖表示几个牙型。螺纹连接的基本画法如图 8-10 所示。

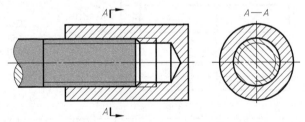

图 8-10　螺纹连接的基本画法

任务实施

一、绘制六角头螺栓

1. 识读六角头螺栓标记

螺栓结构如图 8-11 所示。

图 8-11 螺栓视图

螺栓的规格尺寸是螺纹大径 d 和公称长度 l，其规定标记为：

名称	标准代号	螺纹代号×长度

例如：螺栓　　GB/T 5782—2000　　M6×20

由查表法可知：$k=4$，$e=11$，$l=20$，$b=12$，$P=0.75$，$d_1=d-2P=4.5$

2. 绘制螺栓视图

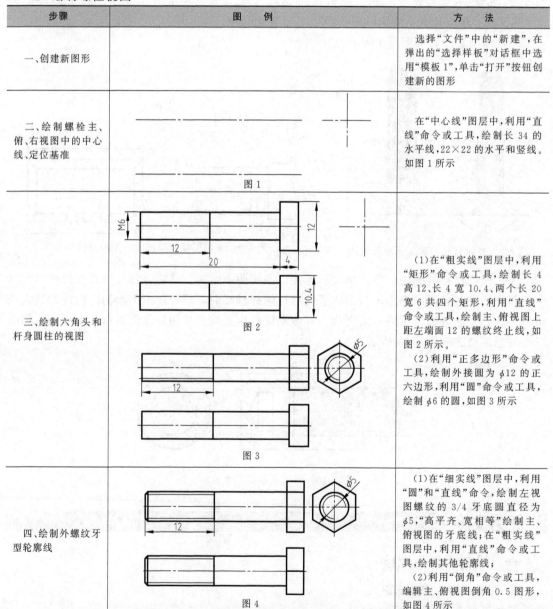

步骤	图　例	方　法
一、创建新图形		选择"文件"中的"新建"，在弹出的"选择样板"对话框中选用"模板1"，单击"打开"按钮创建新的图形
二、绘制螺栓主、俯、右视图中的中心线、定位基准	图1	在"中心线"图层中，利用"直线"命令或工具，绘制长34的水平线，22×22的水平和竖线。如图1所示
三、绘制六角头和杆身圆柱的视图	图2 图3	(1)在"粗实线"图层中，利用"矩形"命令或工具，绘制长4高12、长4宽10.4，两个长20宽6共四个矩形，利用"直线"命令或工具，绘制主、俯视图上距左端面12的螺纹终止线，如图2所示。 (2)利用"正多边形"命令或工具，绘制外接圆为φ12的正六边形，利用"圆"命令或工具，绘制φ6的圆，如图3所示
四、绘制外螺纹牙型轮廓线	图4	(1)在"细实线"图层中，利用"圆"和"直线"命令，绘制左视图螺纹的3/4牙底圆直径为φ5，"高平齐、宽相等"绘制主、俯视图的牙底线；在"粗实线"图层中，利用"直线"命令或工具，绘制其他轮廓线； (2)利用"倒角"命令或工具，编辑主、俯视图倒角0.5图形，如图4所示

步骤	图 例	方 法
五、整理保存	图 5	修剪、删除多余图线，并标注相关尺寸，整理保存，如图 5 所示

二、绘制六角形螺母

1. 识读六角形螺母标记

六角螺母结构如图 8-12 所示。

螺母的规格尺寸是螺纹大径 D，其规定标记为：

名称　　标准代号　　螺纹代号

例如：螺母　　GB/T 41　　M6

可知：$D = 6$，$m = 0.8D$，$e = 2D$，$P = 0.75$，$D_1 = D - 2P$

计算得：$D_1 = 4.5$，$m = 4.8$，$e = 12$

2. 绘制螺母视图

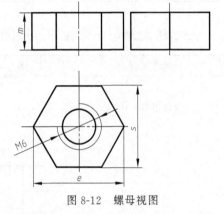

图 8-12　螺母视图

步骤	图 例	方 法
一、创建新图形		选择"文件"中的"新建"，在弹出的"选择样板"对话框中选用"模板 1"，单击"打开"按钮创建新的图形
二、绘制螺母主、俯、右视图中的中心线		在"中心线"图层中，利用"直线"命令，绘制长 34×34 的水平和竖线，以及长 20 两条的竖线
三、绘制螺母的外轮廓视图		（1）在"粗实线"图层中，利用"多边形"命令绘制内接圆为 12 的六边形为俯视图； （2）利用"矩形"命令，绘制长 12 宽 4.8 矩形为主视图；长 10.39 宽 4.8 的矩形为左视图； （3）利用"直线"命令，绘制主视图、左视图中的棱线（利用绘制辅助线保证长对正和宽相等），如图所示

步骤	图 例	方 法
四、绘制内螺纹牙型轮廓线，并整理保存	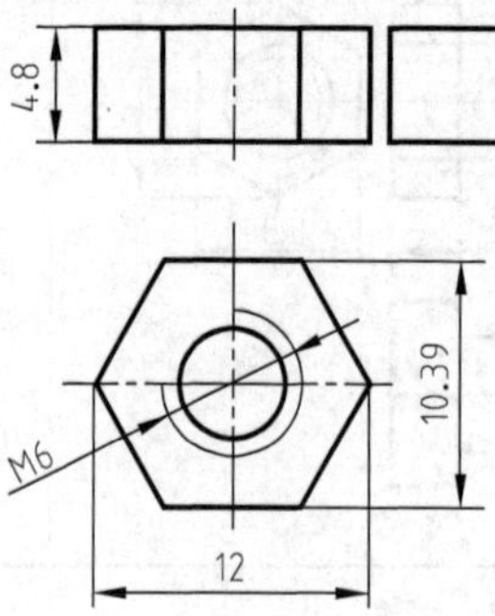 4.8 M6 10.39 12	（1）在"细实线"图层中，利用"圆"命令，绘制俯视图直径为 φ6 的 3/4 牙底圆，在"粗实线"图层，利用"圆"命令，绘制俯视图的牙顶线直径为 φ4.5 的圆，如图所示； （2）修剪、删除多余图线，并标注相关尺寸，整理保存

三、绘制螺母、螺栓的连接图

步骤	图 例	方 法
一、创建新图形		选择"文件"中的"新建"，在弹出的"选择样板"对话框中选用"模板 1"，单击"打开"按钮创建新的图形
二、绘制被连接件	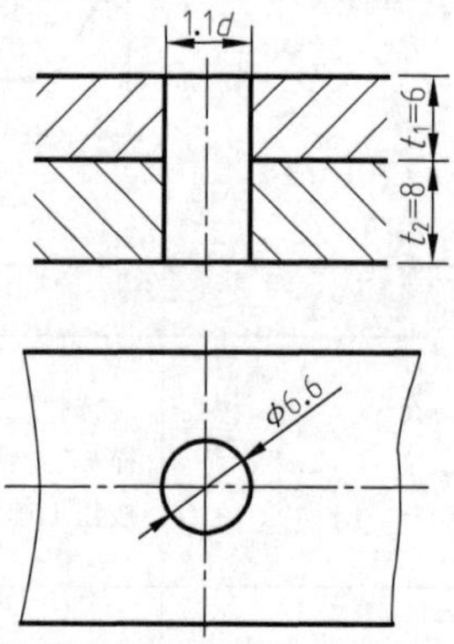 1.1d t₁=6 t₂=8 φ6.6	（1）根据螺栓连接画法规定，两被连接件的尺寸如图，厚度为 6 和 8，连接孔为 1.1d=φ6.6； （2）在"中心线"图层，利用"直线"命令，绘制中心线； （3）在"粗实线"图层，利用"矩形"命令，绘制连接板； （4）在"细实线"图层中，利用"填充"命令，将连接板主视图绘制成剖视图。 注意：两个零件接触面处只画一条粗实线。剖视图中，相互接触的两零件，绘制方向相反的剖面线，而同一零件中剖面线方向和间隔应相同
三、绘制垫片视图	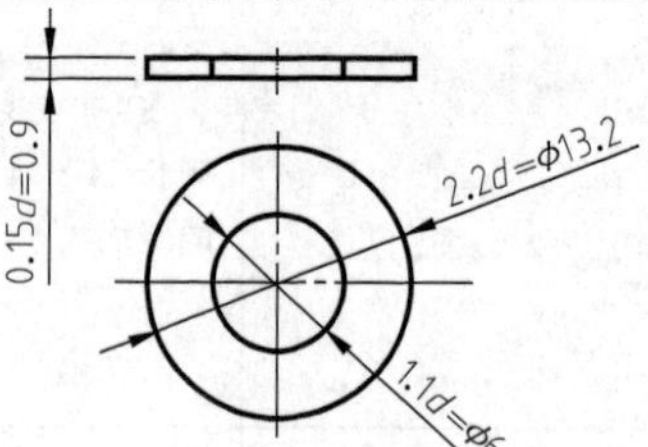 0.15d=0.9 2.2d=φ13.2 1.1d=φ6.6	（1）根据垫片画法规定，尺寸如图所示； （2）在"中心线"图层中，利用"直线"命令，绘制中心线。在"粗实线"图层中，利用"圆"和"矩形"命令，绘制垫片主、俯视图，如图所示
四、绘制螺母、螺栓的连接视图	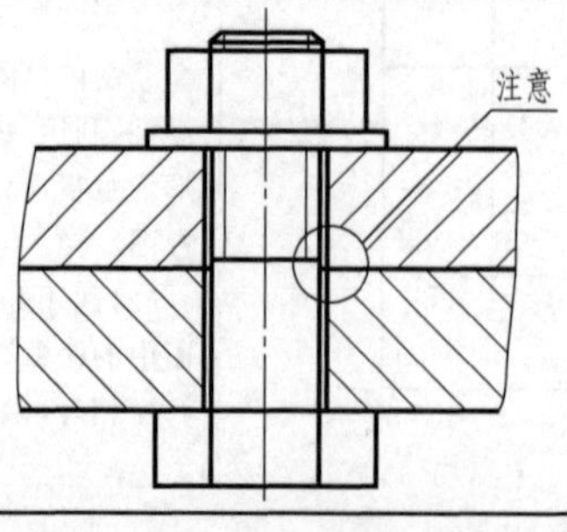 注意	利用"移动"命令，将绘制好的螺栓视图移至两连接板视图的适当位置，再将垫片视图移动合适位置，最后移动螺母视图（保证各个机件在视图中仍保持长对正的关系），如图所示。 注意：凡不接触的表面，不论间隙多小，在图上应绘制两条轮廓线

续表

步骤	图　例	方　法
五、整理保存	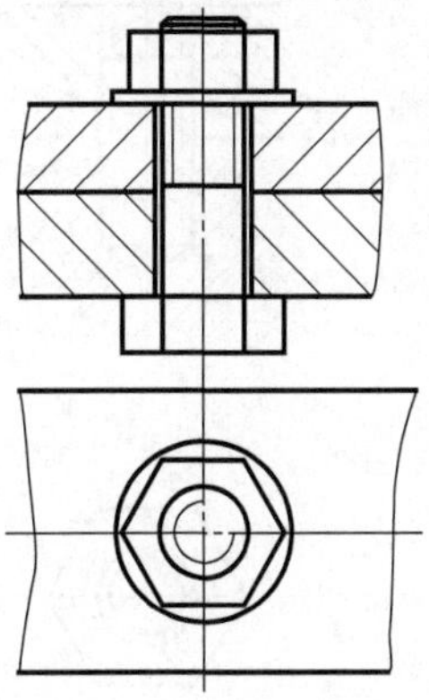	（1）利用"修剪"和"删除"命令,将绘制好的螺栓连接视图中多余的图线删除,如图所示; （2）整理保存

■ 拓展练习

一、填空题（说明螺纹标记的含义）

1. M16×1-5g6g-L _____。

2. B32×6LH-7e _____。

3. Tr48×16(P8)-8H _____。

4. G1A _____。

5. $R_1 1/2$ _____。

6. $R_c 1$-LH _____。

二、分析图中的错误（螺纹的规定画法），在给定位置画出正确的图形

1.

2.

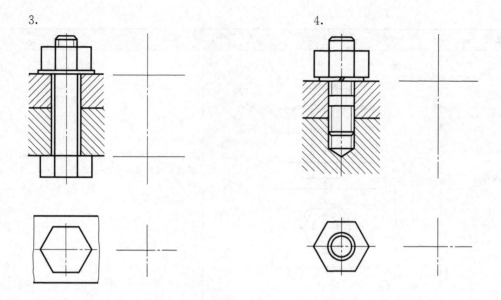

任务 2　绘制圆柱齿轮连接视图

▌ 任务分析

根据如图 8-13（a）所示直齿圆柱齿轮的示意图，绘制单个齿轮及齿轮啮合的视图。

齿轮是广泛用于机器或部件中的传动零件，除了用来传递动力外，还可以改变转速和回转的方向。由于其参数部分标准化，所以将其划归为常用件。

图 8-13 表示三种常见的齿轮传动形式。圆柱齿轮（根据轮齿的方向又可分为直齿圆柱齿轮、斜齿圆柱齿轮和人字齿圆柱齿轮）通常用于两平行轴之间的传动；圆锥齿轮用于两相交轴之间的传动；蜗轮蜗杆用于两交叉轴之间的传动。

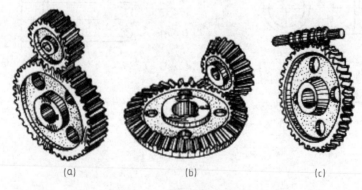

图 8-13　常见的齿轮传动

齿轮一般由轮体和轮齿两部分组成，轮齿是在齿轮加工机床上用刀具加工出来的，一般不需要画出它的真实投影，国家标准规定了它的画法。齿轮除轮齿部分外，其余轮体结构均应按真实投影绘制。

知识链接

一、直齿圆柱齿轮各部分名称与尺寸关系

1. 直齿圆柱齿轮各部分名称

如图 8-14（a）所示为互相啮合的两齿轮的一部分；图 8-14（b）所示为单个齿轮的投影图。

（1）节圆直径 d'、分度圆直径 d　连心线 O_1O_2 上两相切的圆称为节圆。对单个齿轮而言，作为设计、制造齿轮时进行各部分尺寸计算的基准圆，也是分齿的圆，称为分度圆。标准齿轮 $d=d'$。

（2）齿顶圆直径 d_a　通过轮齿顶部的圆，称为齿顶圆。

（3）齿根圆直径 d_f　通过齿槽根部的圆，称为齿根圆。

（4）齿顶高 h_a、齿根高 h_f、齿高 h　齿顶圆与分度圆的径向距离称为齿顶高；分度圆与齿根圆的径向距离称为齿根高；齿顶圆与齿根圆的径向距离称为齿高。其尺寸关系为：$h=h_a+h_f$。

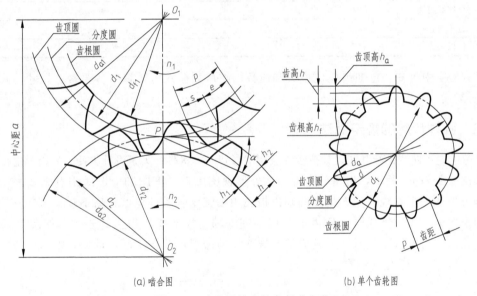

(a) 啮合图　　　　　　　　　(b) 单个齿轮图

图 8-14　直齿圆柱齿轮各部分名称

（5）齿厚 s、槽宽 e、齿距 p　每个轮齿在分度圆上的弧长称为齿厚；每个齿槽在分度圆上的弧长称为槽宽；相邻两齿廓对应点间在分度圆上的弧长称为齿距。两啮合齿轮的齿距必须相等。齿距 p、齿厚 s、槽宽 e 间的尺寸关系为：$p=s+e$；标准齿轮，$s=e$。

（6）模数　若以 z 表示齿轮的齿数，则：分度圆周长 $=\pi d=zp$，即 $d=zp/\pi$。令 $p/\pi=m$，则 $d=mz$。式中，m 称为模数。因为两齿轮的齿距 p 必须相等，所以它们的模数也相等。为了齿轮设计与加工的方便，模数的数值已标准化。如表 8-3 所列。模数越大，轮齿的高度、厚度也越大，承受的载荷也越大，在相同条件下，模数越大，齿轮也越大。

表 8-3　标准模数（GB/T 1357—2008）

第一系列			1　1.25　1.5　2　2.5　3　4　5　6　8　10　12　16　20　25　32　40　50			
第二系列	1.75　2.25　2.75　(3.25)　3.5　(3.75)　4.5　5.5　(6.5)　7　9　(11)　14　18　22　28　(30)　36　45					

注：选用模数时应选用第一系列；其次选用第二系列；括号内的模数尽可能不用。

（7）压力角 α 在两齿轮节圆相切点 P 处，两齿廓曲线的公法线（即齿廓的受力方向）与两节圆的公切线（即 P 点处的瞬时运动方向）所夹的锐角称为压力角，也称啮合角。对单个齿轮即为齿形角。标准齿轮的压力角一般为 $20°$。

（8）中心距 a 两啮合圆柱齿轮轴线间的最短距离 $a = m(z_1 + z_2)/2$。

（9）传动比 i 主动齿轮的转速 n_1 与从动齿轮的转速 n_2 之比，即 n_1/n_2。因为 $n_1 z_1 = n_2 z_2$，故可得 $i = n_1/n_2 = z_2/z_1$。

一对互相啮合的齿轮，其模数、压力角必须相等。

2. 直齿圆柱齿轮各部分的尺寸关系

齿轮的模数与各部分的尺寸都有重要关系，其计算公式见表 8-4。

表 8-4　标准直齿圆柱齿轮尺寸计算公式

名称	代号	计算公式
齿顶高	h_a	$h_a = m$
齿根高	h_f	$h_f = 1.25m$
齿高	h	$h = 2.25m$
分度圆直径	d	$d = mz$
齿顶圆直径	d_a	$d_a = m(z+2)$
齿根圆直径	d_f	$d_f = m(z-2.5)$

从表 8-4 中可知，已知齿轮的模数和齿数，按所列公式可计算出各要素的尺寸，画出齿轮的图形。

二、圆柱齿轮的规定画法

齿轮的轮齿曲线是渐开线，如按投影绘制图形费时、费事。为了设计方便，采用规定画法。

如图 8-15（a）所示，齿轮轮齿部分在外形视图中，分度圆和分度线用点画线表示；齿顶圆和齿顶线用粗实线表示；齿根圆和齿根线用细实线表示（也可省略不画）。在剖视图中，当剖切平面通过齿轮轴线时，轮齿部分按不剖处理；齿根线用粗实钱表示，如图 8-15（b）所示；若为斜齿或人字齿时，可画成半剖视或局部剖视，并在未剖切部分，画三条与齿形方

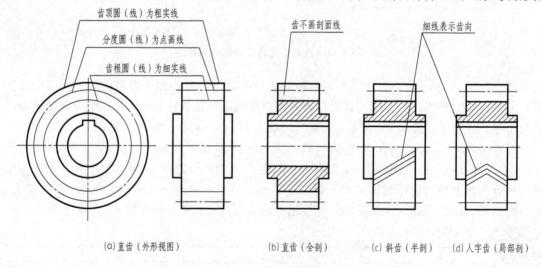

（a）直齿（外形视图）　　　（b）直齿（全剖）　　　（c）斜齿（半剖）　　（d）人字齿（局部剖）

图 8-15　圆柱齿轮的画法

向一致的细实线，如图 8-15（c）、图 8-15（d）所示。

三、圆柱齿轮的标注

在图样中，直齿圆柱轮齿部分的尺寸应标注齿顶圆直径、分度圆直径，而齿根圆直径规定不标注。并在图样右上角中列出模数、齿数等基本参数。

任务实施

一、绘制直齿圆柱大齿轮视图

1. 计算齿轮各部分尺寸

已知：模数 $m=4$，齿数 $z_1=10$，齿宽 $B_1=12$，计算有关尺寸：

$$d_1=mz_1=4\times10=40$$
$$d_{a1}=m(z_1+2)=4\times(10+2)=48$$
$$d_{f1}=m(z_1-2.5)=4\times(10-2.5)=30$$

2. 绘图步骤

步骤	图　例	方　法
一、创建新图形		选择"文件"中的"新建"，在弹出的"选择样板"对话框中选用"模板 1"，单击"打开"按钮创建新的图形
二、绘制大齿轮中心线、定位辅助线、分度圆、分度线	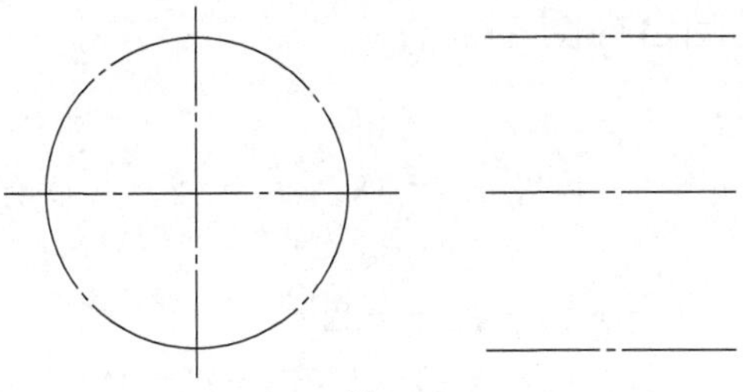 图 1	根据直齿圆柱齿轮的结构图 8-15 和计算结果，在"中心线"图层中，利用"直线"和"圆"命令或工具，绘制如图 1 所示图形和中心线
三、绘制齿顶圆、齿顶线、齿根圆、齿根线	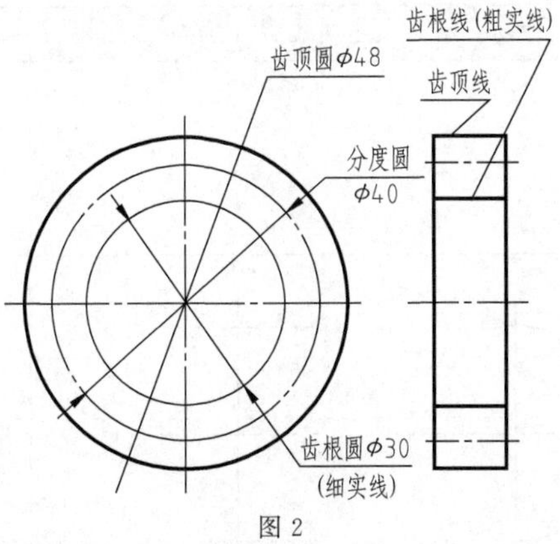 齿根线(粗实线) 齿顶线 齿顶圆φ48 分度圆φ40 齿根圆φ30(细实线) 图 2	根据计算结果绘制，在"粗实线"图层中，利用"直线"和"圆"命令或工具，绘制齿顶圆、齿根圆，及其左视图"高平齐"直线，结果如图 2 所示

续表

步骤	图 例	方 法
四、绘制轴孔和键槽孔	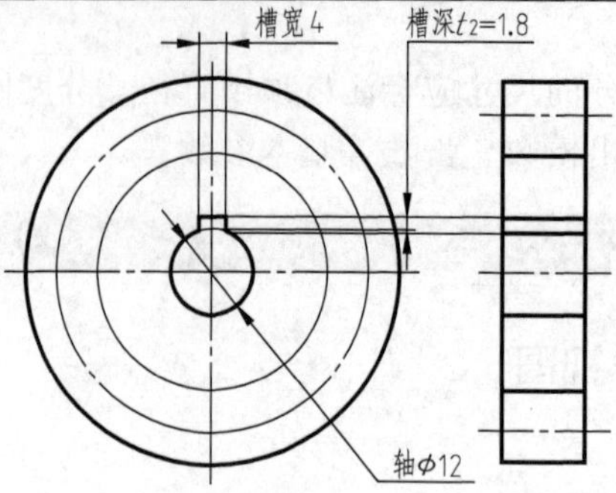 槽宽4 槽深t_2=1.8 轴ϕ12 图3	在"粗实线"图层中,利用"直线"和"圆"命令或工具,绘制ϕ12轴孔和键槽孔,查阅工具书,获得键槽孔深 $t_2 = 1.8$,槽宽 $b = 4$(具体步骤详见键的连接图),见图3
五、绘制齿轮左视图的剖面线,检查保存	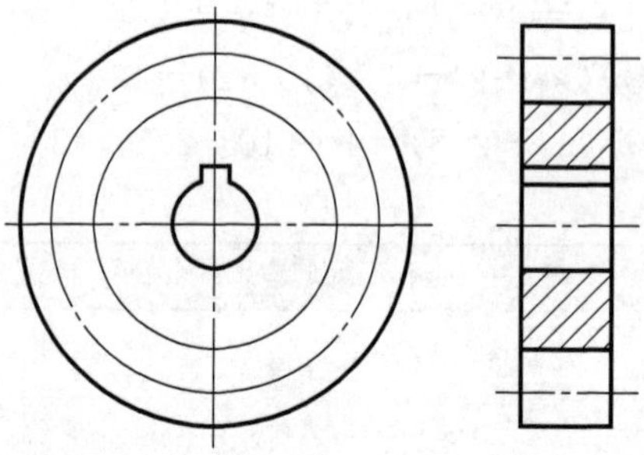 图4	(1)在"细实线"图层中,利用"图案填充"命令或工具,将剖切面与机件的实体接触部分填充剖面线,如图4所示; (2)根据剖视图的配置与标注,齿轮可以省略标注

二、绘制直齿圆柱齿轮啮合视图

1. 计算啮合齿轮各部分尺寸

已知:模数 $m = 4$,齿数 $z_2 = 8$,齿宽 $B_2 = 18$,$B_1 = 12$,计算有关尺寸。大齿轮计算略,小齿轮计算如下:

$$d_2 = mz_2 = 4 \times 8 = 32$$
$$d_{a2} = m(z_2 + 2) = 4 \times (8 + 2) = 40$$
$$d_{f2} = m(z_2 - 2.5) = 4 \times (8 - 2.5) = 22$$

2. 绘图步骤

步骤	图 例	方 法
一、创建新的图形		选择"文件"中的"新建",在弹出的"选择样板"对话框中选用"模板1",单击"打开"按钮创建新的图形
二、绘制齿轮中心线、定位辅助线、分度圆、分度线	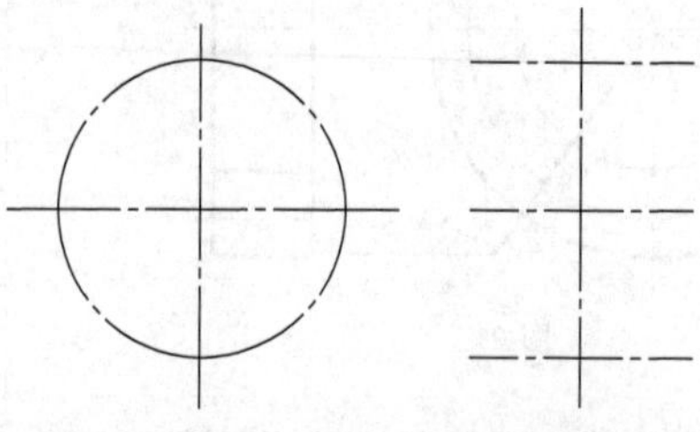	根据已知条件,在"中心线"图层中,利用"直线"和"圆"命令,绘制中心线和分度圆

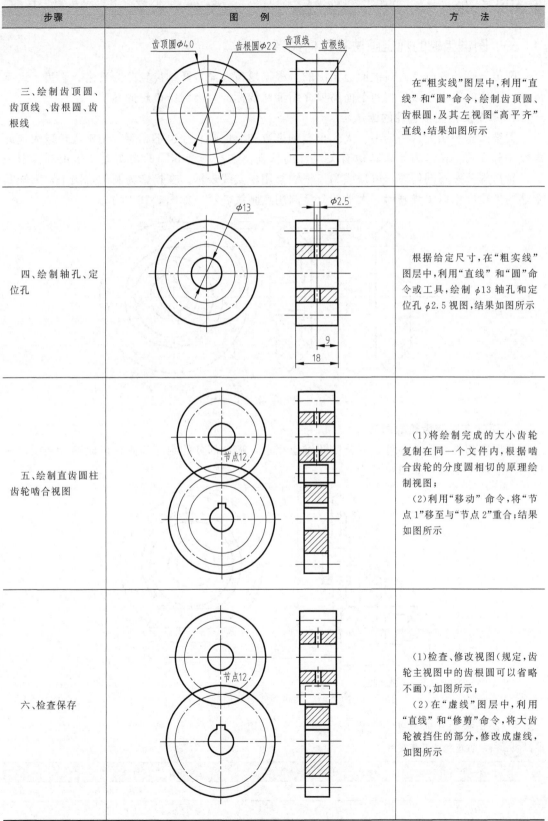

步骤	图 例	方 法
三、绘制齿顶圆、齿顶线、齿根圆、齿根线		在"粗实线"图层中,利用"直线"和"圆"命令,绘制齿顶圆、齿根圆,及其左视图"高平齐"直线,结果如图所示
四、绘制轴孔、定位孔		根据给定尺寸,在"粗实线"图层中,利用"直线"和"圆"命令或工具,绘制 $\phi 13$ 轴孔和定位孔 $\phi 2.5$ 视图,结果如图所示
五、绘制直齿圆柱齿轮啮合视图		(1)将绘制完成的大小齿轮复制在同一个文件内,根据啮合齿轮的分度圆相切的原理绘制视图; (2)利用"移动"命令,将"节点1"移至与"节点2"重合;结果如图所示
六、检查保存		(1)检查、修改视图(规定,齿轮主视图中的齿根圆可以省略不画),如图所示; (2)在"虚线"图层中,利用"直线"和"修剪"命令,将大齿轮被挡住的部分,修改成虚线,如图所示

知识拓展

一、圆锥齿轮的规定画法和几何关系

圆锥齿轮的轮齿是在圆锥面上制出的。根据轮齿方向，圆锥齿轮分为直齿、斜齿、人字齿等。齿廓曲线多为渐开线。下面简单介绍渐开线标准直齿圆锥齿轮的画法。

1. 单个直齿圆锥齿轮的画法

圆锥齿轮一端大、一端小，大、小端的模数和分度圆直径也不相等，通常规定以大端的模数和分度圆直径作为计算其他有关尺寸的依据。在投影为非圆的视图上，常用剖视图表达，轮齿部分按不剖处理，齿顶线和齿根线都用粗实线表示。在投影为圆的视图上，大端及小端的齿顶圆用粗实线表示，大端的分度圆用点画线表示，如图 8-16 所示。

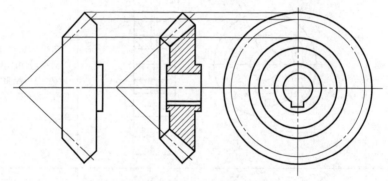

图 8-16　单个圆锥齿轮的画法

2. 两啮合圆锥齿轮的画法

两标准圆锥齿轮啮合时，两分度圆锥应相切，啮合部分的画法与圆柱齿轮啮合相同，主视图一般取全剖视，如图 8-17 所示。

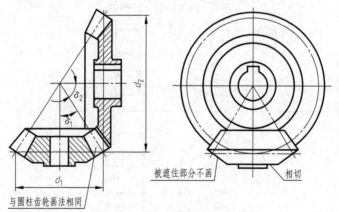

图 8-17　圆锥齿轮啮合的画法

3. 锥齿轮的几何尺寸（见表 8-5）

表 8-5　锥齿轮的几何尺寸

名　称	代　号	计算公式
齿顶高	h_a	$h_a = m$
齿根高	h_f	$h_f = 1.2m$

名　称	代　号	计算公式
齿高	h	$H = 2.2m$
分度圆直径	d	$d = mz$
齿顶圆直径	d_a	$d_a = m(z + 2\cos\delta)$
齿根圆直径	d_f	$d_f = m(z - 2.4\cos\delta)$

二、蜗轮蜗杆的规定画法和几何关系

1. 蜗轮的画法

蜗轮的轮齿部分画法与圆柱齿轮基本相同，但在垂直轴线的投影面视图中，只画出分度圆和直径最大的外圆，齿顶圆和齿根圆省略不画，如图 8-18（a）所示。

2. 蜗杆的画法

蜗杆轮齿部分画法与圆柱齿轮基本相同，但常用局部剖视图表示齿形如图 8-18（b）所示。

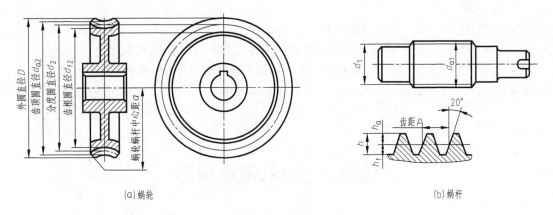

图 8-18　蜗轮、蜗杆的画法

3. 蜗轮、蜗杆啮合画法

蜗轮、蜗杆啮合图如图 8-19 所示，在平行于蜗轮轴线的投影面视图中，蜗轮与蜗杆投

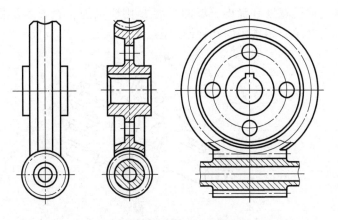

图 8-19　蜗轮、蜗杆啮合图画法

影重合的部分，只画蜗杆，不画蜗轮；在蜗轮投影为圆的视图中，啮合区内蜗杆的节线与蜗轮的节圆应相切。

拓展练习

一、填空题

1. 三种常见的齿轮传动形式：_____、_____、_____。

2. 齿轮一般由_____和_____两部分组成，轮齿是在_____加工出来的，一般不需要画出它的真实投影，国家标准规定了它的画法。齿轮除轮齿部分外，其余轮体结构均应按_____。

3. 《机械制图　齿轮画法》仍沿用_____年发布的国家标准。轮齿部分一般按下列规定绘制：齿顶圆和齿顶线用_____线绘制；分度圆和分度线用_____线绘制；齿顶圆和齿根线用线_____绘制，也可_____，在剖视图中，齿根线用_____线绘制。在剖视图中，当剖切平面通过齿轮的轴线时，轮齿一律按_____处理，当需要表示齿线的形状时，可用三条与齿线方向一致的线表示，直齿则不需要表示。

二、操作题

1. 利用 AutoCAD，打开"模板 1"，绘制 $m_1 = 5$、$z_1 = 40$、$B_1 = 12$ 单个直齿圆柱齿轮的主、左两视图，比例是 2∶1，并标注尺寸，保存文件命为"齿轮 2.dwt"。

2. 利用 AutoCAD，打开"齿轮 2.dwt"绘制 $z_2 = 25$、$B_2 = 8$ 单个直齿圆柱齿轮的主、左两视图，并使两齿轮啮合，比例是 2∶1，并标注尺寸。

任务 3　绘制键连接图

任务分析

键连接是一种可拆连接，这种连接是将键同时嵌入轴与轮毂的键槽中，将轴及轴上的转动零件如齿轮、皮带轮、联轴器等连接在一起，实现轴向固定以传递扭矩，如图 8-20 所示为普通平键连接。键是标准件，键的结构尺寸设计可根据轴的直径查键的标准得出它的尺寸，同时也可查得键槽的宽度和深度。键的长度 L 则应根据轮毂长度及受力大小选取相应的系列值。本任务将简单介绍常用的几种键连接。

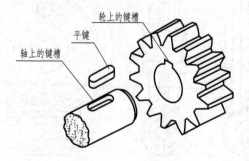

图 8-20　普通平键连接

知识链接

常用的键有普通平键、半圆键和钩头楔键等，其形式、标记见表 8-6。

表 8-6　常用键的形式、标记

名称	图例	标记示例
普通平键	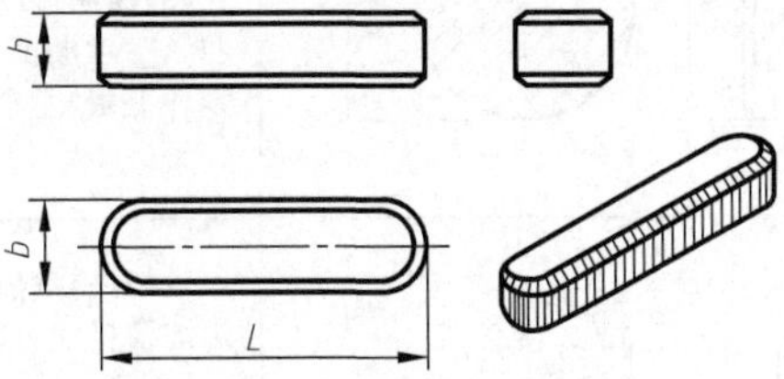	GB/T 1096 键 B16×10×100 表示 B 型圆头普通平键 键长 $L=100$mm 键宽 $b=16$mm 键高 $h=10$mm
半圆键	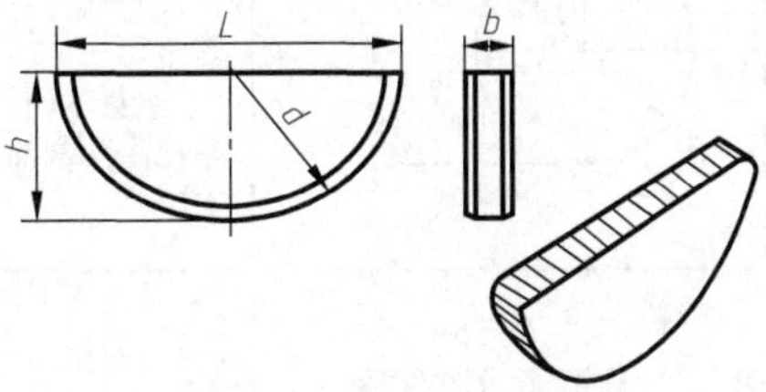	GB/T 1099—2003 键 8×9×28 表示半圆键 键长 $d=28$mm 键宽 $b=8$mm 键高 $h=9$mm
钩头楔键	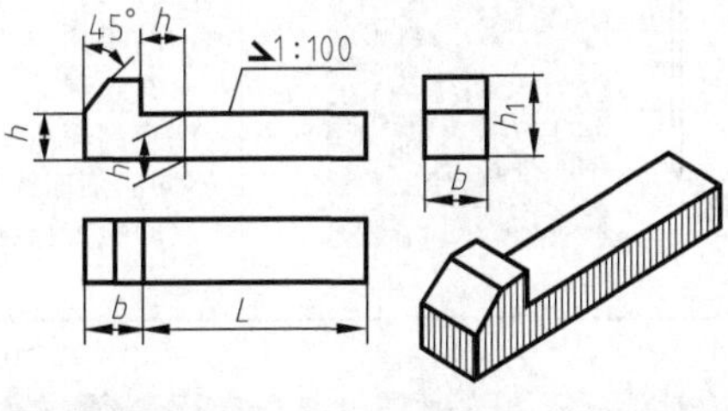	GB/T 1565—2003 键 表示钩头楔键 键宽 $b=12$mm 键长 $L=100$mm 键高 $h=8$mm

任务实施

普通平键连接图的绘制。

步骤	图例	方法
一、创建新图形		选择"文件"中的"新建"，在弹出的"选择样板"对话框中选用"模板 1"，单击"打开"按钮创建新的图形
二、绘制普通平键零件图	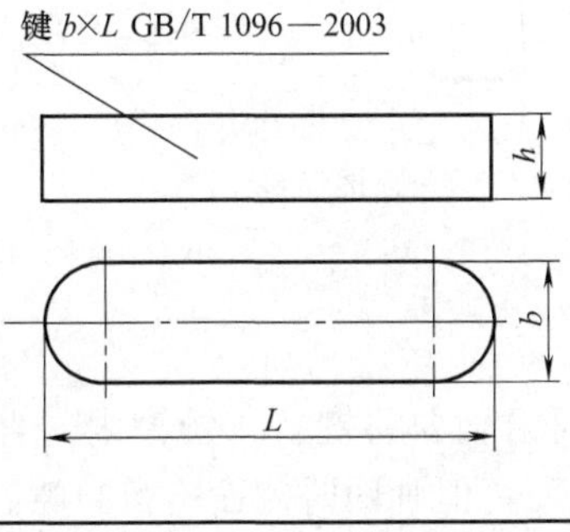 键 b×L GB/T 1096—2003	（1）根据已知条件件轴的直径 $d=12$mm，查阅工具书可知，键尺寸：A 型普通平键 $b=4$mm，$h=4$mm，$L=8$mm； （2）在"中心线"图层中，利用"直线"命令，绘制中心线； （3）在"粗实线"图层中，利用"直线"命令，绘制键轮廓线。如图所示

续表

步　　骤	图　　例	方　　法
三、绘制轴零件图	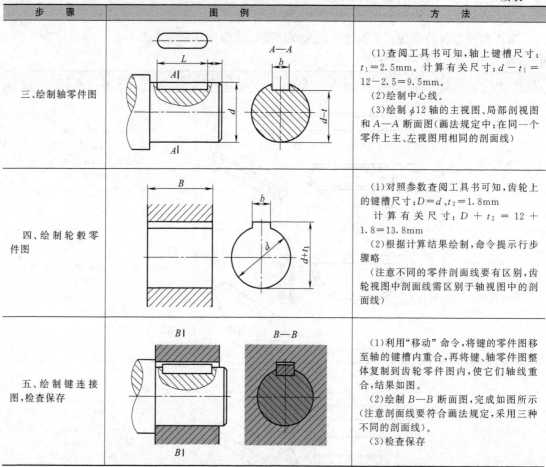	（1）查阅工具书可知，轴上键槽尺寸：$t_1=2.5\text{mm}$。计算有关尺寸：$d-t_1=12-2.5=9.5\text{mm}$。 （2）绘制中心线。 （3）绘制 $\phi12$ 轴的主视图、局部剖视图和 $A-A$ 断面图（画法规定中：在同一个零件上主、左视图用相同的剖面线）
四、绘制轮毂零件图		（1）对照参数查阅工具书可知，齿轮上的键槽尺寸：$D=d$、$t_2=1.8\text{mm}$ 　计算有关尺寸：$D+t_2=12+1.8=13.8\text{mm}$ （2）根据计算结果绘制，命令提示行步骤略 （注意不同的零件剖面线要有区别，齿轮视图中剖面线需区别于轴视图中的剖面线）
五、绘制键连接图，检查保存		（1）利用"移动"命令，将键的零件图移至轴的键槽内重合，再将键、轴零件图整体复制到齿轮零件图内，使它们轴线重合，结果如图。 （2）绘制 $B-B$ 断面图，完成如图所示（注意剖面线要符合画法规定，采用三种不同的剖面线）。 （3）检查保存

知识拓展

一、半圆键连接的画法

半圆键一般用在载荷不大的传动轴上，它的连接情况与普通平键相似。如图 8-21 所示。

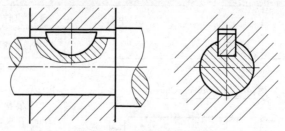

图 8-21　半圆键连接

二、钩头楔键连接的画法

楔键顶面是 1：100 的斜度，装配时沿轴向将键打入键槽内，直至打紧为止，因此，它的上、下面为工作面，两侧面为非工作面，但画图时侧面不留间隙。如图 8-22 所示。

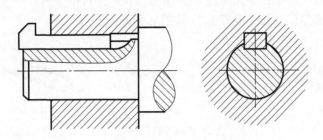

图 8-22　钩头楔键连接

拓展练习

1. 常用的键有_____、_____、_____等。
2. 楔键顶面斜度是_____，_____为工作面。

任务 4　绘制销连接视图

任务分析

销是标准件，销的种类一般包括圆柱销、圆锥销和开口销。常用作连接、锁定零件或传递动力之用，也可用来定位。用销来连接和定位的连接称为销连接，如何绘制如图 8-23 所示的销连接视图呢？

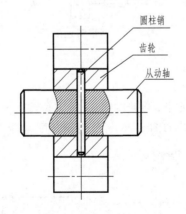

图 8-23　销连接视图

知识链接

一、销的种类

销主要用于零件的定位，也可用于连接，但只能传递不大的扭矩。一般来说，圆柱销用于不经常拆卸的场合，圆锥销多用于经常拆卸的场合，开口销与槽形螺母合用，用来防止螺母松开或者防止其他零件从轴上脱开。如图 8-24 所示。

(a)圆柱销　　　　　　(b)圆锥销　　　　　　(c)开口销

图 8-24　销的种类

二、销连接的画法

圆柱销、圆锥销和开口销连接装配图画法如图 8-25～图 8-27 所示。国家标准规定：在装配图中，对于轴、销等实心零件，若按纵向剖切，且剖切平面通过其轴线时，这些零件均按不剖绘制。

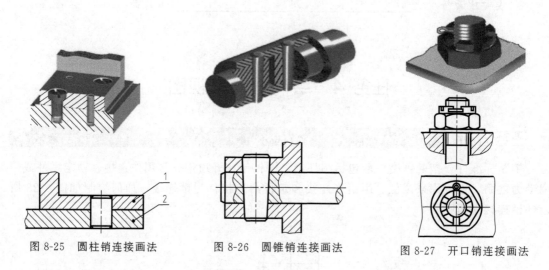

图 8-25　圆柱销连接画法　　　图 8-26　圆锥销连接画法　　　图 8-27　开口销连接画法

三、销连接的标注

为了保证销孔与销的配合要求，一般将两个被定位或被连接零件装配在一起后，再加工销孔，并在零件图中加以说明，如图 8-28 所示为销孔配合标注方法。

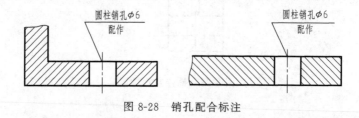

图 8-28　销孔配合标注

圆锥销是以小端直径 d 为基准的，因此，圆锥销孔应标注小端直径尺寸。

▌ 任务实施

绘制圆柱销连接视图。

步 骤	图 例	方 法
一、创建新图形		选择"文件"中的"新建",在弹出的"选择样板"对话框中选用"模板 1",单击"打开"按钮创建新的图形
二、绘制圆柱销零件图	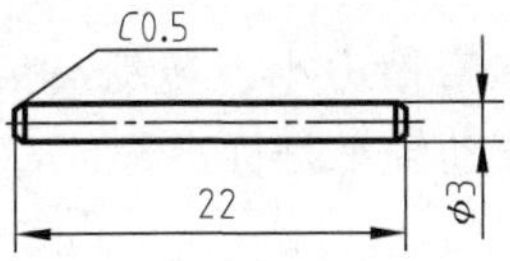 C0.5 22 φ3	(1)已知销的标记:GB/T 5782—2000,$d=3$mm 根据已知条件,查阅工具书可知:公称直径 $d=3$mm,$C=0.5$mm,$l=28$mm (2)根据计算结果绘制: ①在"中心线"图层中,利用"直线"命令,绘制中心线; ②在"粗实线"图层中,利用"直线"命令,绘制销轮廓线
三、绘制从动轴零件图	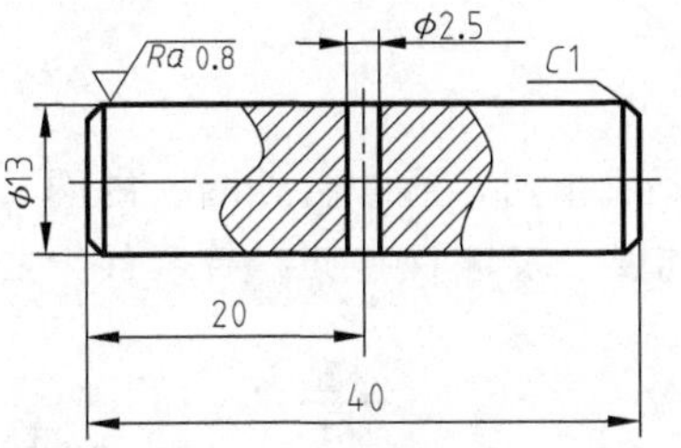 Ra 0.8 φ2.5 C1 φ13 20 40	(1)根据已知尺寸绘制从动轴零件图: ①绘制中心线; ②绘制 φ13 轴的主视图、局部剖视图以确定销孔的位置和大小
四、绘制齿轮的轮毂零件图	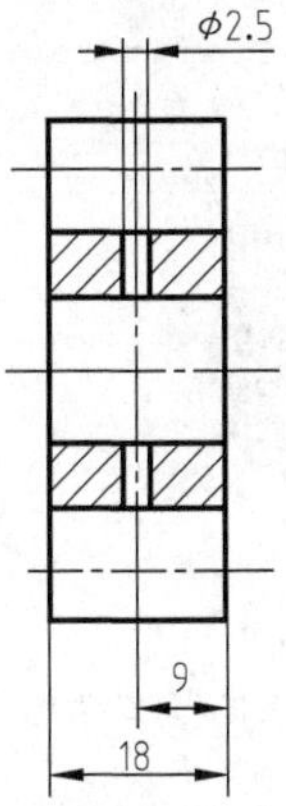 φ2.5 9 18	根据已知尺寸绘制齿轮(可调用齿轮 2 的左视图)
五、绘制销连接图,检查保存	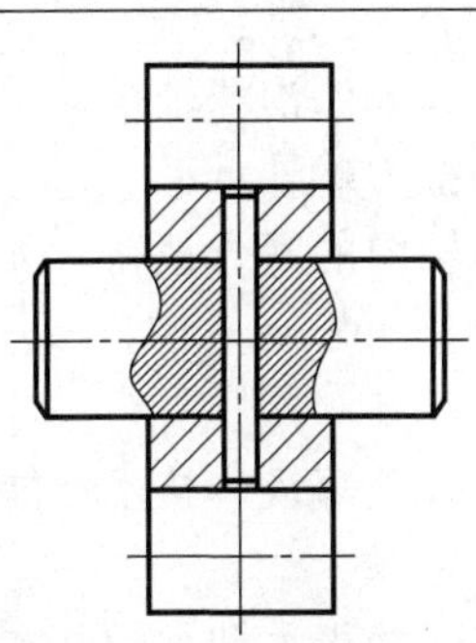	(1)将绘制完成的三个零件图组合,步骤如下: ①利用"移动"命令,将从动轴的零件图移至齿轮 2 的轴孔内使两者销孔轴线和水平轴线均重合,再将销零件图移至于上述两者的竖向轴线重合; ②利用"修剪""删除"等命令,去除多余线,结果如图所示 (2)检查保存

拓展练习

1. 销的种类有 _____ 、_____ 、_____ 。

2. 销的作用有 _____ 。

任务 5 绘制滚动轴承视图

▌ 任务分析

滚动轴承是支承转动轴的部件，它具有摩擦力小、转动灵活、旋转精度高、结构紧凑、维修方便等优点，在生产中被广泛采用。滚动轴承是标准部件，由专门工厂生产，需要时根据要求确定型号，选购即可。

▌ 知识链接

一、滚动轴承的构造和类型

滚动轴承的种类很多，但其结构大致相同，通常由外圈、内圈、滚动体（安装在内、外圈的滚道中，如滚珠、滚锥等）和隔离圈（又叫保持架）等零件组成，如图 8-29 所示。

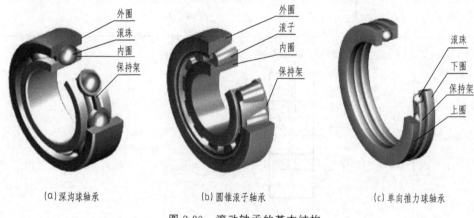

(a)深沟球轴承   (b)圆锥滚子轴承   (c)单向推力球轴承

图 8-29 滚动轴承的基本结构

滚动轴承按其承受载荷的方向不同，可分为三类：

（1）向心轴承，主要用以承受径向载荷，如深沟球轴承；

（2）推力轴承，用以承受轴向载荷，如推力球轴承；

（3）向心推力轴承，可同时承受径向和轴向的联合载荷，如圆锥滚子轴承。

二、滚动轴承的代号

国家标准规定滚动轴承的结构、尺寸、公差等级、技术性能等特性用代号表示，滚动轴承的代号由前置代号、基本代号、后置代号组成。

一般常用的轴承由基本代号表示，基本代号表示轴承的基本类型、结构和尺寸，是滚动轴承代号的基础，由滚动轴承的类型代号、尺寸系列代号和内径代号构成。

（1）滚动轴承的类型代号用阿拉伯数字或大写拉丁字母表示，见表 8-7。

（2）尺寸系列由宽（高）度系列和直径系列代号组成，一般由两位数字组成，表示同一内径的轴承，其内、外圈的宽度、厚度不同，承载能力也随之不同。尺寸系列代号可查阅有关标准。

（3）内径代号表示轴承的公称内径，即轴承内圈的孔径，一般也由两位数字组成。滚动轴承公称内径 $d \geqslant 10$ 的代号见表 8-8。

表 8-7　滚动轴承的类型代号

代号	轴承类型	代号	轴承类型
0	双列角接触球轴承	6	深沟球轴承
1	调心球轴承	7	角接触球轴承
2	调心滚子轴承和推力调心滚子轴承	8	推力圆柱滚子轴承
3	圆锥滚子轴承	N	圆柱滚子轴承，双列或多列用字母 NN 表示
4	双列深沟球轴承	U	外球面球轴承
5	推力球轴承	QJ	四点接触球轴承

表 8-8　常用轴承内径代号

公称内径/mm		内 径 代 号
10～17	10	00
	12	01
	15	02
	17	03
20～480（22、28、32 除外）		内径代号用公称内径除以 5 的商数表示，商数为个位数时，需在商数左边加"0"

前置代号、后置代号是轴承在结构形状、尺寸、公差、技术要求等有所改变时，在其基本代号的左右添加的补充代号。需要时可以查阅有关国家标准。

滚动轴承的规定标记示例：

滚动轴承 6205 GB/T 276—2013

6——轴承类型代号，表示深沟球轴承。

2——尺寸系列代号为 02，宽度系列代号为"0"省略，表示窄系列；直径系列代号为"2"，表示轻系列。

05——轴承内径代号，内径 $d = 5 \times 5 = 25$mm。

三、滚动轴承的画法

滚动轴承的画法分为简化画法和规定画法，一般在画图前，根据轴承代号从相应的标准中查出滚动轴承的外径 D、内径 d、宽度 B、T 后，按比例关系绘制。

1. 特征画法

用简化画法绘制滚动轴承时，可采用通用画法（如不需要确切地表示滚动轴承的外形轮廓、载荷特性、结构特征时采用）或特征画法（如需较形象地表示滚动轴承的结构特征时采用），但在同一图样中一般只采用其中一种画法。

2. 规定画法

规定画法接近于真实投影，但不完全是真实投影，规定画法一般画在轴的一侧，另一侧按通用画法绘制，特征画法既可形象地表示滚动轴承的结构特征，又可给出装配指示，比规定画法简便，见表 8-9。

表 8-9 滚动轴承的简化画法和规定画法的尺寸比例

名　称	规定画法	特征画法（简化画法）
深沟球轴承	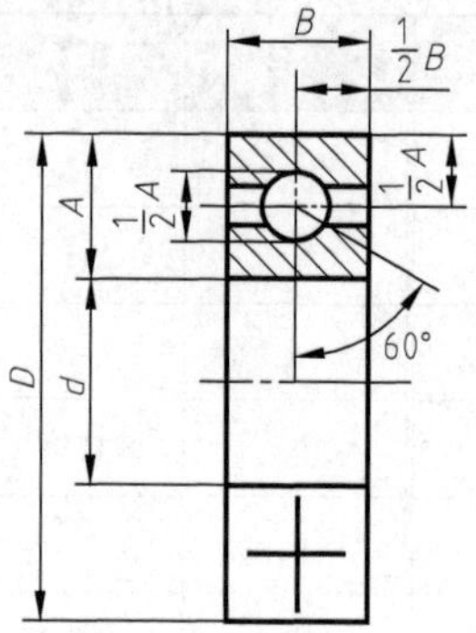	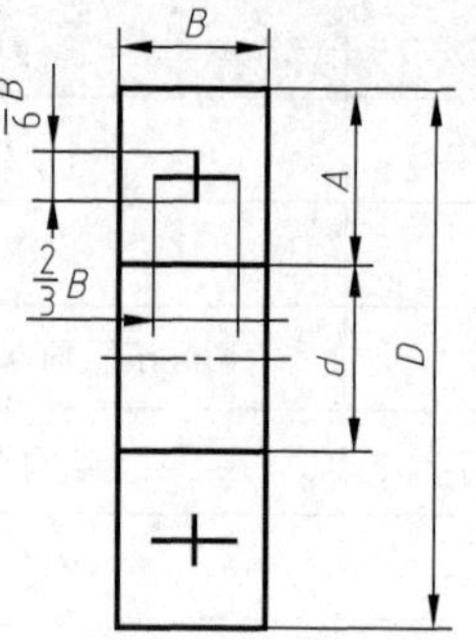
推力球轴承	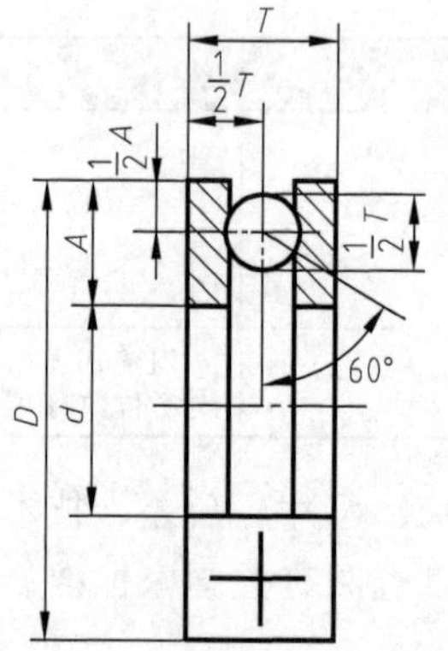	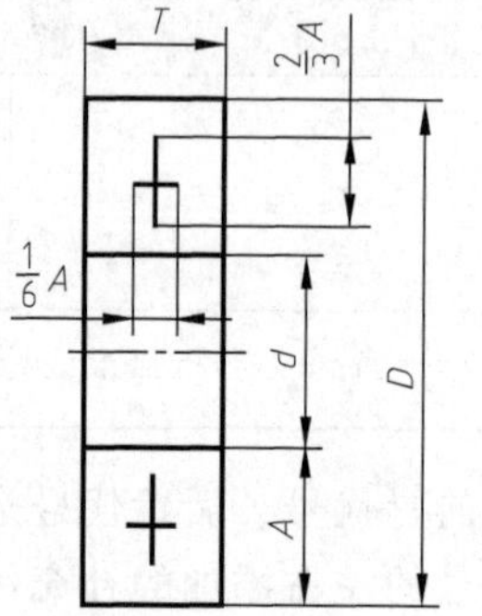
圆锥滚子轴承	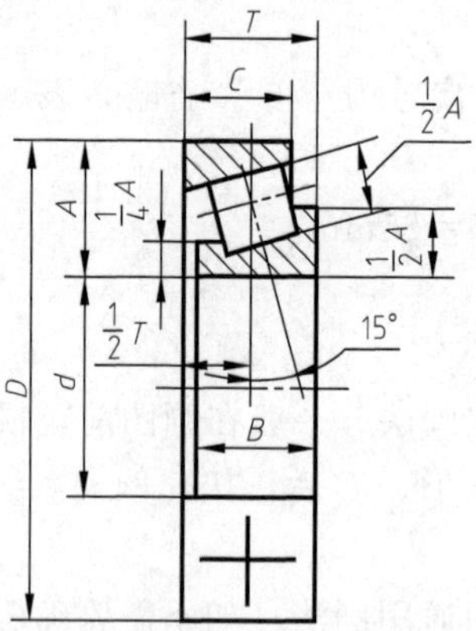	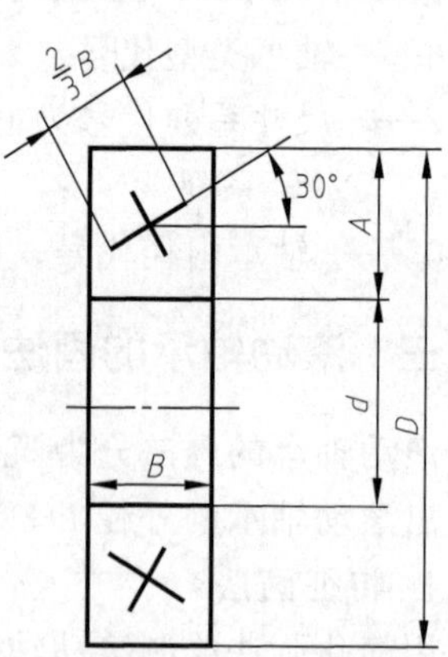

任务实施

滚动轴承 6208 GB/T 276—2013

查表可知有关尺寸：轴承宽度 $B=18\text{mm}$，内径 $d=40\text{mm}$，外径 $D=80\text{mm}$。

绘制图 8-29（a）深沟球轴承视图（规定画法）方法和步骤如下：

步　骤	图　例	方　法
一、创建新图形		选择"文件"中的"新建",在弹出的"选择样板"对话框中选用"模板1",单击"打开"按钮创建新的图形
二、绘制轴承内、外圈的中心线、轮廓线	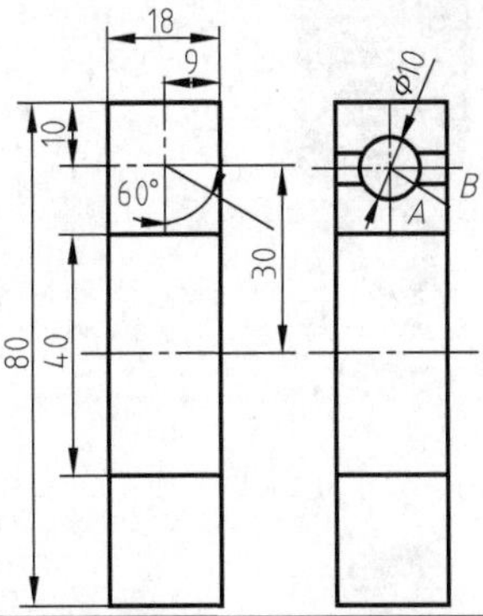	(1)根据已知条件,轴承宽度 $B=18$mm,内径 $d=40$mm,外径 $D=80$mm; (2)根据计算结果绘制: ①在"中心线"图层中,利用"直线"命令或工具,绘制中心线; ②在"粗实线"图层中,利用"矩形"和"直线"命令,绘制轴承廓线; ③用"圆"命令或工具,绘制轴承滚动体 $\phi10$ 的圆,如图所示。 注意画法规定:滚动体按不剖画
三、绘制轴承内、外圈剖视图,用通用画法绘制轴承另一半,检查保存	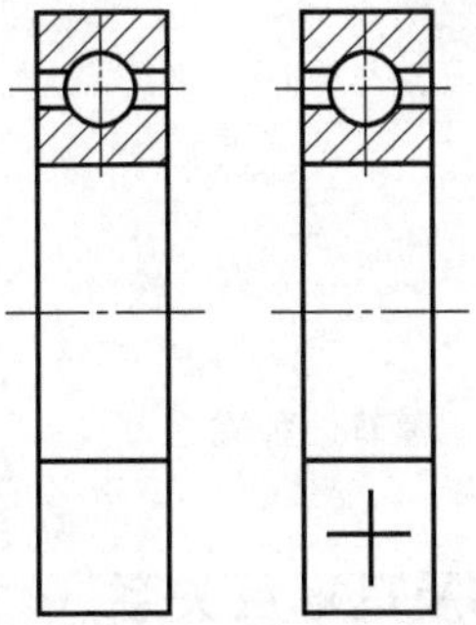	(1)在"细实线"图层中,利用"填充"命令和工具绘制剖视图; (2)在"粗实线"图层中,利用"直线"命令,绘制轴承的另一半。 注意画法规定:轴承内、外圈的剖面线方向一致、间隔相同;另一半用通用画法绘制,如图所示

拓展练习

1. 滚动轴承按其承载的方向不同,可分为三类:_____、_____、_____。

2. 解释滚动轴承 6205 GB/T 276—2013 含义。

任务 6 绘制弹簧视图

任务分析

弹簧是一种常用零件,它的作用是减振、夹紧、测力、储藏能量等。弹簧的特点是外力去掉后能立即恢复原状。

在各种弹簧中,以普通圆柱螺旋弹簧最为常见,本任务主要介绍其规定画法和标记。

知识链接

一、弹簧的种类

弹簧的种类很多,有螺旋弹簧、蜗卷弹簧、板弹簧和片弹簧等,如图 8-30 所示。

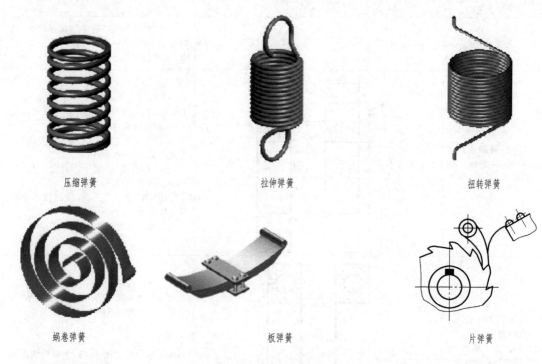

压缩弹簧　　　　　　　　　拉伸弹簧　　　　　　　　扭转弹簧

蜗卷弹簧　　　　　　　　　　板弹簧　　　　　　　　　片弹簧

图 8-30　弹簧的种类

二、圆柱螺旋压缩弹簧各部分名称及其相互关系

表 8-10 列出了圆柱螺旋压缩弹簧各部分名称、基本参数及其相互关系。

表 8-10　圆柱螺旋压缩弹簧各部分名称、基本参数及其相互关系

名称	符号	说　　明	图　　例
型材直径	d	制造弹簧用的材料直径	
弹簧的外径	D	弹簧的最大直径	
弹簧的内径	D_1	弹簧的最小直径	
弹簧的中径	D_2	$D_2 = D - d = D_1 + d$	
有效圈数	n	为了工作平稳，n 一般不小于3 圈	
支承圈数	n_0	弹簧两端并紧和磨平（或锻平），仅起支承或固定作用的圈（一般取 1.5 圈、2 圈或 2.5 圈）	
总圈数	n_1	$n_1 = n + n_0$	
节距	t	相邻两有效圈上对应点的轴向距离	
自由高度	H_0	未受负荷时的弹簧高度 $H_0 = n_t + (n_0 - 0.5)d$	
展开长度	L	制造弹簧所需钢丝的长度 $L \approx \pi D_n l$	

在 GB/T 2089—2009 中对圆柱螺旋压缩弹簧的 d、D、t、H_0、n、L 等尺寸都已作了

规定，使用时可查阅该标准。

三、圆柱螺旋压缩弹簧的规定画法

根据 GB/T 4459.4—2003，圆柱螺旋弹簧的规定画法如下：

（1）在平行于螺旋弹簧轴线的投影面的视图中，各圈的外轮廓线应画成直线。

（2）螺旋弹簧均可画成右旋，但左旋螺旋弹簧不论画成左旋或右旋，必须加写"左"字。

（3）对于螺旋压缩弹簧，如要求两端并紧且磨平时，不论支承圈数多少和末端贴紧情况如何，均按图 8-31（有效圈是整数，支承圈为 2.5 圈）的形式绘制。必要时也可按支承圈的实际结构绘制。

（4）当弹簧的有效圈数在四圈以上时，可以只画出两端的 1～2 圈（支承圈除外），中间部分省略不画，用通过弹簧钢丝中心的两条点画线表示，并允许适当缩短图形的长度。

（5）在装配图中，型材直径或厚度在图形上等于或小于 1mm 的螺旋弹簧，允许用示意图绘制，如图 8-32（a）所示，当弹簧被剖切时，剖面直径或厚度在图形上等于或小于 2mm 时，也可用涂黑表示，且各圈的轮廓线不画，如图 8-32（b）所示。

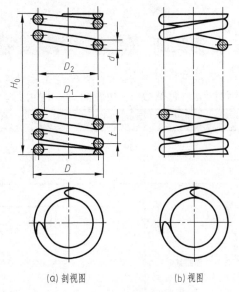

(a) 剖视图　　　　(b) 视图

图 8-31　圆柱螺旋弹簧的规定画法

装配图中被弹簧挡住的结构一般不画出，可见部分应从弹簧的外轮廓线或从弹簧钢丝剖面的中心线画起，如图 8-32（c）所示。

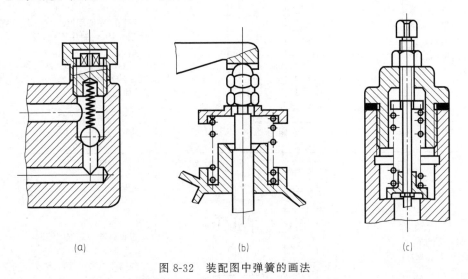

(a)　　　　　　　(b)　　　　　　　(c)

图 8-32　装配图中弹簧的画法

四、圆柱螺旋压缩弹簧的标记

根据 GB/T 2089—2009 规定，圆柱螺旋压缩弹簧的标记由名称、型式、尺寸、精度及旋向、标准编号、材料牌号以及表面处理组成，其标记格式如下：

| 名称 | 型式 | $d \times D_2 \times H_0$ | — | 精度代号 | 旋向 | 标准编号 | — | 表面处理 |

标记示例：圆柱螺旋弹簧，A 型，型材直径为 3mm，中径为 20mm，自由高度为 80mm，制造精度为 2 级，材料为碳素弹簧钢丝 B 级，表面镀锌处理，左旋。

其标记为：

YA 3×20×80-2 左 GB/T 2089——2009 B 级

任务实施

当已知圆柱螺旋压缩弹簧的中径 $D_2 = 20mm$、线径 $d = 3mm$、自由高度 $H_0 = 80mm$、有效圈 n、总圈数 n_1 和旋向后，即可计算出节距 t，其作图步骤如下：

步　骤	图　　例	方　法
一、创建新图形		选择"文件"中的"新建"，在弹出的"选择样板"对话框中选用"模板 1"，单击"打开"按钮创建新的图形
二、布置图面	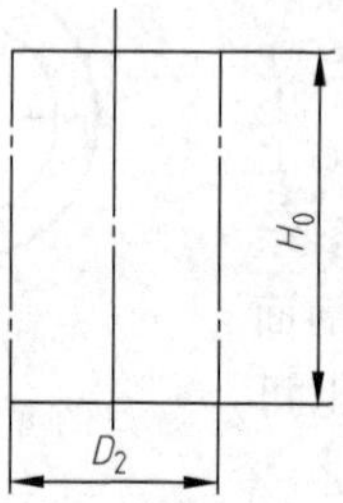 图 1	(1)根据已知条件，查阅工具书可知：$D_2 = 20mm$ $H_0 = 80mm$ (2)在"中心线"图层中，利用"直线"命令或工具，绘制中心线，如图 1 所示
三、绘制两端支承圈的小圆（每端各按 5/4 圈画）	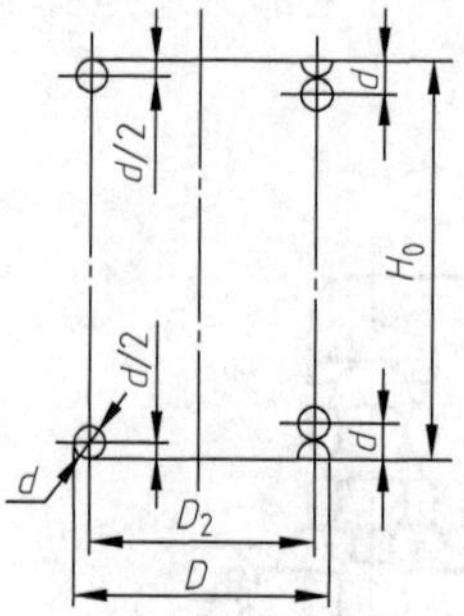 图 2	(1)在"中心线"图层中，利用"直线"命令或工具，绘制中心线，绘制 $\phi3$ 的圆中心线； (2)在"粗实线"图层中，利用"圆"命令或工具，根据尺寸 $d = 3mm$，绘制 $\phi3$ 的圆，如图 2 所示
四、绘制有效圈的小圆（两边各画 1～2 圈）	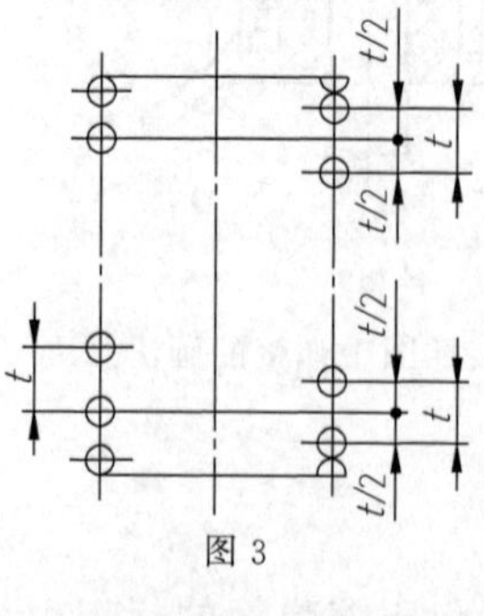 图 3	根据画法规定继续绘制： (1)小圆的中心线； (2)$\phi3$ 的圆，如图 3 所示

续表

步　骤	图　例	方　法
五、绘制各圈轮廓线、完成剖视图（画剖面线）	图 4	在"粗实线"图层中，利用"直线"命令或工具，打开"对象捕捉"的"切点"，绘制轮廓线，如图 4 所示

▌ 知识拓展

图 8-33 所示为完成了的圆柱螺旋压缩弹簧的零件图，主视图上方的三角形，表示该弹簧的力学性能，其中 P_1、P_2 为弹簧的工作负荷，P_i 为工作极限负荷，55、47 表示相应工作负荷下的工作高度，39 表示工作极限负荷下的高度。

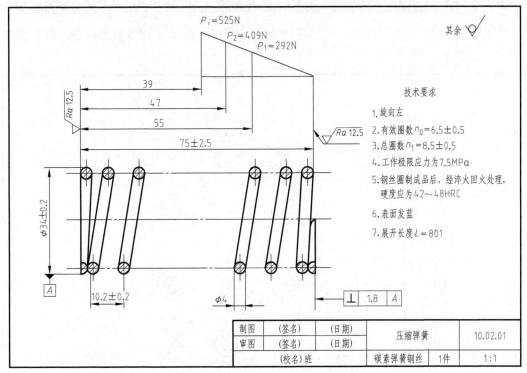

图 8-33　圆柱螺旋压缩弹簧的零件图

▌ 拓展练习

1. 弹簧的种类：＿＿＿＿＿＿、＿＿＿＿＿＿、＿＿＿＿＿＿、＿＿＿＿＿＿、
＿＿＿＿＿＿、＿＿＿＿＿＿。

2. 弹簧的标记：＿＿＿＿＿＿、＿＿＿＿＿＿、＿＿＿＿＿＿、＿＿＿＿＿＿、
＿＿＿＿＿＿、＿＿＿＿＿＿。

项目9

识读绘制零件图

任务 1 认识零件图

▌任务分析

认识图 9-1 所示泵盖零件图。机械零件中常见的零件类型可分为轴类零件、盘类零件、

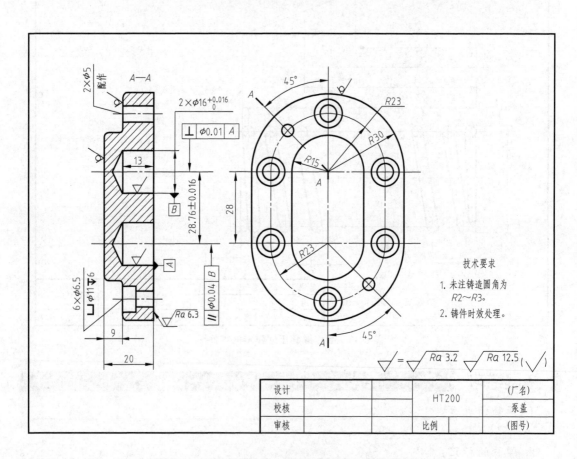

图 9-1 泵盖零件图

箱体类零件、叉架类零件。而泵盖类属于盘盖类零件，有端盖、压盖、法兰盘、齿轮、手轮等。

零件图既要反映出设计者的意图，又要表达出设计、生产对零件的要求，同时还要考虑到结构的合理性与制造的可能性。在机件加工的过程中主要依据就是零件图。其具体生产过程是：先根据机件零件图中所要求的材料备料；然后按照零件图中的图形、尺寸和其他要求进行加工制造；最后按照技术要求检验加工出的零件是否达到规定的质量标准。由此可见，零件图是加工制造和检查零件质量的重要技术文件。

■ 知识链接

一、零件图定义

表达零件结构、大小及技术要求的图样称为零件图。

二、零件图作用

在零件的生产过程中，要根据零件图上注明的材料和数量进行备料；然后根据零件图表达的形状、大小和技术要求进行加工制造；最后还要根据零件图进行检验。因此，零件图在生产中有着重要作用。

思考探究：那么，为了发挥这些作用，一张完整的零件图应该包括哪些内容呢？

■ 任务实施

如图 9-1 所示泵盖零件图，就是一张完整的零件图，一般包括图形、尺寸、技术要求和标题栏。

一、一组图形

用一组图形将零件各部分的结构形状正确、完整、清晰地表达出来，如图 9-1 中的主视图全剖视图表达泵盖的内部结构由两个盲孔、若干销孔以及沉孔组成，左视图采用了基本视图表达泵盖的外部结构。

二、完整的尺寸

用一组尺寸将制造零件所需的全部尺寸正确、完整、清晰、合理地标注出来，如图 9-1 中的 $2 \times \phi 160 + 0.016$、$2 \times \phi 5$、$45°$、$R23$、$R30$ 等。

三、技术要求

用规定的代号、数字、字母或另加文字注解，简明准确地给出零件在制造和检验时应达到的质量要求（如表面结构要求如 $Ra3.2$、尺寸公差如 $\phi 16^{+0.016}_{0}$、几何公差如 $\boxed{\perp\ \phi 0.01\ A}$、热处理如铸件时效处理，以及零件性能要求等）。

四、标题栏

一般写明单位、图样名称、图样代号、材料、比例、数量，以及设计、审核人员签名和签名日期等，如图 9-1 中右下角所示。

拓展练习

一、填空题

1. 什么是零件图：_____。

2. 一张完整的零件图包括：_____、_____、_____、_____。

二、简答题

简述零件图的作用。

任务 **2** 识读泵体零件图

任务分析

如图 9-2 所示泵体的零件图，泵体是箱体类零件，主要用来支撑、包容运动零件或其他

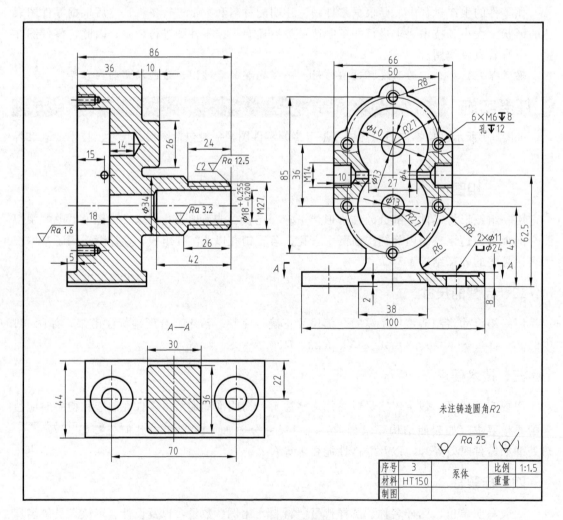

图 9-2 泵体零件图

零件，其内部有空腔、孔等结构，形状比较复杂。箱体上的常见结构有轴孔、通孔、螺孔、凸台、圆角、肋板、凹槽等。一般除用基本视图表达外，常配有全剖视图、局部剖视图、向视图等表达它们的结构形状，如图 9-2 所示。泵体类零件加工位置多变，选择主视图时，主要考虑形状特征或工作位置。

■ 任务实施

一、看标题栏

从标题栏中可知零件名称是泵体，它是用来容纳和支承一对相互啮合的齿轮的箱体。工作时箱内储有一定量的润滑油，材料为灰铸铁 HT150，比例为 1：1.5 等。

二、视图分析

主视图按工作位置选择，并采用全剖视图，既表达了箱体空腔、螺栓螺纹孔和齿轮轴孔的内部形状结构，也表达前后注油螺纹孔的位置。左视图采用局部剖视图，表达前后注油螺纹孔的形状，又表达了箱体的外形结构及壳体左端面的六个 M8 螺孔的分布情况。右下角的局部剖视图进一步表达箱体空腔及两个安装孔形状结构的同时，并采用 $A—A$ 剖视图补充表达肋板的形状和位置及表达泵体底平面和两个安装孔的分布情况。

对照视图分析可知，该箱体主要由壳体、底板构成。圆形壳体空腔用来容纳齿轮和轴。为了支承并保证齿轮和轴平稳啮合，壳体上下配有相应的轴孔。底座为近似长方体，主要用于支承和安装泵体。底座下方开有安装孔，以保证安装基面平稳接触。

三、尺寸分析

鉴于泵体结构比较复杂，尺寸数量繁多，因此通常运用形体分析的方法逐个分析尺寸。一般将泵体的对称平面、重要孔的轴线、较大的加工平面或安装基面作为尺寸的主要基准。

该箱体由于左、右结构不对称，故选用泵体的左端面作为长度方向尺寸的主要基准，由此标出长度尺寸 36mm、86mm，并以 86mm 右端面作为辅助基准标注 24mm、26mm、42mm 等。

由于泵体为前、后对称结构，所以宽度方向尺寸的主要基准为中心平面，由此标出定位尺寸 50mm 及 66mm、ϕ40mm、ϕ13mm 等宽度方向尺寸。

由于泵体的底面是安装基面，螺孔及其他高度方向的结构均以底面为基准加工并测量尺寸，确定 45mm、62.5mm 等一些重要的定位尺寸。

四、看技术要求

为确立泵体、轴的装配质量，各轴孔的定形尺寸注有极限偏差，如 $\phi18^{+0.025}_{-0.200}$。泵体的重要工作部位主要集中在齿轮及轴孔系上，这些部位的尺寸公差、表面结构要求和形位公差将直接影响减速器的装配质量和使用性能，所以图中腔体内表面结构要求均为 $Ra1.6\mu m$ 以及轴孔内表面结构要求均为 $Ra3.2\mu m$，其余未加工表面结构要求为 $Ra12.5\mu m$。其他未注铸造圆角为 $R2$。

拓展练习

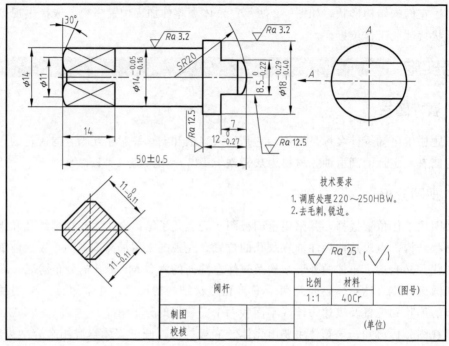

识读阀杆零件图并填空

1. 该零件的名称为阀杆，属于＿＿＿＿＿＿类零件，材料选用＿＿＿＿＿＿钢。

2. 零件图采用的比例为＿＿＿＿＿＿，其含义是：＿＿＿＿＿＿＿＿＿＿＿＿＿＿＿＿。

3. 零件的结构形状共用＿＿＿＿＿＿＿＿＿＿＿＿个图形表达，其中主视图按＿＿＿＿＿＿＿＿＿＿原则放置画出，右边的圆形图为＿＿＿＿＿＿视图，表达＿＿＿＿＿＿端的凸榫结构，另外还用一个＿＿＿＿＿断面图表达＿＿＿＿＿＿端的＿＿＿＿＿＿体结构。

4. 阀杆的径向尺寸基准是＿＿＿＿＿＿线，由此注出的＿＿＿＿＿＿和＿＿＿＿＿＿是重要径向尺寸，与其他零件有＿＿＿＿＿＿＿＿＿＿关系。

5. 阀杆的长度方向（轴向）主要尺寸基准是＿＿＿＿＿＿面，辅助基准分别是面和＿＿＿＿＿＿面。

6. 尺寸 SR20 中的 S 表示该尺寸所指的表面为＿＿＿＿＿＿面。

7. 零件上表面粗糙度要求最高的是＿＿＿＿＿＿。共有＿＿＿＿＿＿处。左端的表面粗糙度为＿＿＿＿＿＿。

8. 阀杆应经过＿＿＿＿＿＿＿＿＿＿＿＿＿＿，以提高材料的韧性和强度。

任务 3　绘制主动轴的视图

任务分析

在机器中，每个零件均有各自的结构与形状。表达零件结构时，首先要考虑到便于看图。其次，要根据零件的结构、特点选择适当的表达方法，在完整、清晰地表达各部分结构、形状的前提下，力求简便。画零件图时，必须确定一个合理的视图表达方案。

思考探究：绘制如图 9-3 立体图所示的主动轴的零件图，要从哪些方面入手呢？

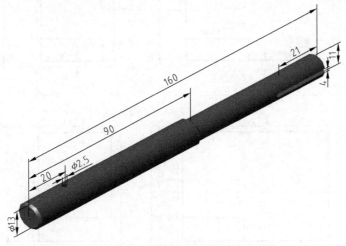

图 9-3　主动轴立体图

■ 知识链接

一、图纸幅面、 图框线及标题栏尺寸

基本幅面共有五种，其尺寸关系如图 9-4 所示。图框的格式如图 9-5 所示，标题栏的格式如图 9-6 所示、图 9-7 所示。

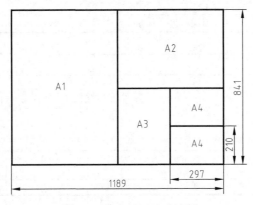

图 9-4　基本幅面尺寸关系

二、主视图的选择

主视图是表达零件结构形状的最主要的视图，在画图和看图时，通常先从主视图开始。主视图选择是否合理将直接影响到其他视图的选择和配置。选择主视图的原则是将表示零件信息量最多的那个视图作为主视图，通常是零件的工作位置、加工位置或安装位置。具体地说，一般应从以下三个方面来考虑。

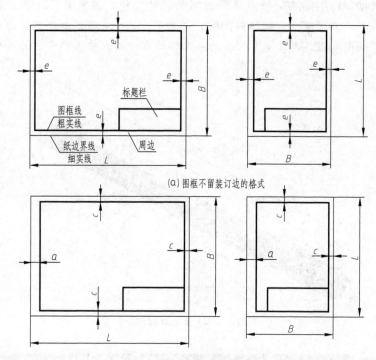

(a) 图框不留装订边的格式

(b) 图框留装订边的格式

图 9-5 图框的格式

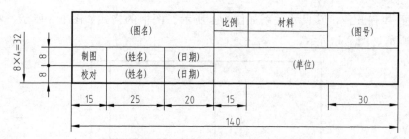

图 9-6 零件图标题栏

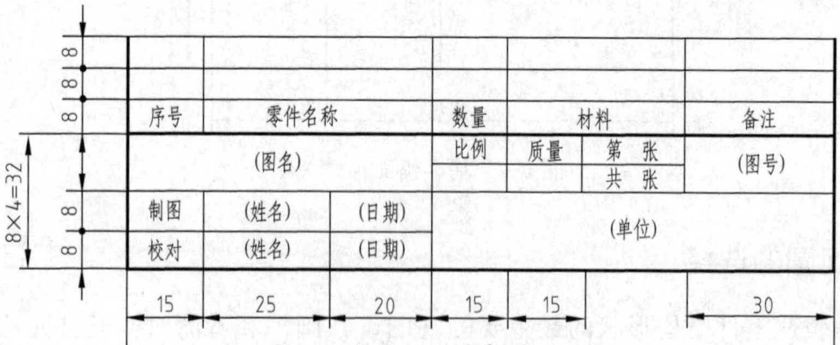

			序号	零件名称		数量		材料		备注	
				(图名)		比例	质量	第 张		(图号)	
								共 张			
			制图	(姓名)	(日期)			(单位)			
			校对	(姓名)	(日期)						

图 9-7 装配图标题栏

1. 形状特征原则

选择主视图时，应将最能反映零件各部分形状和相对位置的方向作为主视图。如图 9-8 为模具成型芯杆图。在该图中，选择图 9-8（a）视图作为主视图，能较多地反映出零件的结构、形状，若选择图 9-8（b）视图作为主视图，就很难反映出零件的结构形状。

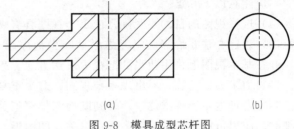

图 9-8　模具成型芯杆图

2. 安装位置原则

在零件图中，主视图应尽量表示零件的安装位置。模具装配图通常是按照零件的安装位置绘制的，如果零件的主视图能够与其在装配图中的视图方向一致，看图时就很容易通过头脑中已有的形象储备将其与整个模具联系起来，从而更快地获取必要的信息。图 9-9 所示的凹模就是根据这一原则而选取视图方向的。

3. 加工位置原则

模具零件在进行机械加工时，要把它固定和夹紧在机床上。选择主视图时，应尽量与零件的加工位置一致。如轴套类等零件的加工，大部分是在车床或磨床上进行的。因此一般主视图将轴线画成水平，并把直径较小的一端放在右面的位置，这样便于加工和安装，如图 9-10 所示。这样，在加工时可以直接进行图物对照，既便于看图，又可减少差错。

三、其他视图的选择

在主视图确定后，应根据零件的形体结构，考虑需要哪些视图与主视图配合，以反映出零件的内外结构形状。对需要其他视图的数量，选择原则是：在保证完整、清晰地表达零件内、外结构形状的前提下，尽量减少视图的个数，以便于画图和看图。因此，选择其他视

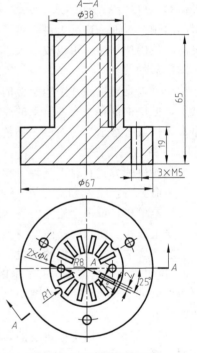

图 9-9　凹模零件图选择

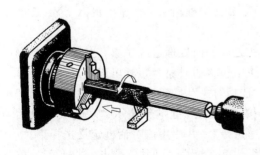

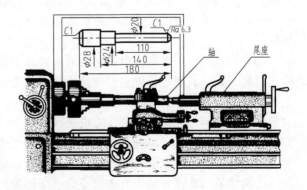

图 9-10　轴类零件的加工位置

图时，应注意以下几点：

（1）选择视图的目的要明确，使每个视图具有表达其内容的重点。

（2）表达方法要恰当，应考虑尽量减少细虚线或恰当运用少量细虚线，如选用基本视图，并在基本视图上采用适当的剖视等表达方法，表达零件主要部分的内部结构。

（3）力求表达简练，不出现多余视图，避免重复表达。

（4）合理地布置视图位置，做到既使图样清晰美观，又便于读图。如采用局部视图或斜剖视时，应尽可能能按投影关系配置在有关视图附近。

四、创建图块

块又称为图块，又是一个或多个对象组成的对象集合，常用于绘制复杂、重复的图形。一组对象一旦被定义为块，它们将成为一个整体，拾取块中的对象即可选中构成块对象。在 AutoCAD 中，一个块是作为一个对象进行编辑的。通过多次调用块，可以快速完成相同图形的绘制，因而从广义上讲块具有图形对象的复制功能，使用图形对象的复制操作变得更加灵活。使用块功能，可以改变大小、方位，能用一独立的图形文件储存起来，从而实现绘制不同图形的共享。

块可以是包括在几个图层上的不同颜色、线型和线宽特性的对象组合。尽管是在当前图层上，但块中保存着有关对象的原图层、颜色和线型等特性信息，可以控制块中对象保留其原有特性或者继承当前图层、颜色、线型或线宽等设置。

1. 命名调用方式

创建块的方式有以下三种。

※命令行：输入 block。

※菜单栏：单击"绘图"→"块"→"创建块…"菜单命令。

※工具栏：使用"绘图"→"创建块图标"工具栏。

2. "块定义"对话框的组成

"块定义"对话框如表 9-1 中图 2 所示，由名称下拉列表、基点、对象、方式、设置和说明选项组以及"在块编辑器中打开"复选框等组成。"块定义"对话框各组成部分含义及功能如下。

（1）"名称"：用于指定块的名称。块名称及块定义将保存在当前图形中。预览区域在名称下拉列表的右侧。如果在"名称"下选择现有的块，将在预览区域显示此名称的块图样。

（2）"基点"：用于指定块的插入基点。默认值是（0，0，0）。指定块插入可以通过"在屏幕上指定"；也可以使用"拾取点"按钮。当点击"拾取点"按钮后，暂停关闭"块定义"对话框，需要鼠标拾插入基点，还可以直接在 X、Y、Z 文本框输入插入基点的 X、Y、Z 坐标值。

（3）"对象"：制定新块中包含的对象以及创建块之后如何处理这些对象，是保留还是删除选定的对象，或者是否将它们转换成块。指定新块中包含的对象时，既可以通过"在屏幕上指定"，也可以使用"选择对象"按钮。当单击"选择对象"按钮后，暂时关闭"块定义"对话框，允许用户选择块对象，完成选择对象后，按"Enter"键重新显示"块定义"对话框；还可以通过打击"块速选择"按钮，显示"快速选择"，并使用该对话框定义选择集。

（4）"方式"：用于指定块的显示方式。该选项组包括注释性、使块方向与布局匹配、按统一比例缩放、允许分解等复选框及信息图标等。

（5）"设置"：用于设置块的基本属性。该项目组包括"块单位"下拉列表和"超链接…"

按钮。

（6）"说明"：用来输入块的文字说明。

（7）"块编辑器打开"：如果选择此项，则单击"确定"后，在编辑器中打开当前的块定义。

[实例示范 1] 创建"标题栏"的内部块，操作过程见表 9-1。

表 9-1　创建"标题栏"的内部块

步骤	图　　例	方　　法
一、绘制标题栏视图	图 1	（1）选择"文件"中的"新建"，在弹出的"选择样板"对话框中选用"模板 1"，单击"打开"按钮创建新的图形； （2）利用"直线"命令绘制标题栏边框线，尺寸见图 9-6，步骤略。完成如图 1 所示
二、将标题栏视图创建为"内部块"	图 2 图 3	（1）单击绘图工具栏中的"创建块图标"，打开"块定义"对话框。 （2）在"名称"中输入"块名称"。在"基点"选项组中，单击"拾取点"图标，用鼠标拾取插入基点。在"对象"选项组中，单击"选择对象"按钮，用鼠标选取"标题栏"后，这时对话框中出现"标题栏"的预览，单击"确定"按钮，完成块创建。 注意：以上定义的图块，只能在当前图形中调用。若要使之在其他图形中共享，则需将此图块用 wblock 命令写到磁盘上，形成一个独立的图形文件，以便随时调用

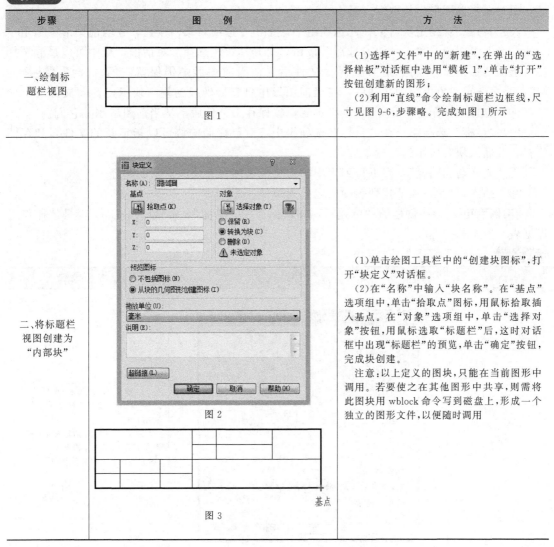

五、保存块

命令：wblock 保存块，又称"写块"用户在绘制图形时可以调用被保存的块，以加快绘图、设计速度，同时也可以在系统的设计中心实现资源共享。

（1）"源"选项组。在"源"选项组中提供了三种源，源可以是块、整个图形或对象。选定不同的源，对话框将显示不同的默认设置。

①"块"：指定要保存为文件的现有块，当选择项是，下拉列表显亮，从列表选择块的名称。

②"整个图形"：选择当前图形作为一个块进行保存。

③"对象"：将指定的对象作为块并保存。当选择此项时，"基点"和"对象"子选项组同时显亮，用户需对其各项进行设置。

（2）"基点"：指定块的基点。基点的默认值是（0，0，0）。

指定基点的方式有两种：一是在 X、Y、Z 的文字框中输入基本的 X、Y、Z 坐标值；二是在当前图形中选取插入基点，方法是单击"拾取点"按钮，系统暂时关闭"写块"对话框，用户在当前图形中拾取插入基点。

（3）"对象"：指定块对象在此选项组中，单击"选项对象"按钮，在当前图形中指定一个或多个图形对象。单击"快速选择"按钮，打开"快速选择"对话框，从中可以过滤选择集。选项"保留"，是将选定对象保存文件后，在当前图形中仍保留它们。选择"转换为块"，是将选定对象保存为文件后，在当前图形中将它们转换为块，块指定为"文件名"中的名称。选择"从图形中删除"，是将选定对象保存为文件后，从当前图层删除它们。

（4）"目标"选项组。在"目标"选项组中，对要存储的块可以指定新的文件名和存储位置以及插入块时所用的测量单位。

①"文件名和路径"：在下拉列表中指定文件名和保存块或对象的路径。

②"插入单位"：在下拉列表中指定插入单位。

[实例示范 2] 将创建的"标题栏"图块保存在"桌面"，形成"外部块"，具体操作过程见表 9-2。

表 9-2　创建"标题栏"的外部块

步骤	图　例	方　法
将标题栏视图创建为"外部块"	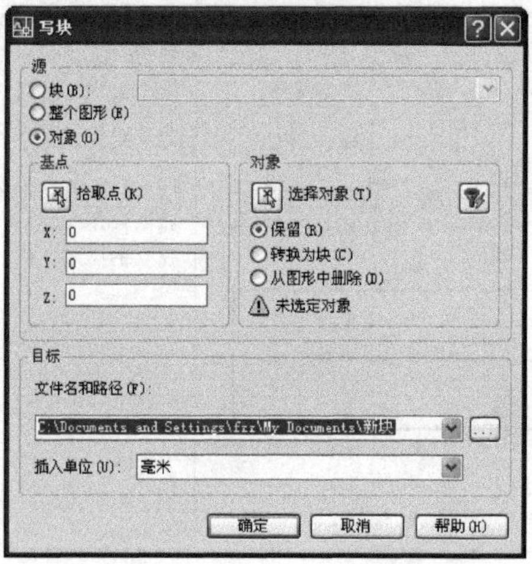	（1）输入命令：wblock"回车"，这时打开"写块"对话框，如图所示； （2）在"写块"对话框中，按需要设置其中的选项，如图所示，单击"确定"按钮完成写块操作

六、对块整体的编辑

对于一个整体的块，可以直接使用诸如"复制"、"移动"、"选转"、"镜像"等改变图形位置的基本编辑命令对其编辑；而用于改变图形形状的编辑命令如"修剪"、"延伸"、"偏移"、"拉伸"、"打断"、"倒角"和"圆角"等则不能直接编辑被调用的块。

如果被调用的块是一个独立的整体，则不能直接使用一些改变其形状的编辑命令对其进行编辑。但在绘图中，若需要改变调用块的形状时，可以将块进行分解，使其原来生成块分解成若干图元后，再使用改变图形形状的编辑命令对图源进行修改。修改之后，可以创建新的块定义或重新定义现有的块，也可以保留组成对象而不组合，以供以后使用。

七、插入块

创建、保存块的目的是为了更好地使用块，系统提供了将已创建的块或其他图形插入到当前图形中的方法。绘制图形时，使用插入块操作可以加快绘图速度。插入块或其他图形是通过"插入"对话框完成的。利用"插入"对话框在插入块的同时，还可以改变所插入块或图形的比例与旋转角度。

1. 命令调用方式

※命令行：输入 insert。

※菜单栏：单击"插入（I）"→"块（B）…"菜单命令。

※工具栏：使用"绘图"→"插入块"按钮工具栏。

2. "插入块"对话框的组成

执行命令后，自动打开"插入"对话框。在使用"插入"对话框时，需指定要插入的块或图形的名称与位置。"插入"对话框中各选项的功能及操作方法如下。

（1）"名称"：指定要插入的块的名称，或指定要作为块插入的文件的名称。

（2）"浏览"：打开"选择图形文件"对话框，从中选择要插入的块或图形文件。

（3）"路径"：在"选择图形文件"对话框中选择了要插入的块或图形文件后，将显示其路径。

（4）"预览"：显示要插入的块的图样。

（5）"插入点"：指定块的插入点，有两种方式：

① 在屏幕上指定：用鼠标指定块的插入点；

② X、Y、Z 文本框：可在文本框中直接输入 X、Y、Z 坐标值。

（6）"比例"：指定插入块的比例，可分别设置 X、Y、Z 比例因子，也可统一比例。设置 X、Y、Z 的比例因子的方式如下所述。

① 在屏幕上指定：用鼠标指定块的比例；

② X、Y、Z 文本框：可在文本框中直接设置 X、Y、Z 比例因子；

③ 统一比例：为 X、Y 和 Z 坐标指定单一的比例值。

（7）"旋转"：在当前 UCS 中指定插入块的旋转角度的方法有以下两种。

① 在屏幕上指定：用鼠标指定的块的旋转角度；

② 角度：文本框中直接设置插入块的旋转角度。

（8）"块单位"：显示有关块单位的信息。

① 单位：指定插入块时使用的单位；

② 因子：显示单位的比例因子。

（9）"分解"：如果选择此项，则插入后的块将被分解，分解为组成块的原图形对象。选择此项，只可以指定统一的比例因子。

■ 任务实施

步骤	图　例	方　法
一、创建新图形		选择"文件"中的"新建"，在弹出的"选择样板"对话框中选用"模板 1"，单击"打开"按钮创建新的图形

续表

步骤	图 例	方 法
二、绘制图纸、标题栏边框	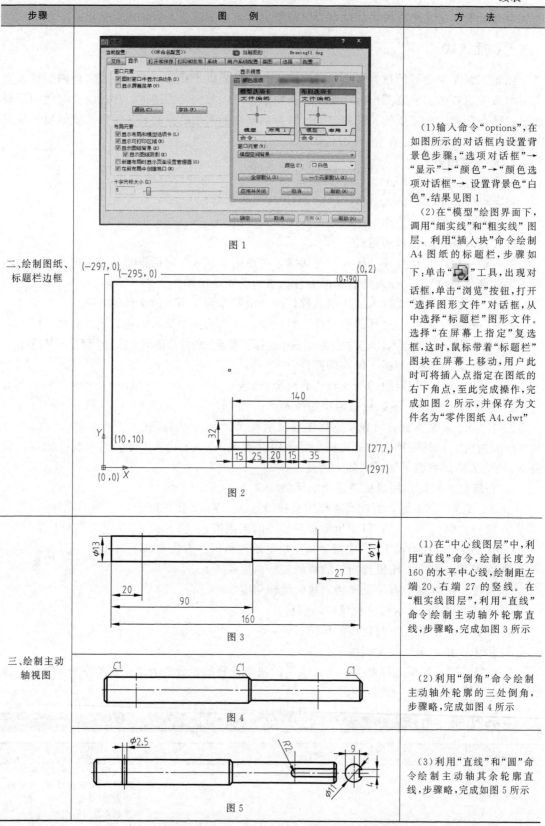	(1)输入命令"options",在如图所示的对话框内设置背景色步骤:"选项对话框"→"显示"→"颜色"→"颜色选项对话框"→设置背景色"白色",结果见图1 (2)在"模型"绘图界面下,调用"细实线"和"粗实线"图层。利用"插入块"命令绘制A4图纸的标题栏,步骤如下:单击"🔲"工具,出现对话框,单击"浏览"按钮,打开"选择图形文件"对话框,从中选择"标题栏"图形文件。选择"在屏幕上指定"复选框,这时,鼠标带着"标题栏"图块在屏幕上移动,用户此时可将插入点指定在图纸的右下角点,至此完成操作,完成如图2所示,并保存为文件名为"零件图纸A4.dwt"
三、绘制主动轴视图		(1)在"中心线图层"中,利用"直线"命令,绘制长度为160的水平中心线,绘制距左端20、右端27的竖线。在"粗实线图层",利用"直线"命令绘制主动轴外轮廓直线,步骤略,完成如图3所示 (2)利用"倒角"命令绘制主动轴外轮廓的三处倒角,步骤略,完成如图4所示 (3)利用"直线"和"圆"命令绘制主动轴其余轮廓直线,步骤略,完成如图5所示

续表

步骤	图 例	方 法
四、整理、保存	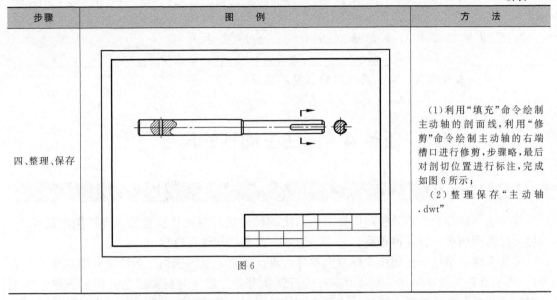 图 6	(1)利用"填充"命令绘制主动轴的剖面线,利用"修剪"命令绘制主动轴的右端槽口进行修剪,步骤略,最后对剖切位置进行标注,完成如图 6 所示; (2)整理保存"主动轴.dwt"

拓展练习

识读螺杆零件图并填空。

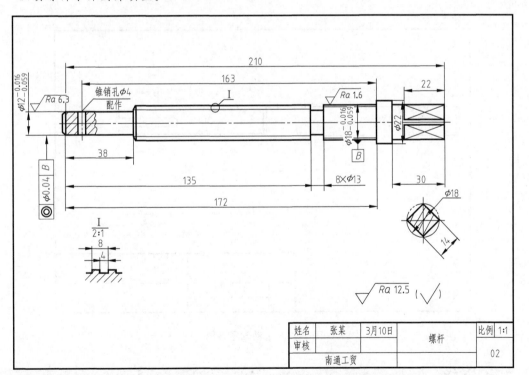

1. 该零件的名称为阀杆,属于＿＿＿＿＿＿类零件,材料选用＿＿＿＿＿＿钢。

2. 零件的结构形状共用＿＿＿＿＿个图形表达,其中主视图中Ⅰ位置用＿＿＿＿图表达,主视图按＿＿＿＿＿原则放置画出,螺杆右端用＿＿＿＿图,表达结构。

3. 螺杆表面质量要求最高的表面是 _____，其表面粗糙度 Ra 值为 _____。

4. 图中框格形位公差的含义分别为：基准要素是 _____，被测要素是 _____，公差项目是 _____、_____，公差值是 _____。

5. 用符号▲指出长、宽、高方向的主要尺寸基准。

任务 4　标注主动轴的尺寸

任务分析

零件上各部分的大小是按照图样上所标注的尺寸进行制造和检验的。零件图中的尺寸，不但要按前面的要求标注得正确、完整、清晰，而且必须注得合理。

所谓合理，是指所注的尺寸既符合零件的设计要求，又便于加工和检验（即满足工艺要求）。为了合理地标注尺寸，必须对零件进行结构分析、形体分析和工艺分析，根据分析先确定尺寸基准，然后选择合理的标注形式，结合零件的具体情况标注尺寸。本任务将重点介绍标注尺寸的合理性问题。

思考探究：如图 9-11 所示，我们给主动轴的零件图标注尺寸时应该注意什么？如何标注呢？

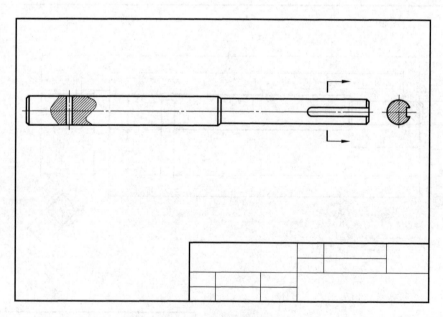

图 9-11　主动轴零件图

知识链接

一、尺寸基准

标注和测量尺寸的起点称为尺寸的基准。零件上的长、宽、高三个方向均有一个主要尺寸基准，在标注时通常选择零件上的点、线、面作为尺寸基准，如零件上的重要端面、安装底面、主要加工面、配合表面、对称平面和回转面的轴线等作为尺寸基准。

根据基准的作用不同，基准可分为设计基准和工艺基准。

1. 设计基准

根据零件结构特点和设计要求而选定的基准，称为设计基准。零件有长、宽、高三个方向，每个方向都要有一个设计基准，该基准又称为主要基准，如图 9-12（a）所示。

对于轴套类和盘类零件，实际设计中经常采用的是轴向基准和径向基准，而不用长、宽、高基准，如图 9-12（b）所示。

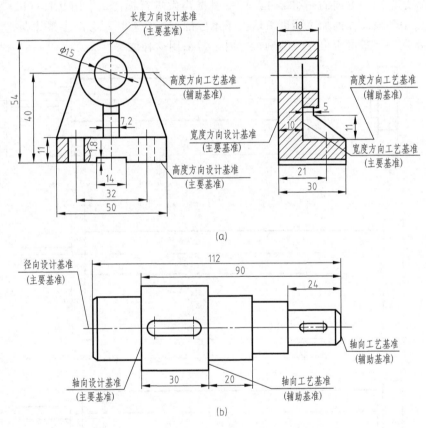

图 9-12　设计基准

2. 工艺基准

在加工时，确定零件装夹位置和刀具位置的一些基准以及检测时所使用的基准，称为工艺基准。工艺基准有时可能与设计基准重合，该基准不与设计基准重合时又称为辅助基准。零件同一方向有多个尺寸基准时，主要基准只有一个，其余均为辅助基准，辅助基准必有一个尺寸与主要基准相联系，该尺寸称为联系尺寸。如图 9-12（a）中的 40、11、30，图 9-12（b）中的 30、90。

选择基准的原则是：尽可能使设计基准与工艺基准一致，以减少两个基准不重合而引起的尺寸误差。当设计基准与工艺基准不一致时，应以保证设计要求为主，将重要尺寸从设计基准注出，次要基准从工艺基准注出，以便加工和测量。

二、尺寸的标注形式

零件图上的尺寸因基准选择的不同，其标注形式有如下三种：

1. 链状式

链状式是把同一方向的一组尺寸依次首尾相接，如图 9-13（a）所示，前一尺寸的终止是后一尺寸的基准。此种标注的优点是能保证每一段尺寸的精度要求，前一段尺寸的加工误差不影响后一段。其缺点是各段的尺寸误差累计在总尺寸上，使总体尺寸的精度得不到保证。这种标注方法常用于要求保证一系列孔的中心距的尺寸注法。

2. 坐标式

坐标式是把同一方向的一组尺寸从同一基准出发进行标注，如图 9-13（b）所示。此种标注的优点是各段尺寸的加工精度只取决于本段的加工误差，不会产生累计误差。因此，当零件上需要从一个基准定出一组精确尺寸时，常采用这种注法。

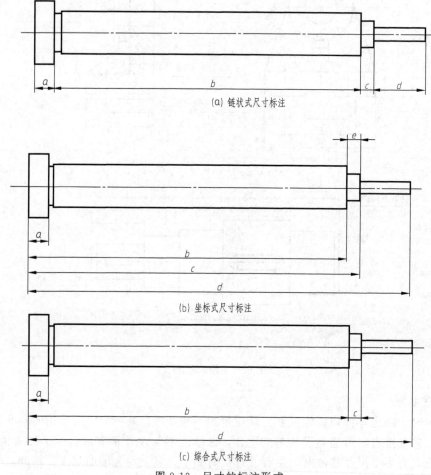

图 9-13　尺寸的标注形式

3. 综合式

综合式是零件上同一方向的尺寸标注既有链状式又有坐标式，是这两种形式的综合，如图 9-13（c）所示。综合式具有链状式和坐标式的优点，能适应零件的设计和工艺要求，是最常用的一种标注形式。

三、合理标注尺寸应注意的事项

1. 功能尺寸应直接标注

为保证设计的精度要求，功能尺寸应直接注出。如图 9-14 中的装配图表明了零件凸块与凹槽之间的配合要求。在零件图中应直接注出功能尺寸 $40^{-0.025}_{-0.050}$ 和 $40^{+0.039}_{0}$，以及 11、12，能保证两零件的配合要求。而右图中的尺寸，则需经计算得出，是不合理的。

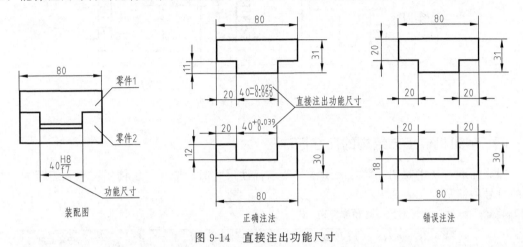

图 9-14　直接注出功能尺寸

2. 避免注成封闭的尺寸链

图 9-15 为阶梯轴，在左图中，长度方向的尺寸 a、b、c、d 首尾相连，构成一个封闭的尺寸链。因为封闭尺寸链中每个尺寸的尺寸精度，都将受链中其他各尺寸误差的影响（即 $b+c+d\neq a$），加工时很难保证总长尺寸 a 的尺寸精度。所以，在这种情况下，应当挑选一个不重要的尺寸空出不注（称为开口环），以使尺寸误差累积在此处，如右图中的尺寸注法。

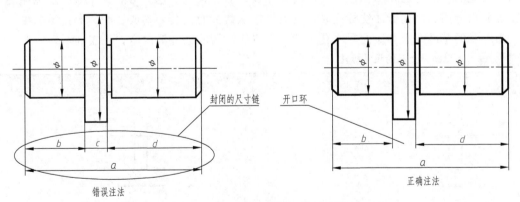

图 9-15　避免注成封闭的尺寸链

3. 标注尺寸要考虑工艺要求

（1）按零件加工工序标注尺寸加工零件各表面时，有一定的先后顺序。标注尺寸应尽量与加工工序一致，以便于加工和测量，并能保证加工尺寸的精度。

（2）考虑测量方便。尺寸标注有多种方案，但要注意所注尺寸是否便于测量，如图 9-16 所示结构，两种不同标注方案中，不便于测量的标注方案是不合理的。

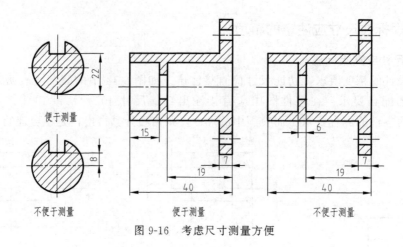

图 9-16 考虑尺寸测量方便

四、常见机件工艺结构的尺寸标注

国家标准《技术制图　简化表示法》要求标注尺寸时，应尽可能使用符号和缩写词。常用的符号和缩写词见表 9-3。

表 9-3 标注尺寸常用的符号和缩写词

名称	符号或缩略词	名称	符号或缩略词	名称	符号或缩略词
直径	ϕ	厚度	t	沉孔或锪孔	⊔
半径	R	正方形	□	埋头孔	⌄
球直径	$S\phi$	45°倒角	C	均布	EQS
球半径	SR	深度	↧		

在模具零件上，常见的光孔、沉孔、螺孔等结构形式的标注尺寸可采用简化后的旁注法或未经简化的普通注法两种标注形式。在标注尺寸时，可以根据图形的具体情况及标注尺寸的位置分别选用。采用旁注法标注时，指引线应从装配时的装入端或孔的圆形视图的中心引出；指引线的基准线上方应注写主孔尺寸，下方应注写辅助孔等内容，见表 9-4。

表 9-4 常见模具上孔的尺寸标注

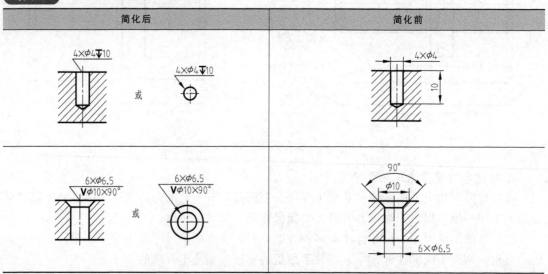

续表

简化后	简化前
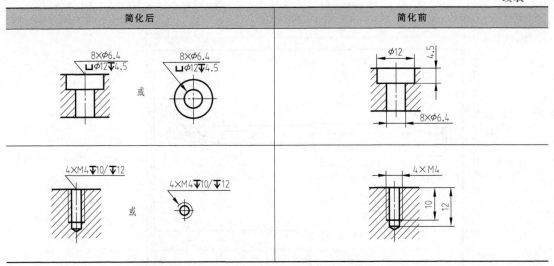	

任务实施

步骤	图　例	方　法
一、标注主动轴尺寸	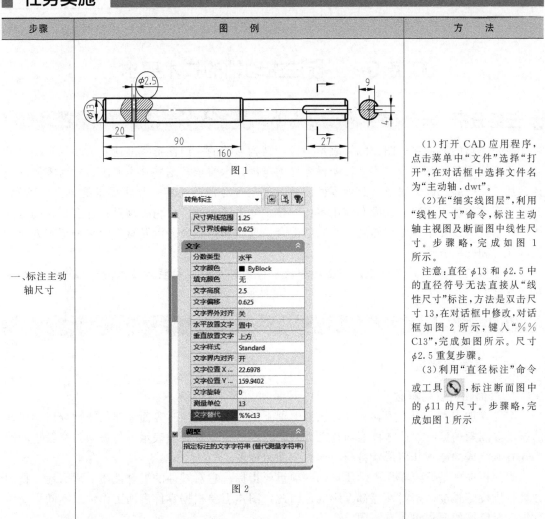 图 1 图 2	（1）打开 CAD 应用程序，点击菜单中"文件"选择"打开"，在对话框中选择文件名为"主动轴.dwt"。 （2）在"细实线图层"，利用"线性尺寸"命令，标注主动轴主视图及断面图中线性尺寸。步骤略，完成如图 1 所示。 注意：直径 $\phi13$ 和 $\phi2.5$ 中的直径符号无法直接从"线性尺寸"标注，方法是双击尺寸 13，在对话框中修改，对话框如图 2 所示，键入"%%C13"，完成如图所示。尺寸 $\phi2.5$ 重复步骤。 （3）利用"直径标注"命令或工具 ，标注断面图中的 $\phi11$ 的尺寸。步骤略，完成如图 1 所示

续表

步骤	图　例	方　法
二、整理、保存	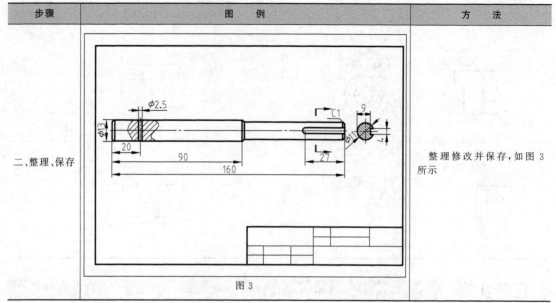 图 3	整理修改并保存,如图 3 所示

任务 5　　标注主动轴的技术要求

▌ 任务分析

　　一张完整的零件工作图,除了表达零件的结构形状的一组图形和表达其大小的一组尺寸外,还应使用各种符号或文字来注明该零件的全部技术要求,这些技术要求包括对零件的设计、加工、检验、修饰以及与其他零件装配及使用等方面的内容。技术要求提得是否恰当,关系到零件的加工方法、精度和使用寿命。技术要求涉及面广,它必须具备许多综合的专业知识。本任务仅介绍表面粗糙度、极限与配合、形状和位置公差以及材料及热处理等方面的基本知识和标注方法。

　　思考探究:如图 9-17 所示,给主动轴的零件图标注相应的技术要求应该注意什么?如何标注呢?

▌ 知识链接

一、表面粗糙度

1. 表面粗糙度的概念

　　零件在加工时,由于刀具在零件表面上留下的刀痕、切削时表面金属的塑性变形和机床的振动等因素的影响,使零件表面存在着间距较小的轮廓峰谷,表示零件表面具有较小间距和峰谷所组成的微观几何形状特征,称为表面粗糙度。

　　表面粗糙度是评定零件表示质量的一项重要指标,它对零件的配合性质、耐磨性、抗腐蚀性、抗疲劳强度、密封性等都有影响。因此,图样上要根据零件表面工作情况不同,对零件表面粗糙度的要求也各有不同。

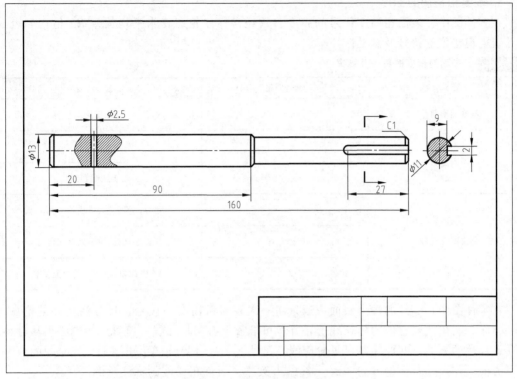

图 9-17　主动轴零件图

评定表面粗糙度的主要高度参数有：轮廓算术平均偏差（Ra）；微观不平度十点高度（Rz）；轮廓最大高度（Ry）。在零件图中多采用轮廓算术平均偏差（Ra）值，它是在取样长度内，被测轮廓上各点至轮廓中线偏距绝对值的算术平均值。

2. 表面粗糙度的选用

零件表面粗糙度参数值的选用，既要满足零件表面的功能要求，又要考虑经济合理性。也就是在满足零件功能要求的前提下，应尽量选用较大的表面粗糙度参数值，以降低加工成本。表 9-5 列出了 Ra 值与其对应的主要加工方法和应用。

表 9-5　Ra 值与其对应的主要加工方法和应用

Ra/μm	表面特征	主要加工方法	应用举例
＞40～80	明显可见刀痕	粗车、粗铣、粗刨、钻孔及粗纹锉刀和粗砂轮加工	光洁程度最低的加工面，一般很少应用
＞20～40	可见刀痕		
＞10～20	微见刀痕	粗车、粗刨、立铣、平铣、钻等	不接触表面、不重要的接触表面
＞5～10	可见加工痕迹	精车、精铣、精刨、镗孔及粗磨等	没有相对运动的零件接触面或相对运动不高的接触面
＞2.5～5	微见加工痕迹		
＞1.25～2.5	看不见加工痕迹		
＞0.63～1.25	可辨加工痕迹方向	精车、精铰、精拉、精镗、精磨等	要求很好密合的接触面
＞0.32～0.63	微辨加工痕迹方向		
＞0.16～0.32	不辨加工痕迹方向		
＞0.08～0.16	暗光泽面	研磨、抛光、超级精细研磨等	精密量具表面、极重要零件的摩擦面
＞0.04～0.08	亮光泽面		
＞0.02～0.04	镜状光泽面		
＞0.01～0.02	雾状镜面		
≤0.01	镜面		

3. 表面粗糙度的标注

在零件图中，表面粗糙度代号的高度参数经常标注轮廓算术平均偏差 Ra 值，如表 9-6 所示表面粗糙度的符号及意义。

表 9-6 表面粗糙度的符号及意义

名称	符号图形	备注
基本图形符号		允许任何工艺
扩展图形符号		去除材料
		不去除材料
完成图形符号		允许任何工艺、横线处补充信息
		去除材料、横线处补充信息
		不去除材料、横线处补充信息

在零件图中，零件的每个表面一般只注一次表面粗糙度的代号，且应注在可见轮廓线、尺寸界线、引出线或它们的延长线上，并尽可能靠近有关尺寸线。符号的尖端必须从材料外指向被标注的表面。并应注在可见轮廓线、尺寸线、尺寸界线或引出线上，代号中的数字及符号方向应与尺寸数字的方向一致。图 9-18 列举了表面粗糙度的标注示例。

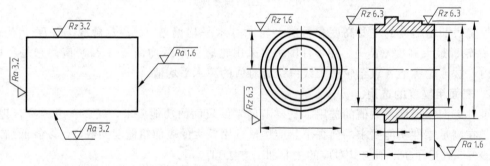

图 9-18　表面粗糙度的标注示例

当零件大部分表面具有相同的粗糙度要求时，对其中使用最多的一种代（符）号，用带字母的完整符号，以等式的形式，在图形或标题栏附近，对有相同表面结构要求的表面进行简化标注。零件图上表面粗糙度标注示例如图 9-19 所示。

4. 表面粗糙度符号的比例和尺寸

尺寸见表 9-7，绘制如图 9-20 所示。

表 9-7 表面结构图形符号和附加标注的尺寸

表面结构图形符号	附加标注的尺寸						
数字和字母高度 h	2.5	3.5	5	7	10	14	20
符号线宽度 d'	0.25	0.35	0.5	0.7	1	1.4	2
字母线宽度 d	0.25	0.35	0.5	0.7	1	1.4	2
高度 H_1	3.5	5	7	10	14	20	28
高度 H_2（最小值）	7.5	10.5	15	21	30	42	60

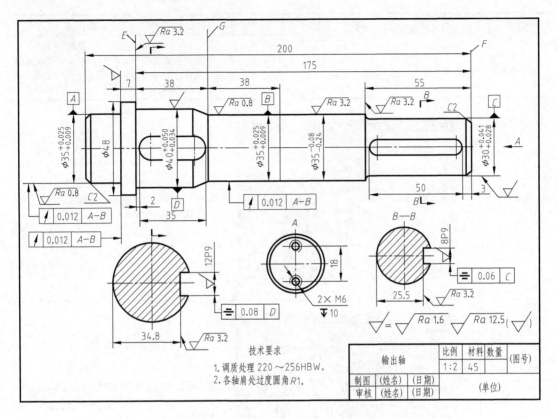

图 9-19 零件图上表面粗糙度标注示例

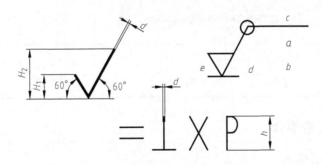

图 9-20 表面粗糙度符号的比例和尺寸

[**实例示范**] 创建名为"表面粗糙度"的外部块，见表 9-8。

表 9-8 创建名为"表面粗糙度"的外部块

步骤	图　　例	方　　法
一、创建新图形		选择"文件"中的"新建"，在弹出的"选择样板"对话框中选用"模板 1"，单击"打开"按钮创建新的图形

续表

步骤	图 例	方 法
二、绘制表面粗糙度符号		(1)在"细实线"图层中，利用"直线"命令绘制粗糙度符号，字体高度 2.5 的表面粗糙度符号如图所示，步骤略； (2)另存命名"Ra.dwt"
三、块属性定义		单击菜单栏中"绘图"→"块"→"定义属性"，在对话框内输入以下信息，如图所示，完成块的属性定义
四、创建块		单击绘图工具栏中的"创建块图标"，打开"块定义"对话框，输入如图所示，步骤略
五、保存	*Ra 12.5*	重复以上步骤将图定义成块，保存名为"Ra其余.dwt"

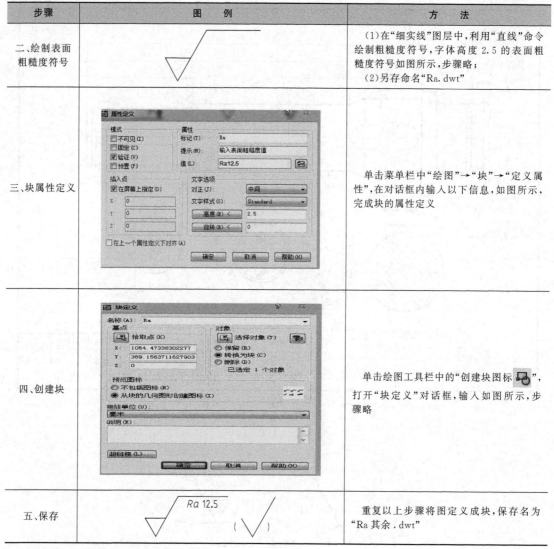

二、极限与配合简介

1. 公差与配合的概念

（1）互换性　在相同零件中，不经挑选或修配就能装配（或换上）并能保持原有性能的性质称为互换性。模具零件具有互换性，更便于装配、修理。标准模架的大规模生产就是根据零件具有互换性的特点而实现的。

（2）公差的基本术语　在零件的加工过程中，由于机床精确度、刀具磨损、测量误差等因素的影响，不可能把零件的尺寸做得绝对准确。为保证互换性，必须将零件尺寸的加工误差限制在一定的范围内，规定出尺寸的允许变动量。下面介绍有关术语。

① 基本尺寸　根据零件强度、结构和工艺性要求设计确定的尺寸称为基本尺寸。它由数字和长度单位组成，包括直径、半径、长度、宽度、高度、厚度及中心距等。

② 实际尺寸　通过测量得到的尺寸称为实际尺寸。

③ 极限尺寸　允许尺寸变化的两个界限称为极限尺寸。它是以基本尺寸为基数来确定

的。在两个界限值中，较大的称为最大极限尺寸；较小的称为最小极限尺寸。零件合格的条件：最大极限尺寸≥实际尺寸≥最小极限尺寸。

④ 尺寸偏差 某一尺寸减去其基本尺寸所得的代数差称为尺寸偏差，简称偏差。最大极限尺寸减去其基本尺寸所得的代数差称为上偏差；最小极限尺寸减去其基本尺寸所得的代数差称为下偏差。上偏差与下偏差统称为极限偏差。实际尺寸减去基本尺寸所得的代数差称为实际偏差。偏差可以是正值、负值或零。

国家标准规定：孔的上偏差代号用大写字母 ES 表示，孔的下偏差代号用大写字母 EI 表示；轴的上偏差代号用小写字母 es 表示，轴的下偏差代号用小写字母 ei 表示。

⑤ 尺寸公差 最大极限尺寸减最小极限尺寸之差或上偏差减下偏差之差称为尺寸公差，简称公差。它恒为正值，是尺寸允许的变动量。公差用于限制尺寸误差，它是尺寸精度的一种度量。公差越小，零件的精度越高。

⑥ 零线 在公差带图中，表示基本尺寸的一条直线称为零线。零线是确定偏差和公差的基准。通常，零线沿水平方向绘制，正偏差位于其上，负偏差位于其下。

⑦ 公差带和公差带图 表示公差大小和相对于零线位置的区域称为公差带。为了便于分析，一般将尺寸公差与基本尺寸的关系按比例放大，画成简图，称为公差带图。在公差带图中，上、下偏差的距离应成比例，公差带方框的左、右长度根据需要任意确定。

⑧ 公差等级 确定尺寸精确程度的等级称为公差等级。国家标准将公差等级分为 20 级：IT01、IT0、IT1～IT18。"IT"为标准公差代号，公差等级的代号用阿拉伯数字表示。从 IT01～IT18 等级依次降低。

⑨ 标准公差 用以确定公差带大小的任一公差称为标准公差。标准公差是基本尺寸的函数。对于一定的基本尺寸，公差等级越高，标准公差值越小，尺寸的精确程度越高。基本尺寸和公差等级相同的孔与轴，它们的标准公差相等。国家标准把不大于 500mm 的基本尺寸范围分成 13 段，按不同的公差等级列出了各段基本尺寸的公差值。

⑩ 基本偏差 用以确定公差带相对于零线位置的上偏差或下偏差称为基本偏差。一般是指靠近零线的那个偏差。当公差带位于零线上方时，基本偏差为下偏差；当公差带位于零线下方时，基本偏差为上偏差。根据实际需要，国家标准分别对孔和轴各规定了 28 个不同的基本偏差。

基本偏差用拉丁字母表示，大写字母代表孔，小写字母代表轴。轴的基本偏差从 a～h 为上偏差，从 j～zc 为下偏差。js 没有基本偏差，它的公差带对称地分布于零线两侧，表明其上、下偏差各为标准公差的一半，即 $es=+IT/2$，$ei=-IT/2$。孔的基本偏差从 A～H 为下偏差，从 J～ZC 为上偏差。JS 没有基本偏差，它的公差带对称地分布于零线

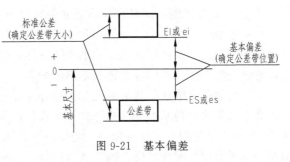

图 9-21 基本偏差

两侧，表明其上、下偏差各为标准公差的一半，$ES=+IT/2$，$EI=-IT/2$。如图 9-21、图 9-22 所示。

轴和孔的另一偏差可根据轴和孔的基本偏差和标准公差按以下代数式计算：

轴的另一个偏差（上偏差或下偏差）：$ei=es-IT$ 或 $es=ei+IT$

孔的另一个偏差（上偏差或下偏差）：$ES=EI+IT$ 或 $EI=ES-IT$

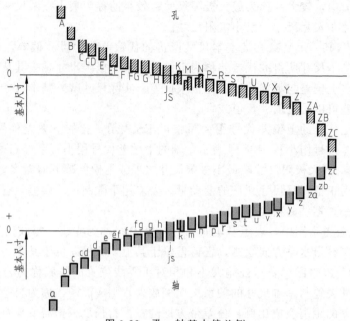

图 9-22 孔、轴基本偏差例

（3）配合的基本术语 在模具的装配中，基本尺寸相同、相互结合的孔和轴公差带之间的关系称为配合。

① 配合的种类 根据模具零件的设计要求、工艺要求和生产的实际需要，国家标准将配合分为三类。

间隙配合：孔的公差带完全在轴的公差带之上，任取其中一对孔和轴相互配合，都称为具有间隙的配合。

过盈配合：孔的公差带完全在轴的公差带之下，任取其中一对孔和轴相互配合称为具有过盈配合。

过渡配合：孔的公差带和轴的公差带相互交叠，任取其中一对孔和轴相互配合，既有可能具有间隙配合，也有可能具有过盈配合。

② 配合的基准制 国家标准将基准制规定为两种，即基孔制和基轴制。

a. 基孔制。基本偏差为一定的孔的公差带，与不同基本偏差的轴的公差带形成各种配合的一种制度称为基孔制配合。这种制度在同一基本尺寸的配合中，将孔的公差带位置固定，通过变动轴的公差带位置得到不同的配合。

在基孔制配合中选作基准的孔称为基准孔。它的基本偏差 H 为下偏差，其值为零，即孔的最小极限尺寸与基本尺寸相等。在基孔制配合中，轴的基本偏差从 a～h 用于间隙配合；从 j～zc 用于过渡配合和过盈配合。当轴的基本偏差（此时为下偏差）的绝对值不小于孔的标准公差时为过盈配合；反之则为过渡配合。如图 9-23 所示。

b. 基轴制。基本偏差为一定的轴的公差带，与不同基本偏差的孔的公差带形成各种配合的一种制度称为基轴制配合。这种制度在同一基本尺寸的配合中，将轴的公差带位置固定，通过变动孔的公差带位置得到不同的配合。

在基轴制配合中选作基准的轴称为基准轴。它的基本偏差 h 为上偏差，其值为零，即轴的最大极限尺寸与基本尺寸相等。在基轴制配合中，孔的基本偏差从 A～H 用于间隙配合；从 J～ZC 用于过渡配合和过盈配合；反之则为过盈配合。如图 9-24 所示。

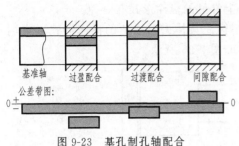

图 9-23 基孔制孔轴配合

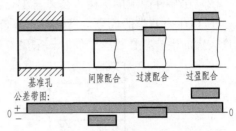

图 9-24 基轴制孔轴配合

凡分子中含有 H 的均为基孔制配合，凡分母中含有 h 的均为基轴制配合。而对分子中既含有 H，同时分母中又含有 h 的配合，如 H8/h8、H9/h9 等，既可以视为基孔制配合，也可以视为基轴制配合，这是最小间隙为零的一种间隙配合。

2. 公差与配合的选用

（1）选用优先公差带和优先配合　国家标准根据工业产品生产使用的需要，考虑到刀具、量具规格的统一，规定了一般用途孔公差带 105 种、轴公差带 119 种以及优先选用的孔、轴公差带。国家标准还规定了在轴、孔公差带中组合成基孔制常用配合 59 种，优先配合 13 种；基轴制常用配合 47 种，优先配合 13 种。在选用配合等级时，应尽量选用优先配合和常用配合。

（2）优先选用基孔制　从经济观点考虑，国家标准明确规定在一般情况下，优先选用基孔制配合。这样可以限制刀具、量具的规格数量。从工艺上看，加工中等尺寸的孔，通常要用价格昂贵的扩孔钻头、绞刀、拉刀等不可调节的刀具；而加工轴则只需要车刀或砂轮等工具就可以完成。因此，采用基孔制配合可以减少定制刀具、量具的品种和数量，降低生产成本，提高加工经济性。但在有些情况下，选用基轴制配合更好一些。例如，使用一根冷拔的圆钢作轴，轴与几个具有不同公差带的孔组成不同的配合。此时，若采用基轴制配合，轴就可以不另行加工或少量加工，而是通过改变各孔的公差来达到不同的配合，显然更加经济合理。

在采用标准部件时，应按标准部件所用的基准制来确定。例如，滚动轴承外圈直径与轴承座孔处的配合应采用基轴制，而滚动轴承的内圈直径与轴的配合则为基孔制。键和键槽的配合应采用基轴制。此外，若有特殊需要，标准也允许采用任一孔、轴公差带组成的配合。

（3）尽量选用孔比轴低一级的公差等级　为降低加工工作量，在保证使用要求的前提下，应当使选用的公差为最大值。由于加工孔比轴困难，所以一般在配合中选用孔比轴低一级的公差等级，如 H8/h7 等。

3. 公差与配合的标注

（1）在装配图上的标注　在装配图上标注公差与配合时，配合的代号由两个相互结合的孔和轴的公差带的代号组成，在基本尺寸的右边以分数形式标注出。其分子为孔的公差带代号，分母为轴的公差带代号。标注的具体形式如图 9-25 所示。

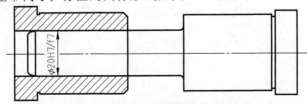

图 9-25 公差与配合在装配图上的标注

（2）在零件图上的标注　公差与配合在零件图上常见的标注形式有三种。

① 标注公差带的代号　只标注公差带代号，不标注具体偏差数值的标注形式通常用于批量较大的生产，在检验零件时，采用专用量具，如图 9-26 所示。

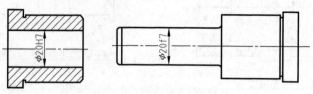

图 9-26　标注公差带的代号

② 标注出偏差数值　当零件属于小批量生产或单件生产时，为便于加工和检验，通常采用标注出偏差数值的标注形式。此时，上偏差标注在基本尺寸的右上方，下偏差标注在基本尺寸的右下方，偏差的数字应比基本尺寸数字小一号，如图 9-27（a）所示。当上偏差和下偏差的数值为零时，可简写为"0"，另一偏差仍标注在原来的位置上，如图 9-27（b）所示。如果上偏差和下偏差的数值相等，则在基本尺寸之后标注"±"符号，然后再填写一个偏差数值，这个数值的字体高度与基本尺寸字体的高度相同，如图 9-27（c）所示。

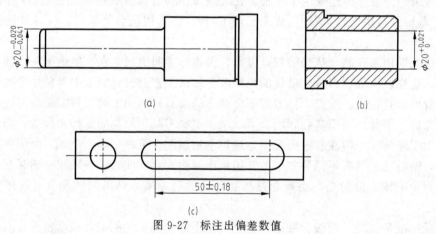

图 9-27　标注出偏差数值

③ 将公差代号和偏差数值一起标注出来　当零件产量不确定时，应标注出公差代号和偏差数值。此时，将公差代号标注在基本尺寸的右方，然后再将偏差数值用括号括起来，标注在公差代号的右方，如图 9-28 所示。

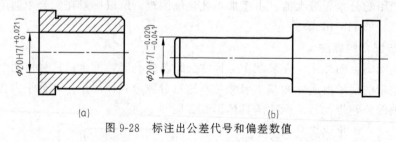

图 9-28　标注出公差代号和偏差数值

三、几何公差

1. 几何公差的基本概念

几何是指零件的实际形状和位置相对理想形状和位置的允许变动量。

零件加工后,不仅存在尺寸误差,而且还会产生几何形状和相互位置误差。如图 9-29 (a) 所示的圆柱体,加工后呈现中间粗、两头细 [图 9-29 (b)] 或轴线弯曲 [图 9-29 (c)] 的情况。这种在形状上出现的误差称为形状误差。在加工阶梯轴时,可能会出现各段圆柱的轴线不在一条直线上,如图 9-29 (d) 所示,这种在相互位置上出现的误差称为位置误差。如果零件在加工时所产生的形状和位置误差过大,将会影响机器的质量。因此,对加工的零件要根据实际需要,在图纸上注出相应的形状和位置公差。

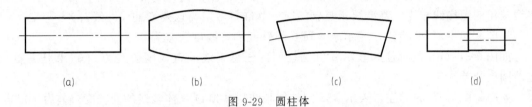

(a)　　　　　(b)　　　　　(c)　　　　　(d)

图 9-29 圆柱体

2. 形状和位置的符号及标注方法

(1) 形状和位置公差的代号　国家标准 GB/T 1182—2008 规定形状和位置公差用代号来标注。在实际生产中,当无法用代号标注形位公差时,允许在技术要求中用文字说明。

形状和位置公差的代号包括:形位公差各项的符号 (见表 9-9)、形位公差框格及指引线、形位公差数值和其他有关符号,以及基准代号等,如图 9-30 所示。

表 9-9 形位公差各项目的符号 (GB/T 1182—2008)

分类	名称	符号	分类		名称	符号
形状公差	直线度	——	位置公差	定向	平行度	//
	平面度	▱			垂直度	⊥
	圆度	○			倾斜度	∠
	圆柱度	⌭		定位	同轴度	◎
	线轮廓度	⌒			对称度	＝
	面轮廓度	⌓			位置度	⊕
				跳动	圆跳动	↗
					全跳动	↗↗

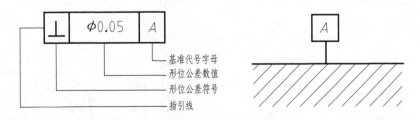

图 9-30 形位公差代号和基准代号

(2) 形状和位置公差标注示例　在图样上标注形位公差时,应有公差框格、被测要素和基准要素 (对位置公差) 三组内容。

① 公差框格:

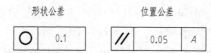

形状公差　　　　　位置公差

② 被测要素的标注：标注形位公差时，指引线的箭头要指向被测要素的轮廓线或其延长线上；当被测要素是轴线时，指引线的箭头应与要素尺寸线的箭头对齐。指引线的箭头所指方向是公差的宽度方向或直径方向。

③ 基准要素的标注：基准要素用基准字母表示，基准符号为带小圆的大写字母，用细实线与粗的短横线相连。基准要素是轴线时，基准符号应与该要素的尺寸线对齐。

如图 9-31 （a） 的标注，表示 $\phi20$ 圆柱体轴线的直线度公差为 0.05。

如图 9-31 （b） 的标注，表示 $\phi20$ 圆柱面的任意素线的直线度公差为 0.05 和任意截面上的圆度公差为 0.05。

如图 9-31 （c） 的标注，表示 $\phi32$ 圆柱体轴线对 $\phi20$ 圆柱体轴线的同轴度公差为 $\phi0.05$。

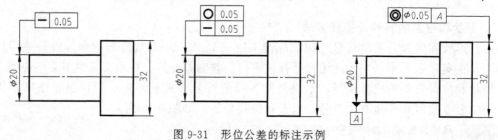

图 9-31　形位公差的标注示例

如图 9-32 的标注，表示 $\phi12$ 圆柱孔轴线对 $\phi15$ 圆柱孔轴线的平行度公差为 $\phi0.05$。

零件图上形位公差标注综合示例如图 9-33、图 9-34 所示。

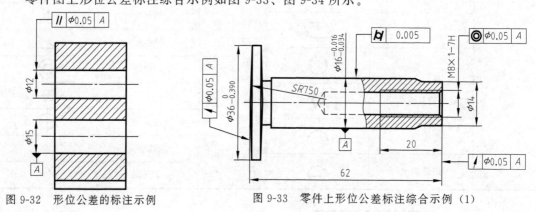

图 9-32　形位公差的标注示例　　　　图 9-33　零件上形位公差标注综合示例 （1）

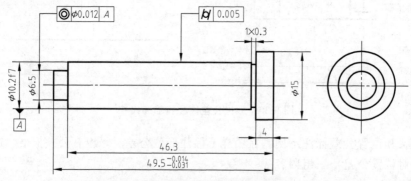

图 9-34　零件上形位公差标注综合示例 （2）

■ 任务实施

步骤	图 例	方 法
一、给主动轴标注表面结构要求	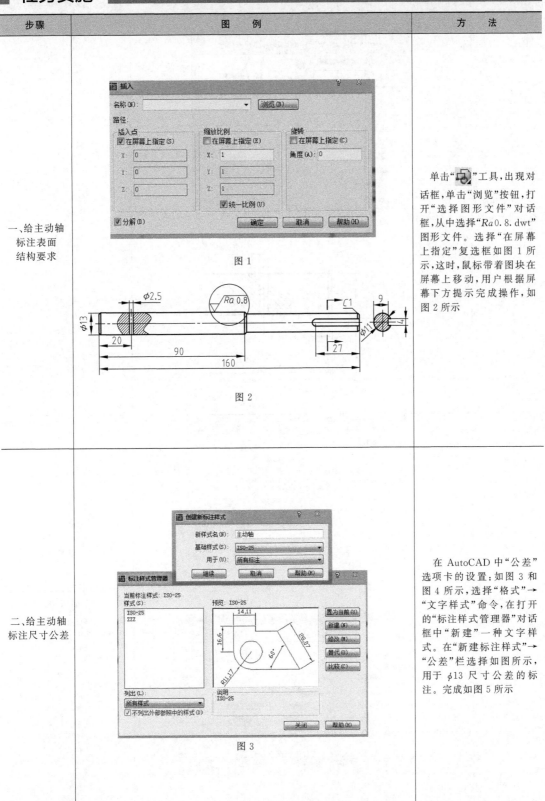 图 1 图 2	单击"⬚"工具,出现对话框,单击"浏览"按钮,打开"选择图形文件"对话框,从中选择"Ra 0.8.dwt"图形文件。选择"在屏幕上指定"复选框如图 1 所示,这时,鼠标带着图块在屏幕上移动,用户根据屏幕下方提示完成操作,如图 2 所示
二、给主动轴标注尺寸公差	图 3	在 AutoCAD 中"公差"选项卡的设置:如图 3 和图 4 所示,选择"格式"→"文字样式"命令,在打开的"标注样式管理器"对话框中"新建"一种文字样式。在"新建标注样式"→"公差"栏选择如图所示,用于 $\phi13$ 尺寸公差的标注。完成如图 5 所示

步骤	图 例	方 法
二、给主动轴标注尺寸公差	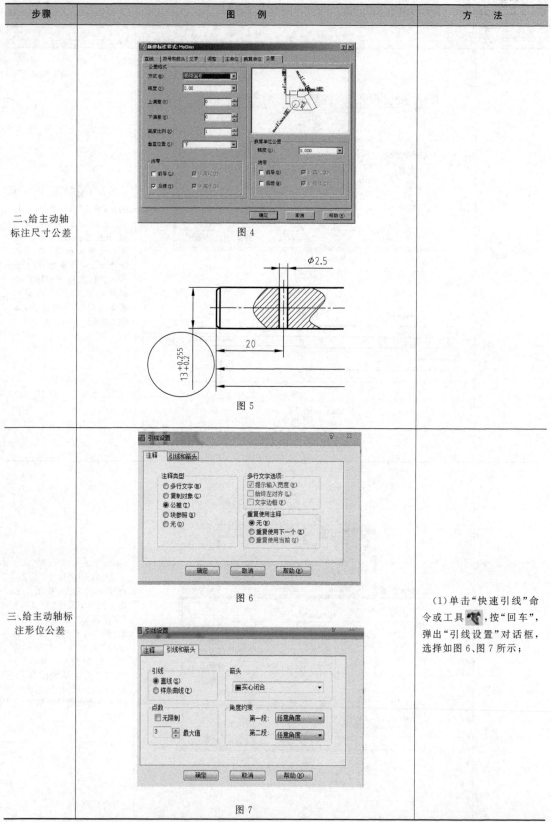 图 4 图 5	
三、给主动轴标注形位公差	图 6 图 7	（1）单击"快速引线"命令或工具 ，按"回车"，弹出"引线设置"对话框，选择如图 6、图 7 所示；

续表

步骤	图 例	方 法
三、给主动轴标注形位公差	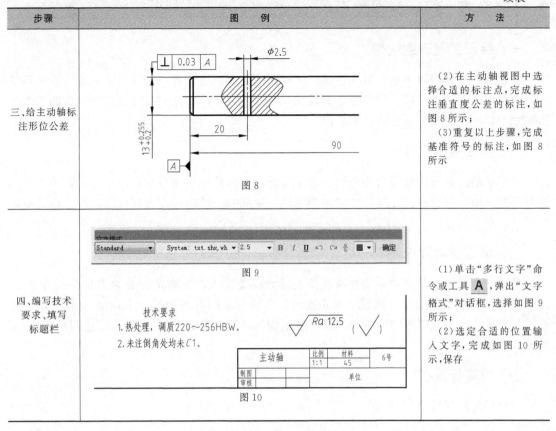图 8	（2）在主动轴视图中选择合适的标注点，完成标注垂直度公差的标注，如图8所示； （3）重复以上步骤，完成基准符号的标注，如图 8 所示
四、编写技术要求、填写标题栏	图 9 技术要求 1.热处理，调质220～256HBW。 2.未注倒角处均未C1。 Ra 12.5 主动轴　比例 1:1　材料 45　6号 制图 审核　单位 图 10	（1）单击"多行文字"命令或工具 **A**，弹出"文字格式"对话框，选择如图9所示； （2）选定合适的位置输入文字，完成如图10所示，保存

任务 **6** 绘制泵盖零件图

▌ **任务分析**

盘盖类零件包括手轮、带轮、法兰盘、端盖等。其中泵盖则属于其中一种，该零件多用于连接、支承或密封。泵盖立体图如图 9-35 所示。

盘盖类零件主要是铸造、钻削和铣削等多种加工，因此选择主视图时，不能按加工位置放置而应该按安装位置将轴线水平位置，并用剖视图表达内部结构及相对位置，如图 9-35 所示。盘盖类零件常带有各种形状的凸缘、均布的圆孔和肋等结构，除主视图以外，还需要增加其他基本视图（如俯视图、左视图或右视图等）来表达。

本次任务学习齿轮泵装置中泵盖零件图的绘制，还是从零件图的四个方面入手。

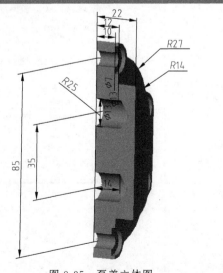

图 9-35 泵盖立体图

▌任务实施

一、绘制视图表达结构

泵盖零件可采用两个基本视图表达。主视图按加工位置选择，轴线水平放置，并采用单一平面剖切的全剖视，以表达泵盖上螺栓孔及盲孔的内部结构。左视图则表达泵盖的基本外形和六个螺栓孔、两个盲孔的分布情况。

二、标注完整尺寸

该零件的公共回转轴线为径向尺寸的主要基准，由此标出相应的径向尺寸，泵盖左端面为重要配合面，作为长度方向尺寸的主要基准，由此标出轴向长度方向尺寸，再标注其他定形尺寸、定位尺寸。

三、填写技术要求

泵盖在装配时，泵盖与主动轴以及从动轴有配合要求，为满足安装要求定位尺寸 35 ± 0.02 的尺寸公差尤其重要。再则，泵盖的两盲孔的内表面的表面质量 $Ra0.8$ 也直接影响到孔轴的配合。六个螺栓孔的内表面、泵盖左端面的表面质量 $Ra12.5$，以及铸造圆角 $C1$，铸件时效处理等。

四、填写标题栏

按照标题栏项目填写。

步骤	图　例	方　法
一、绘制图纸、标题栏边框	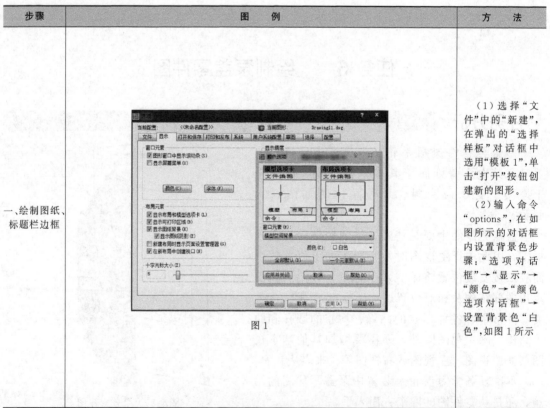 图 1	（1）选择"文件"中的"新建"，在弹出的"选择样板"对话框中选用"模板 1"，单击"打开"按钮创建新的图形。 （2）输入命令"options"，在如图所示的对话框内设置背景色步骤："选项对话框"→"显示"→"颜色"→"颜色选项对话框"→设置背景色"白色"，如图 1 所示

续表

步骤	图 例	方 法

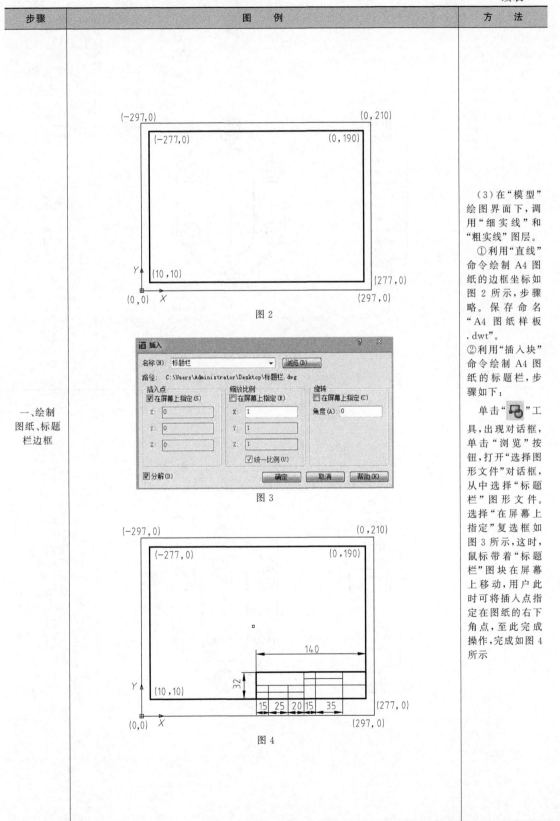

一、绘制图纸、标题栏边框

图 2

图 3

图 4

（3）在"模型"绘图界面下，调用"细实线"和"粗实线"图层。

①利用"直线"命令绘制 A4 图纸的边框坐标如图 2 所示，步骤略。保存命名"A4 图纸样板.dwt"。

②利用"插入块"命令绘制 A4 图纸的标题栏，步骤如下：

单击"🔲"工具，出现对话框，单击"浏览"按钮，打开"选择图形文件"对话框，从中选择"标题栏"图形文件。选择"在屏幕上指定"复选框如图 3 所示，这时，鼠标带着"标题栏"图块在屏幕上移动，用户此时可将插入点指定在图纸的右下角点，至此完成操作，完成如图 4 所示

步骤	图　例	方　法
二、绘制泵盖 视图(尺寸 见图9-35)	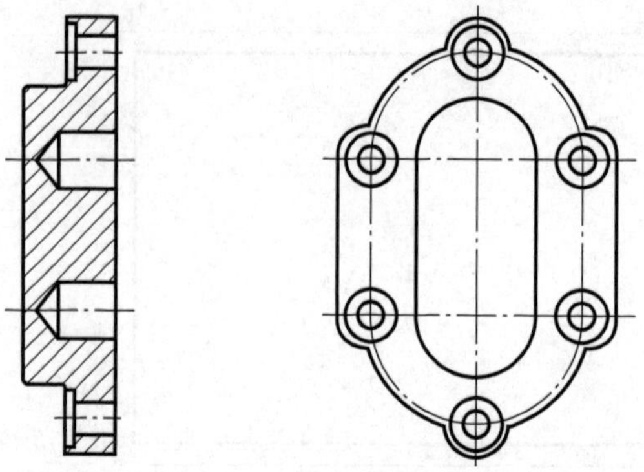 图 5	步骤略,结果 见图 5
三、标注泵盖 完整尺寸	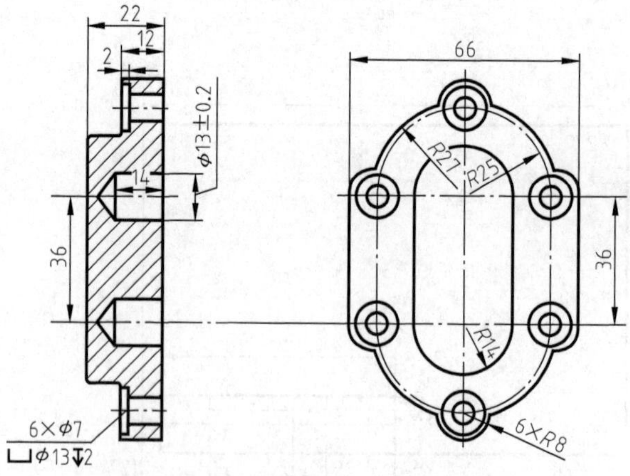 图 6	步骤略,结果 见图 6。 注意:螺栓孔 的标注步骤:"快 速引线"工具→ 菜单中"格式"→ "文字样式"改成 "GDT"→"多行 文字"工具,横线 上方输入"6 ×%%C7",下方 输入"V%% C13X2"完成标注

续表

步骤	图 例	方 法
四、标注技术要求、标题栏	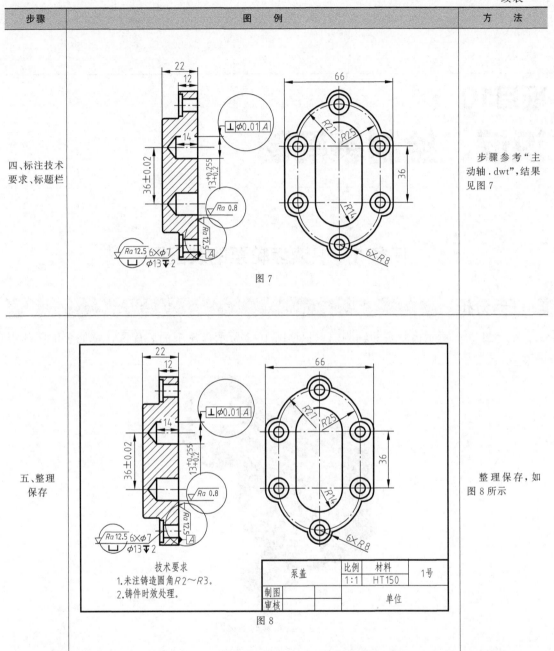 图 7	步骤参考"主动轴.dwt",结果见图 7
五、整理保存	技术要求 1.未注铸造圆角 R2~R3。 2.铸件时效处理。 图 8	整理保存,如图 8 所示

图 8 标题栏:

泵盖	比例	材料	1号
	1:1	HT150	
制图			单位
审核			

拓展练习

1. 用 AutoCAD 绘制泵盖零件图,尺寸依照任务实施中图 8。

2. 分组拆绘高级工轴类零件,并用 AutoCAD 绘制标准零件图。

项目10
识读、绘制装配图

任务 1　识读齿轮泵的装配图

▍任务分析

结合图 10-1 所示齿轮泵的轴测图，识读图 10-2 所示齿轮泵的装配图，掌握装配图的识读方法。

图 10-1　齿轮泵的轴测图

齿轮泵是机器中用来输送润滑油的一个部件，共由 17 种零件组成，图 10-2 是该部件的装配图。图中表达了哪些内容呢？装配图上有哪些和零件图不同的画法？

▍知识链接

一、装配图的内容

由图 10-2 可以看出该装配图包括了以下四方面的内容。

1. 一组视图

用一组视图正确、完整、清晰和简便地表达机器和部件的工作原理、运动情况、各零件间的装配关系和连接方式以及主要零件的主要结构形状。

2. 必要的尺寸

只标注出反映机器或部件的性能、规格、外形以及装配、检验、安装时所必需的一些尺寸。装配图中尺寸分为以下几种。

(1) 性能、规格尺寸：表示机器或部件规格大小及工作性能的尺寸。

(2) 装配尺寸：包括配合尺寸和相对位置尺寸。

(3) 安装尺寸。

(4) 外形总体尺寸。

(5) 其他重要尺寸。

3. 技术要求

用文字或符号准确、简明地说明机器或部件的性能、装配、检验、调整要求、实验和使用、维护规则、运输要求等。

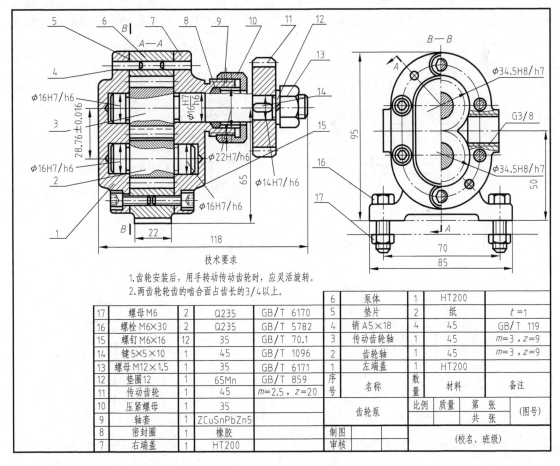

图 10-2 齿轮泵装配图

4. 标题栏、序号和明细栏

用标题栏注明机器或部件的名称、规格、比例、图号以及设计、制图者的签名等。

在装配图上对每种零件或组件必须进行编号；并编制明细栏依次注写出各种零件的序号、名称、规格、数量、材料等内容。

二、装配图的规定画法

图样画法的规定在装配图中同样可以采用，但由于装配图和零件图表达的侧重点不同，因此，装配图又有一些规定画法。

1. 零件间接触面和配合面的画法

零件间接触面和配合面都只画一条线，不接触面和非配合面，即使间隙很小，也应画成两条粗实线，如图 10-3 所示。

2. 剖面线的画法

两个（或两个以上）金属零件相互邻接时，各零件的剖面线的倾斜方向应当相反，或者方向一致，但间隔错开、间距不等。同一零件在各剖视图和剖面图中的剖面线倾斜方向和间距一致，如图 10-4 所示。

3. 紧固件和实心件的画法

当剖切平面通过螺钉、螺母、垫圈等连接件及实心件如轴、手柄、连杆、键、销、球等的基本轴线时，这些零件均按不剖绘制。当其上的结构如凹槽、键槽、销需表达时可采用局部剖视，如图 10-5 所示。

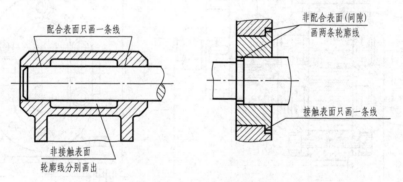

图 10-3 装配图零件间接触面和配合面的画法

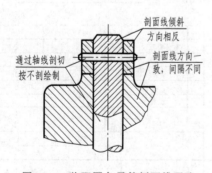

图 10-4 装配图各零件剖面线画法

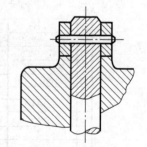

图 10-5 装配图紧固件和实心件画法

三、装配图的特殊表达方法

1. 拆卸画法

在装配图中，当某些零件遮住了所需表达的其他零件时，可假想将某些零件拆卸后再绘制视图。拆卸后需加说明时，可注上"拆去××"等字样，如图 10-6 所示。

2. 假想画法

为表达运动零件的极限位置，可用细双点画线画出该零件在极限位置的外轮廓图；或者当需要表达与本部件有关的相邻零件或部件的安装关系时，也可用细双点画线画出相邻零件或部件的轮廓，如图 10-7 所示。

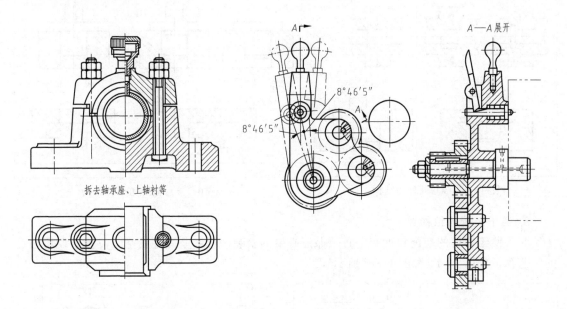

图 10-6   拆卸画法   图 10-7   假想画法和展开画法

3. 展开画法

为表达传动系统的传动关系及各轴的装配关系，可按传动顺序，沿它们的轴线剖开，并展开在同一平面上，在剖视图中应标注"X－X 展开"，如图 10-7 所示。

4. 简化画法

在装配图中零件的倒角、圆角、凹坑、凸台、沟槽、滚花、刻线及其他细节可不画出。滚动轴承、螺栓连接等可采用简化画法，如图 10-8 所示。

5. 夸大画法

薄垫片的厚度、小间隙等可适当夸大画出，如图 10-8 所示。

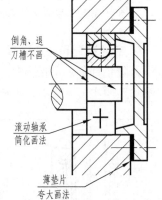

图 10-8   简化画法和夸大画法

四、装配工艺结构

装配体中的零件结构除了要达到设计要求，还必须考虑其装配工艺合理性，否则会使安装、拆卸困难，甚至达不到设计要求。常见的装配工艺结构有下面几种。

1. 接触面的数量

两个零件在同一方向只能有一对接触面或配合面。这样既能保证接触理想，又能降低加工精度，如图 10-9 所示。

2. 接触面交角处的结构

两个零件在不同方向同时接触时，两个接触面的交角处应加工成倒角或沟槽，以保证各接触面接触良好，如图 10-10 所示。

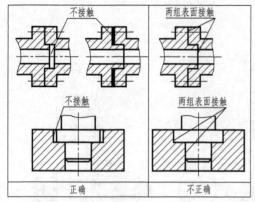

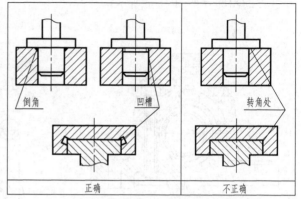

图 10-9　接触面处的结构

图 10-10　接触面交角处的结构

3. 便于装拆的结构

为了便于零件的装配和拆卸，必须保证必要的安装，拆卸坚固件的空间位置或设置必要的工艺孔，如图 10-11 和图 10-12 所示。

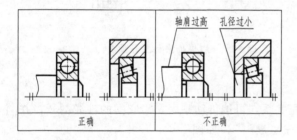

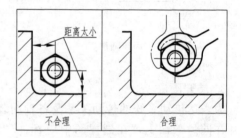

图 10-11　滚动轴承端面接触的结构

图 10-12　留出扳手活动空间

4. 密封装置和防松装置

为防止部件内部的液体（或气体）渗漏和灰尘进入部件内，需设有密封装置，常用的密封装置如图 10-13 所示，常用的防松装置如图 10-14 所示。

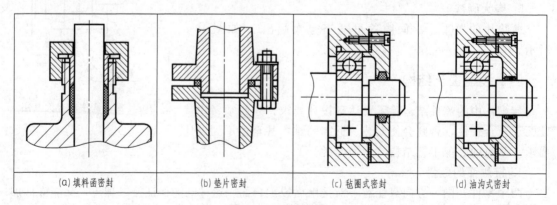

(a)填料函密封　(b)垫片密封　(c)毡圈式密封　(d)油沟式密封

图 10-13　密封装置

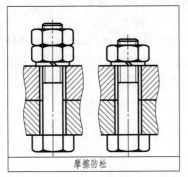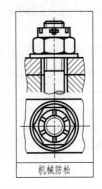

图 10-14　防松装置

任务实施

一、概括了解

如图 10-2 所示，从标题栏名称可知该装配图是一张齿轮油泵的装配图，它是机器中用来输送润滑油的一个部件。从序号和明细栏中知道，该齿轮油泵共由 17 种零件装配而成，其中标准件 7 种。由外形尺寸 118、85、95 可知这个齿轮油泵的体积不大。

二、分析视图，明确表达目的

1. 看主视图

齿轮油泵装配图中的主视图为全剖视图，按工作位置放置，反映了组成齿轮油泵各个零件间的连接、装配关系和传动路线。

从齿轮泵的视图表达可看出，机件的各种表达方法和选用原则完全适用于机器或部件装配图。但是，装配图是以表达机器或部件的工作原理和主要装配关系为中心，不要求把每个零件的结构形状完全表达清楚。因此，它有一些特有的表达方法。

在齿轮泵的主视图中存在以下装配图的规定和特殊画法。

（1）3 号件与 1、7 号件等两相邻的接触面或基本尺寸相同的轴孔配合面，只画一条线表示其公共轮廓。而两相邻件的非接触面或基本尺寸不相同的非配合面，即使间隙很小也必须画两条线。

（2）1 号件与 6 号件为剖视图中相邻两零件，剖面线方向要相反或剖面线间距不等，如 3 号件与 1、7 号件也是剖视图中相邻零件，它们的剖面线间距不相等。而同一种零件的在各剖视或断面图中的剖面线方向和间隔必须相同。

（3）在主视图中的 2、3、4、12、13、15 号件虽然都剖切到，但是没有画剖面线，这是因为装配图的画法规定：在剖视图中，对于标准件组件（如螺纹紧固件、油杯、键、销等）和实心杆件（如实心轴、连杆、拉杆、手柄等），若纵向剖切且剖切平面通过其轴线时，按不剖绘制。

（4）装配图的简化画法规定：在装配图中，对于薄片零件、细丝弹簧、较小的斜度和锥度、较小的间隙等，为了清楚表达，允许不按原绘图比例适当加大尺寸画出；在剖视或断面图中，若零件的厚度在 2mm 以下，可用涂黑代替剖面符号。5 号件垫片很薄，若按实际厚度画出则表达不清楚，采用夸大画法，且 5 号件垫片用涂黑代替剖面线。

主视图中螺栓与螺栓孔之间的非配合间隙时采用夸大画法。

2. 看其他视图

思考：齿轮泵主视图确定后，分析机器或部件还有哪些内容尚未表达清楚？

左视图是采用沿着左端盖 1 与泵体 6 结合面剖切后移去了垫片 5 的半剖视图 $B—B$，这种画法叫作沿结合面剖切画法，它清楚地反映该油泵的外部形状，齿轮的啮合情况以及吸、压油的工作原理；采用局部剖视来反映吸、压油口的情况。

三、分析装配体的工作原理和装配关系

1. 装配关系

泵体 6 是齿轮油泵中的主要零件之一，它的内腔容纳一对吸油和压油的齿轮。将齿轮轴 2、传动齿轮轴 3 装入泵体后，两侧由左端盖 1、右端盖 7 支承着一对齿轮轴。由销 4 将左、右端盖与泵体连成整体。为了防止泵体与端盖结合面处以及传动齿轮轴 3 伸出端漏油，分别用垫片 5 及密封圈 8、轴套 9、压紧螺母 10 密封。

2. 工作原理

齿轮轴 2、传动齿轮轴 3、传动齿轮 11 是该油泵中的运动零件。当传动齿轮 11 按逆时针方向（从左视图观察）转动时，通过键 14 将扭转传递给传动齿轮轴 3，经过齿轮啮合带动齿轮轴 2，从而使齿轮轴 2 作顺时针方向转动。当一对齿轮在泵体内啮合转动时，啮合区右边空间的压力降低而产生局部真空，油池内的油在大气压力的作用下进入液压泵低区内的吸油口，随着齿轮的转动，齿槽中的油不断沿箭头方向被带至左边的压油口，送至机器中需要润滑的部分。

四、分析零件的结构形状和作用

以齿轮油泵右端盖 7 为例：由主视图可见，右端盖上部有传动齿轮轴 3 穿过，下部有齿轮轴 2 轴颈的支承孔。在右部的凸缘的外圆柱面上有外螺纹，用压紧螺母 10 通过轴套 9 将密封圈 8 压紧在轴的四周，先从主视图上区分出右端的视图轮廓，由于在装配图的主视图上，右端盖的一部分可见投影被其他零件所遮，因而它是一幅不完整的图形。根据此零件的作用及其他零件的装配关系，可以补全所缺的轮廓线，如图 10-15 （a）、（b）所示。在装配图的左视图中，其螺钉孔、销孔、轴孔都被泵体 6、齿轮轴 2、传动齿轮轴 3 等零件挡住，不能完整表达出来。右端面的外形为长圆形，沿周围分布有六个螺钉沉孔和两个圆柱销孔。图 10-15 （c）为装配图中的分离、补充、想象出的右端盖左视图，结合主、左视图即可想出其结构形状，如图 10-16 所示的轴测图。

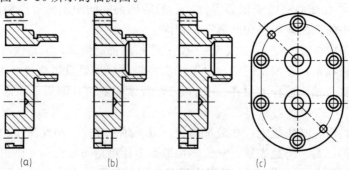

（a）   （b）   （c）

图 10-15　齿轮油泵右端盖分离视图

五、分析尺寸及技术要求，结合齿轮泵装配图分析

1. 性能、规格尺寸

吸、压油口的尺寸 G3/8。

2. 装配尺寸

主视图中 $\phi14H7/k6$ 为传动齿轮 11 与传动齿轮轴 3 配合尺寸，两零件连成一体传递扭矩，是基孔制的优先过渡配合。齿轮轴 2、传动齿轮轴 3 与左、右端盖在支承处的配合尺寸都是 $\phi16H7/k6$，属于基孔制的优先间隙配合。两齿轮的齿顶圆与泵体内腔的配合尺寸是 $\phi34.5H8/f6$，属于基孔制的优先间隙配合。尺寸 28.76 ± 0.016 是一对啮合齿轮的中心距，是相对位置尺寸。

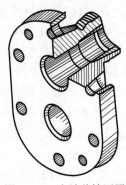

图 10-16 右端盖轴测图

3. 安装尺寸

两个螺栓 16 之间的尺寸 70 是用于安装或固定齿轮泵。

4. 外形总体尺寸

尺寸 118、85、95 分别为齿轮泵的总长、总宽和总高，均为装配图的外形尺寸，反映了机器或部件的大小，是机器或部件在包装、运输和安转过程中确定其所占空间的依据。

5. 技术要求

在装配图中一般用文字或符号准确、简练地说明对机器或部件的性能、装配、检验、调整、安装、运输、使用、维护、保养等方面的要求和条件，称为装配图的技术要求。一般写在明细栏的上方或图纸下方空白处，也可另写成技术要求文件作为图样的附件。

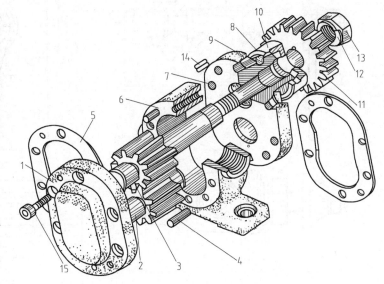

图 10-17 齿轮油泵的轴承分解图

6. 归纳总结

通过以上分析，把对机器或部件的所有了解进行归纳，获得对机器或部件的整体认识，想象出内外全部形状，如图 10-17 所示，从而了解机器或部件的设计意图和装配工艺性能等，完成读装配图的全过程，并为拆画零件图打下基础。

拓展练习

一、填空

1. 装配图的内容包括：_____、_____、_____、_____。

2. 装配图是表达_____的图样，既是_____的技术文件，也是的重要技术文件。

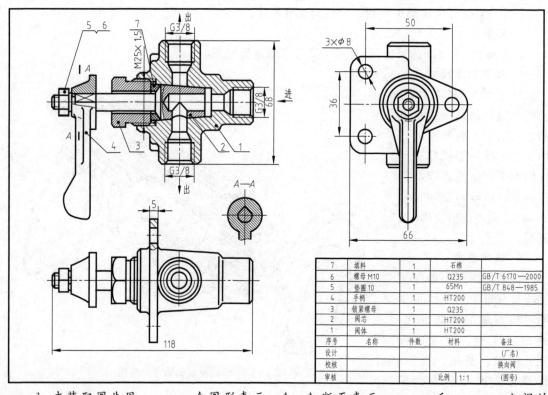

3. 一张完整的装配图应具备、_____、_____、_____和_____。

4. 装配图要正确、清晰地表达_____、_____和_____。

5. 装配图画法规定：相邻两个零件的接触面画_____条直线；基本尺寸相同的配合面画_____条直线；非配合面即使间隙很小也应该画_____条直线。

6. 装配图中，当剖切面通过标准件或标准部件时，可按_____绘制。

7. 装配图中零件的_____、_____、_____、_____等细节可以不画。

8. 装配图中应标注五类尺寸有_____尺寸、_____尺寸、_____尺寸、_____尺寸、_____尺寸。

二、识读换向阀装配图填空

1. 本装配图共用_____个图形表示，A—A 断面表示_____和_____之间的_____关系。

2. 主视图采用了_____视图表达，左视图采用了_____视图表达，俯视图采用了_____视图表达。

3. 换向阀由_____种零件组成，由_____个零件组成，其中标准件有_____种。

4. 换向阀的规格尺寸为_____，图中标记 G3/8 的含义是：G 是_____代号，它表示_____螺纹_____，3/8 是_____代号。

5. 3×φ8 孔的作用是_____，其定位尺寸称为_____、_____尺寸。

6. 锁紧螺母的作用是_____。

7. 该装配体的外形总体尺寸为_____、_____、_____。

8. 用 AutoCAD 拆画 2 号件的视图，尺寸从图中量取并取整。

任务 2　绘制简易齿轮泵装配图

任务分析

根据如图 10-18 所示简易齿轮泵的装配图轴测图，绘制简易齿轮泵的装配图。

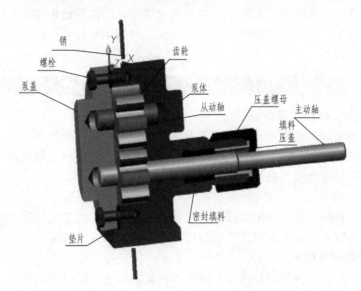

图 10-18　简易齿轮泵的装配图轴测图

该部件共由 11 种零件组成，也是机器中用来输送润滑油的一个部件，装配关系及工作原理与任务 1 的齿轮泵类似。

知识链接

一、零件序号

1. 编注序号的一般规定

（1）装配图中每种零、部件必须编注序号。装配图中相同的零、部件只编注一个序号，且一般只编注一次。

（2）零、部件的序号应与明细栏中的序号一致。

（3）同一装配图中编注序号的形式应一致。

2. 序号的编注规则

（1）序号编注的形式由小圆点、指引线、水平线（或圆）及数字组成。

（2）指引线应尽量分布均匀、彼此不能相交，当通过剖面线区域时，须避免与剖面线平行。必要时，指引线可曲折一次。

（3）对于一组紧固件及装配关系清楚的组件可采用公共指引线。

（4）对于标准组件，如轴承、油杯、电动机等，可看成一个整体只编注一个序号。

（5）编注序号时，应按水平或垂直方向排列整齐，可顺时针和逆时针方向依次编号，不能跳号。

二、标题栏和明细栏

（1）明细栏位于标题栏的上方，并与标题栏相连，上方位置不够时可持续接在标题栏的左侧，若还不够可再向左侧续编。

（2）明细栏外框竖线为粗实线，其余线为细实线，其下边线与标题栏上边线或图框下边线重合，长度相同。

（3）为便于修改补充，序号的顺序应自下而上填写，以便在增加零件时可继续画格。

（4）在"备注"栏内填写一般零件的图号和标准件的国标代号。在"名称"栏内，标准构件填写其名称、代号。

任务实施

1. 简易齿轮泵主视图的选择

当工作位置确定后，选择主视图的投影方向。经分析对比，选择图 10-18 所示的主视图表达方案，该图能清楚地反映主要装配关系和工作原理，结合适当的剖视图，就能比较清楚地表达各个主要零件以及相互关系。

2. 其他视图选择

根据确定的主视图，左视图泵盖采用半剖视图，进一步反映了主动轴、齿轮等零部件的装配关系以及结构特点、泵盖与泵体连接时所用六个螺栓的分布情况。

3. 画简易齿轮泵装配图

在表达方案确定后，根据简易齿轮泵的大小和复杂程度，同时考虑留出标注尺寸，零件序号、技术要求、标题栏明细栏的位置，选择 A3 图幅。具体画图步骤如下：

步骤	图　例	方　法
一、选择"模板"		选择"文件"中的"新建"，在弹出的"选择样板"对话框中选用"模板 1"，单击"打开"按钮创建新的图形
二、图框、标题栏与明细栏的范围线	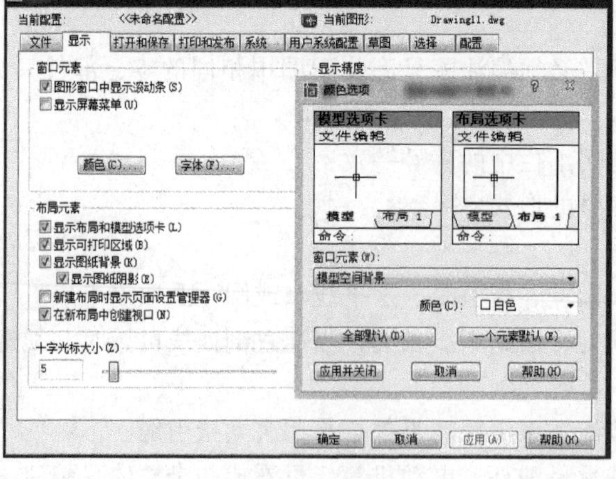	（1）输入命令"options"，在如图所示的对话框内设置背景色步骤："选项对话框"→"显示"→"颜色"→"颜色选项对话框"→ 设置背景色"白色"，结果见图。 （2）在"模型"绘图界面下，调用"细实线"和"粗实线"图层。利用"矩形"命令绘制 A3 图纸的边框坐标，步骤略。保存命名"A3 图纸样板 .dwt"（图纸、标题栏及明细栏尺寸见项目 9）。

续表

步骤	图 例	方 法
三、布置视图、画主要零件视图、画其余零件，画尺寸线、尺寸箭头并标注尺寸数字，编写零件序号、填写标题栏明细栏，编写技术要求，校核	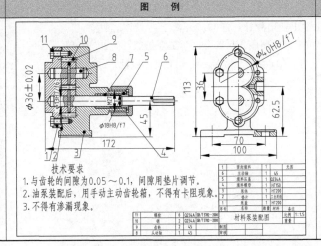 技术要求 1. 与齿轮的间隙为0.05～0.1，间隙用垫片调节。 2. 油泵装配后，用手动主动齿轮箱，不得有卡阻现象。 3. 不得有渗漏现象。	（1）打开简易齿轮泵的11个零件图，分别将零件图复制到"A3图纸样板.dwt"。 （2）在"尺寸线"图层中标注尺寸，编写零件序号、填写标题栏明细栏，编写技术要求，步骤略。 （3）检查，并另存文件名为"齿轮泵装配图.dwt"

拓展练习

一、填空题

1. 装配图的序号应编注在视图周围，按_____方向或_____排列，在和_____应排列整齐。

2. 装配图的技术要求应包括_____要求、_____要求、_____要求。

3. 装配图选择必要的一组图形和各种表达方式，将装配体的_____、_____、_____以及_____表达清楚。

4. 装配图的表达方案的确定依据是装配体的_____和零件之间的_____。

5. 装配图中相邻两个金属零件的剖面线的倾斜方向应_____或方向相同而不等；同一零件的不同视图上的剖面线应_____。

6. 装配图中，剖面厚度在_____mm以下，允许_____来代替剖面线。

7. 在装配图中，对于紧固件以及轴球等实心零件，若按纵向剖切，且剖切平面通过其_____时，这些零件均按不剖绘制；如果需要特别表明零件的构造，如凹孔、键槽等则可以用_____来表示。

8. 装配图在编注序号时，每一种零件一般只编_____个序号。

二、简答题

1. 简述零件序号编注的规则。

2. 简述装配图中标题栏和明细栏的作用和区别。

三、用 CAD 绘图

绘制齿轮泵或减速器的标准装配图，尺寸由实物折、绘圆整。

参 考 文 献

[1] 陆英. 机械制图. 北京：化学工业出版社，2009.

[2] 付剑辉，符沙. AutoCAD2008 机械制图. 北京：化学工业出版社，2009.

[3] 贺巧云，周晓丽. 机械制图与 CAD 绘图. 北京：化学工业出版社，2014.